Wellenbrecher auf dem Weg zur Energiewende?

Finanzmärkte und Klimawandel

Herausgegeben von
Dirk Schiereck und Paschen von Flotow

Band 3

Anette von Ahsen
Robert Fraunhoffer
Dirk Schiereck
(Hrsg.)

Wellenbrecher auf dem Weg zur Energiewende?

Zur Attraktivität von Energiespeicherung,
nachhaltiger Erzeugung und Verbrauchersteuerung

Bibliografische Information der Deutschen Nationalbibliothek
Die Deutsche Nationalbibliothek verzeichnet diese Publikation
in der Deutschen Nationalbibliografie; detaillierte bibliografische
Daten sind im Internet über http://dnb.d-nb.de abrufbar.

Umschlaggestaltung und Lichtbildwerk:
© Olaf Glöckler, Atelier Platen, Friedberg

ISSN 2190-3069
ISBN 978-3-631-64397-6 (Print)
E-ISBN 978-3-653-03500-1 (E-Book)
DOI 10.3726/978-3-653-03500-1

© Peter Lang GmbH
Internationaler Verlag der Wissenschaften
Frankfurt am Main 2013
Alle Rechte vorbehalten.
PL Academic Research ist ein Imprint der Peter Lang GmbH.

Peter Lang – Frankfurt am Main · Bern · Bruxelles · New York ·
Oxford · Warszawa · Wien

www.peterlang.de

Vorwort

Die „Energiewende" hat inzwischen auch unübersetzt Eingang in den englischen Wortschatz gefunden und damit ein deutsches Projekt in den Blickpunkt der Welt gerückt. Dieser Exporterfolg steht allerdings einem erheblichen Spannungsverhältnis zu den Mühen der konkreten technischen und wirtschaftlichen „Hausaufgaben" im Rahmen Umsetzung im Ursprungsland gegenüber.

So vermeldete im letzten Jahr die halbstaatliche Deutsche Energie-Agentur (Dena), dass auch im Jahr 2050 effiziente fossile Kraftwerke 60% der gesicherten Leistung zur Energieversorgung in Deutschland beitragen müssen, um die Versorgungssicherheit zu garantieren, wenn der Wind nicht weht und die Sonne nicht scheint. Dagegen können bei guten Wettervoraussetzungen erneuerbare Energien dann über 80 Prozent der benötigten Energie bereitstellen. Dieses Auseinanderfallen der Anteile erneuerbarer Energien am Gesamtenergieverbrauch und an der gesicherten Leistung illustriert, wie bedeutsam Flexibilität im Energieverbrauch, Ressourceneinsparungen und intelligente Verbrauchssteuerungen sind.

Die Hoffnungen beruhen daher neben Energiespeichertechnologien auch auf der dezentralisierten Stromversorgung und intelligent gesteuerten Netzen, sogenannten Smart Grids. Ihr Beitrag kann mitentscheidend für die tatsächliche Umsetzung der politischen Energieziele im Markt sein. Inwieweit die Erwartungen in diese Bereiche des Energieverbrauchs und der Energieversorgung und ihrer Steuerung angesichts ihrer ökonomischen Erfolgspotentiale realistisch erscheinen, wurde erstaunlicherweise bislang nur wenig analysiert. Vor diesem Hintergrund sind die im vorliegenden Herausgeberband zusammengefassten Untersuchungen als ein Beitrag zur Analyse der betriebswirtschaftlichen Perspektive im Dienste eines Dialoges zwischen der Finanzwirtschaft und der Realwirtschaft sowie einer breiteren gesellschaftlichen Debatte einzuordnen.

Der Herausgeberband ist Teil des vom Bundesministerium für Bildung und Forschung (BMBF) geförderten Projekts „CFI - Climate Change, Financial Markets and Innovation" (vgl. www.cfi21.org). Im Rahmen dieses CFI-Projekts arbeiten das Sustainable Business Institute (SBI) und das Fachgebiet Unternehmensfinanzierung der TU Darmstadt an neuen wissenschaftlichen Erkenntnissen über den Einsatz bekannter Finanzierungs- und Versicherungsformen für den Bereich der erneuerbaren Energien sowie an der Entwicklung entsprechender neuer, innovativer Konzepte. Der ganz überwiegende Teil der nachfolgenden Beiträge wurde mit finanzieller Unterstützung des BMBF und mit inhaltlicher Begleitung aller oben genannter Partner verfasst.

Allen Autoren und Mitarbeitern, die zum Gelingen und zur zeitnahen Veröffentlichung des Buches beigetragen haben, sowie den Mitgliedern des „Finanz-Forum: Klimawandel" als Beirat des CFI-Projektes sei an dieser Stelle herzlichst gedankt. Ein besonderer Dank gilt dem Peter Lang Verlag für die Aufnahme des Bandes in sein Verlagsprogramm.

Darmstadt im Frühjahr 2013,

Anette von Ahsen Robert Fraunhoffer Dirk Schiereck Paschen von Flotow

Inhaltsverzeichnis

Demand Response in Deutschland: Das wirtschaftliche und praktische Potential einer flexiblen Stromnachfrage 67

Verfasser: Johannes Wagner, Bernhard Pfirrmann und Günther Schermer

Zur Attraktivität der Energiegewinnung aus Abwasser 109

Verfasser: Martin Steiner

Effizienzperspektiven aus der Rekommunalisierung der deutschen Energieversorgung 147

Verfasser: Philipp Meyer-Gohde und Dirk Schiereck

Wertschöpfungspotentiale des Smart Grid aus Konzernsicht 169

Verfasser: Robert Fraunhoffer und Steffen Peine

Cost Effectiveness Analysis of a Hybrid Photovoltaic Diesel Generator ... 203

Verfasser: Christian Babl und Kai-Christian Deecke

Optimierung der Verbraucherknoten und finanzwirtschaftliche Herausforderungen der Energiewende

Dirk Schiereck

1. Das Pressebild zur Energiewende

Der Wissenschaftliche Beirat der Bundesregierung Globale Umweltveränderungen (WBGU) schätzt die Kosten für eine weltweite Vollversorgung durch erneuerbare Energien bis 2050 auf gigantische 68.000 Mrd. Euro (vgl. Stoltenberg 2012). Der Anteil, der davon auf Effizienztechnologien entfallen soll, wird stark wachsen und im Jahr 2050 einen Anteil von über einem Drittel ausmachen, in absoluten Größen dann allein jährlich über 1.000 Mrd. Euro. Doch die „Post-Fukushima-Euphorie" als Start in eine globale Wende zur Energieerzeugung mit Hilfe von erneuerbaren Energien und einem gleichzeitigen Ausstieg aus der Kernenergie ist zunehmend einer Ernüchterung gewichen. In Deutschland ist die Diskussion um die Umsetzung einer Energiewende zweifellos weiter fortgeschritten als in den allermeisten anderen Ländern, und die Bereitschaft, sich auf diese vorbildlose Transformation einzulassen, ist insgesamt immer noch sehr groß. Aber die Begeisterung verfliegt auch hierzulande mit den Verzögerungen im Netzausbau und mit der Diskussion über Kosten und Berichte über Schwierigkeiten und Verlierer bei der Energiewende.

Für die Sicherung der Grundlast setzen die Industrienationen Mitteleuropas weiter auf traditionelle Energieträger. So beschloss im letzten Sommer die belgische Regierung, aus Mangel an alternativen Energiequellen eines der ältesten Atomkraftwerke des Landes zehn Jahre länger im Betrieb zu belassen (vgl. o.V. 2012a). Parallel vermeldete die halbstaatliche Deutsche Energie-Agentur (Dena), dass auch im Jahr 2050 effiziente fossile Kraftwerke 60% der gesicherten Leistung stellen müssen, wenn der Wind nicht weht und die Sonne nicht scheint (vgl. o.V. 2012b). Entsprechend listet Tenbrock (2012) neun große im Bau befindliche und zehn im Planungsstadium stehende Kohlekraftwerke auf, und Bundesumweltminister Peter Altmeier lobt bei der Inbetriebnahme der neuen Blöcke BoA 2&3 des Braunkohlekraftwerks in Neurath diese traditionelle Energieform, weil mit dem Start der beiden Blöcke Altanlagen vom Netz gehen, so dass der jährliche CO_2-Ausstoß sich um 6 Mio. Tonnen reduziert (vgl. Heitker 2012). Die neuen Kraftwerksblöcke zeichnen sich zudem durch hohe Produktionsflexibilität aus. Innerhalb von 15 Minuten können sie ihre Leistung um 500 MW variieren. Braunkohle ist gerade auch bei den derzeitigen Preisen für Emissionszertifikate die günstigste Form der fossilen Energieerzeugung und nimmt bspw. im Energiemix der RWE AG mit über 36% den größten Anteil ein.

Die bevorzugte Einspeisung der erneuerbaren Energien führt dazu, dass bspw. im ersten Halbjahr 2012 die deutschen Großkraftwerke nicht einmal zu 50% ausgelastet waren und damit ihre Fixkosten kaum decken konnten. Insbesondere Gaskraftwerke gehen aus Rentabilitätsgründen vom Netz, Planungen für

Neubauten werden aufgegeben oder nur durch die verstärkte staatliche Förderung der Kraft-Wärme-Kopplung attraktiv (vgl. Gericke und Heitker 2012; o.V. 2012c; o.V. 2012d). Aber auch neue Steinkohlekraftwerke können derzeit nicht wirtschaftlich betrieben werden, wie etwa das Stadtwerkebündnis Trianel beklagt (vgl. o.V. 2013a). Diese Kostenstruktur und die damit einhergehenden erodierenden Gewinnmargen gefährden die weitere Transformation der Energiewirtschaft in Deutschland, denn auch im Jahr 2030 sollen nach einer Studie der Dena zwar 80% des gesamten Stromverbrauchs aus erneuerbaren Energien kommen, aber nur 24% der gesicherten Leistung stellen. Zur Aufrechterhaltung der Versorgungssicherheit kann deshalb die konventionelle Kraftwerksleistung nur um 14% reduziert werden (o.V. 2012b). Zudem stellen sich saisonale Herausforderungen bei etwaiger verringerter Sonneneinstrahlung oder Windverfügbarkeit, wodurch kurzfristige Differenzen in der Stromversorgung durch erneuerbaren Energien ausgeglichen werden müssen (Scheven & Hoffmann 2013).

Das Auseinanderfallen der Anteile erneuerbarer Energien am Gesamtenergieverbrauch und an der gesicherten Leistung illustriert eindrucksvoll, wie bedeutsam Flexibilität im Energieverbrauch, Ressourceneinsparungen und intelligente Verbrauchssteuerungen sein können. Dazu zählen zum einen Energiespeichertechnologien, die laut der Dena-Studie immerhin 9% der gesicherten Leistung beisteuern können, aber zum zweiten ruhen die Hoffnungen auch auf der dezentralisierten Stromversorgung und den intelligent gesteuerten Netzen, den Smart Grids (vgl. Asendorpf 2012). Klaus Dietrich stellte im November 2012 dazu treffend fest, dass die Machbarkeit der Energiewende nicht nur eine Frage des Übergangs von Kohle- und Atomkraftwerken zu erneuerbaren Energien sei. Vielmehr hinge auch viel davon ab, inwieweit es gelingt, Effizienzpotentiale zu realisieren, indem Gebäude und Betriebsstätten als „Verbraucherknoten" genutzt werden. Sie sollen künftig nicht nur weniger Energie effizienter verbrauchen, sondern auch erzeugen, wodurch das Energieversorgungssystem der Zukunft dezentral und intelligent wird. Vor knapp zwei Jahren feierte Ulli Gericke (2011a) diesen Umbau der Energiewirtschaft noch als Demokratisierung der Stromproduktion und setzte große Hoffnungen auf Smart Grids zur Glättung der Verbrauchsspitzen, wenn flexible Stromverbraucher wie Waschmaschinen gegebenenfalls ausgeschaltet würden. Zudem postuliert er, dass viele kleine Erzeuger allgemein anerkannt und gewünscht seien und eine „demokratische Energieerzeugung" die große Chance biete, dass sich die abwendenden Bürger wieder für ihr Gemeinwesen engagieren (Gericke 2011b).

Doch auch im Bereich der Effizienztechnologien und mit Blick auf die „Demokratisierung" der Energieversorgung werden Erwartungen geweckt, die kaum kurzfristig zu halten sind. So prägen die Schlagworte Smart Grid, Rekommunalisierung, dezentrale Energiespeicher und Energie-Plus-Häuser zwar aktuell die Diskussion in der Tagespresse, aber technologisch denkbare und ökonomisch vorteilhafte Lösungen liegen vielfach recht weit auseinander. Der vorliegende Herausgeberband folgt der Diskussion und gibt einen Überblick zum Stand der praktischen Umsetzung, den noch offenen Herausforderungen in der Finanzierung und den Grenzen beim gegenwärtigen Stand der Technik.

2. Der erhoffte Beitrag der folgenden Beiträge

Die Effizienzpotentiale in den „Verbrauchsknoten" und Speichertechnologien sollen bis 2030 immerhin 9% der gesicherten Energie in Deutschland beisteuern. Energiespeicher und Verbrauchsglättung senken zwar nicht den Energieverbrauch, bieten aber der Produktion geringere Nachfrageschwankungen, sorgen damit für ökonomisch attraktivere Perspektiven in der fossilen Stromerzeugung und schaffen dadurch privatwirtschaftlich bessere Investitionsbedingungen für den traditionellen Kraftwerksneubau. Die Erneuerung des Kraftwerkbestands trägt dann nicht nur zur Reduktion des CO_2-Ausstoßes im Vergleich zu Altanlagen bei, sondern auch zur Abmilderung des absehbaren langfristigen Strompreisanstiegs. Dementsprechend sind Fortschritte im Bereich der Energiespeicher, der Nutzung bislang vernachlässigter, (grundlastgeeigneter) erneuerbarer Energiequellen und der Steuerung des Energieverbrauchs bedeutsame Bausteine in der Umsetzung der Energiewende, von denen nachfolgend einige ausgewählte hinsichtlich ihres zu erwartenden Ergebnisbeitrags diskutiert werden. Darüber hinaus vollzieht sich in der deutschen Energiewirtschaft ein Trend hin zu einer dezentralen Eigentumsstruktur, geleitet vom Schlagwort der Rekommunalisierung. Der Frage, ob dieser vom politischen Demokratieverständnis getriebene Trend in der Strombereitstellung auch ökonomisch einen positiven Beitrag zum Erfolg der Energiewende beisteuern kann, wie es auf der Nachfrager- und Verbraucherseite abzusehen ist, wird hier ebenfalls nachgegangen.

Um zu verdeutlichen, wo das gegebene institutionelle Umfeld heute bereits attraktive Marktlösungen auf der Anbieterseite bereitstellt, bleibt die Perspektive der Analysen in den nachfolgenden Beiträgen weitestgehend auf dominante betriebswirtschaftliche Fragestellungen fokussiert. Die Dokumentation der ökonomischen Vorteilhaftigkeit einzelwirtschaftlicher Angebote wird somit als hinreichend guter Indikator angesehen, um eine Umsetzung im gesamtwirtschaftlich wünschenswerten Umfang in Aussicht zu stellen. Diese bewusste Reduktion auf betriebswirtschaftlich ausgerichtete Fragestellungen trägt der Idee Rechnung, vorrangig privatwirtschaftlich agierenden Akteuren Denkanstöße zur Weiterentwicklung der Energiewende zu liefern, die heute schon kurzfristig und konkret umgesetzt werden können bzw. aus Sicht der Verfasser auch Irrwege aufzeigen, denen besser keine unangemessene Beachtung zuteil werden sollte.

Zwar wird damit Abstand davon genommen, Empfehlungen an staatliche Akteure abzuleiten. Allerdings ist hier ein gesamtwirtschaftlich nicht unbedeutender und vor allem auch politisch relevanter Effekt zu bedenken. Wenn durch geglättete Verbrauchsstrukturen Investitionen in konventionelle Kraftwerke attraktiver werden, sollte auch das Drängen der großen Energieversorger nach einer Subventionierung der Kapazitätsbereitstellung und damit der Ruf nach weiteren staatlichen Eingriffen in den Energiemarkt kleiner werden.

In die gleiche Richtung weisend, zielen alle hier aufgezeigten Ansätze mit der Reduktion der insgesamt verbrauchten Energiemenge, der Substitution von aus fossilen Brennstoffen gewonnener Energie durch Energie aus erneuerbaren Quellen und der Glättung des Stromverbrauchs über den Tag auch auf das kritisch diskutierte Thema der Übertragungsnetzstabilität, für das bspw. Schmidthaler et al. (2012) volkswirtschaftliche Kosten bestimmen, wenn denn diese Stabilität nicht gegeben ist und es zu Stromausfällen kommt.

In der Konsequenz bedeutet die privatwirtschaftliche Fokussierung auch, dass in diesem Band die Frage der Optimierung staatlicher Fördermaßnahmen, wie sie bspw. allgemein Hübner et al. (2012) und spezifisch Vorholz (2013) zuletzt mit der Frage nach der Sinnhaftigkeit einer finanziellen Förderung von dezentralen Energiespeichern aufgeworfen haben, nicht aufgegriffen wird. Auch eine Grundsatzdiskussion über die generelle Sinnhaftigkeit der von einer breiten Mehrheit der Bevölkerung getragenen Energiewende wird nachfolgend nicht geführt. Vielmehr stellt sich die Frage, ob der gut dokumentierte Wunsch in der deutschen Wählerschaft nach einer Neuaufstellung des Umgangs mit Energie auf der Erzeuger- wie auch auf der Verbraucherseite bereits heute auf dezentraler Ebene mit kleinen, individuell ökonomisch attraktiven Produkten und Prozessen begleitet werden kann, um die fortschreitende Energiewende weiter voranzutreiben.

6

3. Literaturverzeichnis

Asendorpf, Dirk (2012): Mit schlauer Power, in: Die Zeit, 16.08.2012, S. 31.

Dietrich, Klaus (2012): Ressourcen schonen und Kunden begeistern, in: Börsen-Zeitung, 09.11.2012, S. 8.

Gericke, Ulli (2011a): Umbau der Energiewirtschaft, in: Börsen-Zeitung, 19.04.2011, S. 8.

Gericke, Ulli (2011b): Energiewende wagen, in: Börsen-Zeitung, 31.05.2011, S. 8.

Gericke, Ulli, Heitker, Andreas (2012): Neue Kraftwerke lohnen sich in Deutschland nicht mehr, in: Börsen-Zeitung, 01.05.2012, S. 8.

Heitker, Andreas (2012): Braunkohle, mon amour! in: Börsen-Zeitung, 16.08.2012.

Hübner, Malte, Schmidt, Christoph M., Weigert, Benjamin (2012): Energiepolitik: Erfolgreiche Energiewende nur im europäischen Kontext, in: Perspektiven der Wirtschaftspolitik, 13, S. 286-307.

o.V. (2012a): Belgien lässt Atomkraftwerk länger am Netz, in: Börsen-Zeitung, 05.07.2012, S. 13.

o.V. (2012b): Fossile Kraftwerke bleiben Rückgrat der Stromversorgung, in: Börsen-Zeitung, 23.08.2012.

o.V. (2012c): Gaskraftwerke von Eon sollen vom Netz, in: Börsen-Zeitung, 15.05.2012, S. 13.

o.V. (2012d): Rheinenergie investiert halbe Milliarde in Gaskraftwerk, in: Börsen-Zeitung, 21.06.2012.

Scheven, Alexander von & Hoffmann, Arnaud (2013): Die Kurz der Dezentralität, in: η green, 15, S. 14-17.

Schmidthaler, Michael, Reichl, Johannes, Schneider, Friedrich (2012): Der volkswirtschaftliche Verlust durch Stromausfälle: Eine empirische Analyse für Haushalte, Unternehmen und den öffentlichen Sektor, in: Perspektiven der Wirtschaftspolitik, 13, S. 308-336.

Vorholz, Fritz (2013): Dunkle Sonne: Vor der Wahl macht die Bundesregierung der Solarbranche ein Millionengeschenk – zulasten der Verbraucher, in: Zeit Online, 26.01.2013.

Wirtschaftlichkeitsanalysen für Plus-Energie-Häuser und dezentrale Energiespeicher mit Hilfe des Life Cycle Costing

Anette von Ahsen

1. Einleitung

Der Primärenergieverbrauch privater Haushalte in Deutschland ist zwar deutlich rückläufig, dennoch betrug er im Jahr 2010 gut ein Drittel des gesamten Primärenergieverbrauchs und damit fast die Hälfte des Verbrauchs sämtlicher Produktionsbereiche zusammen.[1] Wenn die Energiewende gelingen soll, besteht daher ein wichtiger Ansatzpunkt in der Weiterentwicklung so genannter Plus-Energie-Häuser, die mehr Energie generieren, als ihre Bewohner verbrauchen.[2] Ermöglicht wird dies insbesondere durch energieeffizientes Bauen sowie durch die Nutzung erneuerbarer Energien.

Eine ausschließliche Fokussierung auf die Energieeffizienz von Gebäuden greift jedoch zu kurz, wenn es nicht bei einzelnen Pilotprojekten bleiben soll, sondern das Ziel darin besteht, eine so weite Verbreitung solcher Häuser zu erreichen, dass ein wirklicher Beitrag zur Energiewende geleistet wird. Vielmehr müssen dann auch die wirtschaftlichen Aspekte berücksichtigt werden. Dies gilt sowohl für das gesamte Gebäude als auch für die verschiedenen Komponenten: „Die zentrale Herausforderung für die Entwicklung von ‚Plusenergiehauskonzepten‘, die Aussicht auf eine dominierende Marktstellung haben, ist somit eine ökonomische, denn eine Erschließung des Neubaumarktes mit Plusenergiehäusern kann nur erfolgreich sein, wenn diese wettbewerbsfähig sind, ohne dass entstehende Kosten in den allgemeinen Versorgungsbereich ausgelagert werden."[3]

Aufgrund der langen Lebensdauer von Häusern sind dabei nicht nur ihre Anschaffungs- bzw. Herstellungskosten zu berücksichtigen. In die Überlegungen einbezogen werden müssen sämtliche Kosten, die in den verschiedenen Phasen des Lebenszyklus eines solchen Hauses anfallen. Ein Ansatz, der dies ermöglicht, ist das Life Cycle Costing.

Der vorliegende Beitrag diskutiert Ansätze, Chancen und Probleme des Life Cycle Costing sowohl für dezentrale Energiespeicher als auch für Plus-Energie-Häuser insgesamt. Dabei wird zunächst kurz einerseits auf Plus-Energie-Häuser und andererseits die Rolle dezentraler Energiespeicher innerhalb solcher Konzepte eingegangen und es werden die Notwendigkeit und Ausgestaltungsmöglichkeiten von Wirtschaftlichkeitsanalysen in diesem Zusammenhang aufgezeigt (Abschnitt 2). Der dritte Abschnitt geht dann ausführlicher auf den Ansatz des

---

1   Vgl. Statistisches Bundesamt (2013).
2   Das Fraunhofer-Institut für Bauphysik (2011, S. 6) verwendet in diesem Zusammenhang den Begriff Effizienzhäuser-Plus, weist aber darauf hin, dass häufig auch von Plus-Energie-Häusern gesprochen wird.
3   Lüking/Hauser (2012), S. 1 f.

Life Cycle Costing für dezentrale Energiespeicher ein. Im vierten Abschnitt wird der Fokus auf das gesamte Plus-Energie-Haus ausgeweitet, bevor die lebenszyklusbezogene Bewertung noch um eine ökologische Analyse ergänzt wird (Abschnitt 5). Der Beitrag schließt mit einem kurzen Fazit.

2. Plus-Energie-Häuser und die Rolle dezentraler Energiespeicher in Plus-Energie-Häusern

Plus-Energie-Häuser erzeugen mehr Energie, als ihre Bewohner verbrauchen. Um dies zu ermöglichen, sind insbesondere drei Ansatzpunkte relevant: die Nutzung erneuerbarer Energien, das energieeffiziente Bauen und die Senkung des Energiebedarfs durch Haushaltsprozesse, wie Abbildung 1 verdeutlicht.

Abbildung 1: Die energetischen Säulen eines Plus-Energie-Hauses (Quelle: Fraunhofer-Institut für Bauphysik (2011), S. 8)

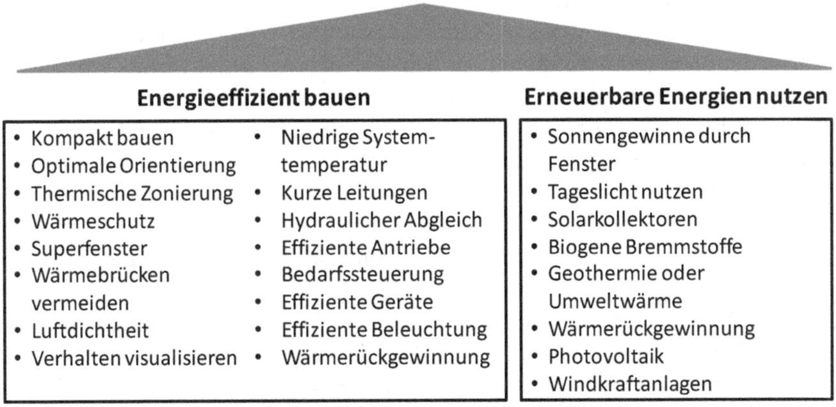

Energieeffizient bauen		Erneuerbare Energien nutzen
• Kompakt bauen	• Niedrige System-	• Sonnengewinne durch
• Optimale Orientierung	temperatur	Fenster
• Thermische Zonierung	• Kurze Leitungen	• Tageslicht nutzen
• Wärmeschutz	• Hydraulischer Abgleich	• Solarkollektoren
• Superfenster	• Effiziente Antriebe	• Biogene Bremsstoffe
• Wärmebrücken	• Bedarfssteuerung	• Geothermie oder
vermeiden	• Effiziente Geräte	Umweltwärme
• Luftdichtheit	• Effiziente Beleuchtung	• Wärmerückgewinnung
• Verhalten visualisieren	• Wärmerückgewinnung	• Photovoltaik
		• Windkraftanlagen

Inzwischen existiert in Deutschland eine Reihe von Plus-Energie-Häusern,[4] die teilweise recht unterschiedlich ausgestaltet sind: „Das Effizienzhaus-Plus ist nicht an eine bestimmte Technologie gebunden, sondern es kann vielfältig durch eine intelligente Kombination von energieeffizienten Bautechnologien und erneuerbaren Energiegewinnsystemen realisiert werden. Dadurch stellt es einen

---

4 Vgl. zu einer Übersicht Bundesministerium für Verkehr, Städtebau und Stadtentwicklung (2013).

technologieoffenen Ansatz dar."[5] Dies bedeutet auch, dass im Hinblick auf die verschiedenen Elemente Analysen erforderlich sind, mit denen die Vorteilhaftigkeit alternativer Ausgestaltungen beurteilt werden kann.

Wie Abbildung 1 bereits verdeutlicht, besteht ein wichtiges Merkmal von Plus-Energie-Häusern in der Nutzung regenerativer Energie, die entweder am Haus selbst oder in seiner direkten Nähe in der Regel mittels Photovoltaik-, in manchen Fällen zum Beispiel auch mittels Kleinwindanlagen produziert wird. Allerdings besteht hierbei das Problem, dass die Energieerzeugung häufig nicht mit dem Energiebedarf zusammenfällt:

- Regenerative Energie weist in der Regel eine hohe Volatilität auf. Der Wind weht unregelmäßig, die Sonne wird zeitweise von Wolken verdeckt usw.

- Der Energieverbrauch fällt ebenfalls ungleichmäßig an. Es besteht zwar die Möglichkeit, Anreize für Privathaushalte zu schaffen, um hier Einfluss zu nehmen. Dennoch wird eine wirkliche „Steuerung" der Verbräuche kaum möglich sein und ist voraussichtlich von den Betroffenen auch zukünftig nicht erwünscht[6].

Um hier einen Ausgleich zu schaffen, sind Plus-Energie-Häuser an das elektrische Versorgungsnetz angeschlossen; dadurch wird der Teil des Energiebedarfs, der nicht (zum Zeitpunkt, zu dem die Energie benötigt wird) selbst gedeckt werden kann, bedient. In der Jahresbilanz wird der aus dem Netz bezogene Strom durch Einspeisungen in das Netz (in Zeiten, in denen zum Beispiel die Photovoltaik mehr Energie produziert als benötigt wird) überkompensiert.[7]

In einigen Konzepten für Plus-Energie-Häuser wird überschüssig produzierter Strom, der nicht unmittelbar verbraucht werden kann, für den späteren Verbrauch gespeichert: Mittels dezentraler Energiespeicher kann eine Lastverschiebung zwischen den verschiedenen Einspeise- und Verbrauchszeiten erreicht werden.[8] Diesem Aspekt kommt mit einer zunehmenden Verbreitung des Einsatzes volatiler regenerativer Energieträger eine große Bedeutung zu: Diese kann dazu führen, dass zu bestimmten – zum Beispiel sehr sonnenintensiven – Zeiten so viel überschüssige Energie in die Netze eingespeist wird, dass es zu Überlastungen der Leitungen und Transformatoren kommt. Hier können Energiespeicher einen wichtigen ausgleichenden Beitrag leisten. Darüber hinaus wird die Speicherung und spätere eigene Nutzung von Energie in Plus-Energie-

---

5   Fraunhofer-Institut für Bauphysik (2011), S. 4.
6   Vgl. aber zu entsprechenden Überlegungen hierzu die Beiträge von Hinrichsen und Likholat sowie Wagner et al. in diesem Buch.
7   Vgl. Lüking/Hauser (2012), S. 9.
8   Vgl. Kleinmaier (2009), S. 174-181; Kanngiesser et al. (2011).

Häusern im Zusammenhang mit der so genannten Netzparität von Photovoltaikstrom im Hinblick auf den Haushaltskundenstrompreis deutlich interessanter.[9] In welchem Umfang Energie maximal gespeichert werden kann, hängt unter anderem von der maximal verfügbaren Energiemenge eines Speichers, aber auch von Wandlungs- und Standby-Verlusten ab, die bei verschiedenen Speicherarten sehr unterschiedlich ausgeprägt sein können. Bisher kommen in Plus-Energie-Häusern am ehesten Batterien als Energiespeicher zum Einsatz. Deren Vorteil besteht insbesondere in der ausgereiften Technologie, als Nachteile werden dagegen zum Beispiel eine niedrige Leistungsdichte und die Tatsache, dass die Batterie im entladenen Zustand nicht lagerfähig ist, betrachtet; bei Blei-Säure-Batterien kommt es zum Beispiel zu einer irreversiblen Sulfatbildung an den beiden Elektroden.[10]

Diskutiert werden in diesem Zusammenhang neben elektrochemischen Speichern zum Beispiel auch kinetische Energiespeicher (auch als Schwungmassenspeicher bezeichnet),[11] deren Kapazität und Leistung grundsätzlich vergleichbar ausgelegt werden kann. Kinetische Energiespeicher sind seit langem zum Beispiel bei Dampfmaschinen und Verbrennungsmotoren bekannt. Sie werden zur Speicherung elektrischer Energie im Bereich von unterbrechungsfreien Stromversorgungen eingesetzt; verschiedene Anwendungen beispielsweise als Rekuperationsspeicher bei Hafenkränen, U- und Straßenbahnen oder zur zentralen Netzstabilisierung im großen Maßstab sind hauptsächlich in den USA in der Erprobung.[12]

Die Entscheidung für einen Energiespeicher wird häufig in besonderem Maße von seinen Anschaffungskosten beeinflusst. Gerade bei technischen Produkten sollten jedoch auch die Folgekosten, die erst in der Betriebs- oder Entsorgungsphase anfallen, berücksichtigt werden, da sie in manchen Fällen einen beachtlichen Teil der gesamten Produktlebenszykluskosten ausmachen können. Darüber hinaus sind die Kosten des Energiespeichers seinem Nutzen gegenüberzustellen. Hierunter fallen insbesondere die vermiedenen Kosten des Bezugs von Strom und die Vergütung des in das Stromnetz eingespeisten Stroms, die durch die Nutzung des Speichers ermöglicht werden.

Ein Instrument für eine solche umfassende Analyse ist das Life Cycle Costing (LCC), auf das in den folgenden Abschnitten näher eingegangen wird.

---

9 Vgl. Hollinger et al. (2013).
10 Vgl. Rummich (2009), S. 154 f.
11 Vgl. Schaede et al. (2011).
12 Vgl. z. B. Werfel (2009); Vycon Energy (2009); Beacon Power Corporation (2009); Arseneaux (2010).

3. Life Cycle Costing für dezentrale Energiespeicher

Mit dem Life Cycle Costing werden einem Produkt sämtliche Kosten und Erlöse, die im Verlauf seines gesamten Produktlebenszyklus anfallen, zugeordnet.[13] Entsprechende Modellanalysen ermöglichen dabei auch Transparenz im Hinblick auf die Interdependenzen zwischen den Kosten und Erlösen, die in den verschiedenen Phasen anfallen. Auf dieser Basis besteht dann die Möglichkeit, unterschiedliche Handlungsalternativen zu bewerten: So können häufig durch Investitionen in bestimmte (hochwertige) Einsatzmaterialien, die zu höheren Anschaffungspreisen führen, die Instandhaltungs- und Reparaturkosten in der Betriebsphase oder auch die Verwertungskosten verringert werden. Letztlich geht es darum, ein Gesamtoptimum über sämtliche Phasen des Produktlebenszyklus hinweg zu erreichen.[14]

Im Folgenden wird exemplarisch diskutiert, inwieweit das Life Cycle Costing angewandt werden kann, um die Kosten zu ermitteln, die einerseits für Batterien und andererseits für kinetische Energiespeicher im Rahmen von Plus-Energie-Häusern anfallen. Dabei werden die Produktlebenszyklusphasen der Anschaffung des Speichers, seiner Nutzung und der Verwertung bzw. Entsorgung unterschieden. Sämtliche Zahlungsströme werden auf den Zeitpunkt der Anschaffung diskontiert, um so die zeitlichen Unterschiede ihres Anfalls über die gesamte Projektlaufzeit zu berücksichtigen.[15]

Der Vergleich der Lebenszykluskosten dieser beiden Alternativen zeigt auch einen weiteren Vorteil des Life Cycle Costing: Es kann die ökonomische Vorteilhaftigkeit von Produkten mit sehr unterschiedlichen Kostenstrukturen verglichen werden. So führen kinetische Energiespeicher im Vergleich zu herkömmlichen Blei-Säure-Batterien zu wesentlich höheren Anschaffungskosten – zugleich kann jedoch von einer durchschnittlichen Lebensdauer von etwa 20 Jahren ausgegangen werden, während diese bei Bei-Säure-Batterien lediglich wenige Jahre beträgt.

---

13 Vgl. auch zu Folgendem Dunk (2012).
14 Vgl. Chel et al. (2008); Mueller (2009).
15 Das im Folgenden skizzierte Life Cycle Costing für einerseits zwei alternative Konzepte für Schwungmassenspeicher und andererseits eine herkömmliche Blei-Säure-Batterie für ein exemplarisches Plus-Energie-Haus erfolgte in einem Kooperationsprojekt zwischen dem Institut für Mechatronische Systeme im Maschinenbau (IMS) und dem Fachgebiet Rechnungswesen, Controlling und Wirtschaftsprüfung (RCW) der Technischen Universität Darmstadt. Vgl. ausführlich Ahsen et al. (2011).

Von zentraler Bedeutung ist im Life Cycle Costing die Frage, welche Informationen über die Zahlungsströme aus welchen Quellen für die Analysen herangezogen werden können. Die Prognose der Zahlungsströme stellt in der Regel die schwierigste Aufgabe im gesamten Prozess des Life Cycle Costing dar; dies gilt natürlich immer dann in besonderem Maße, wenn es sich um innovative Produkte handelt.

Ein methodischer Ansatz, um dieses Problem zu adressieren, besteht darin, die Produktstruktur herunter zu brechen und die Kosten für die verschiedenen Module jeweils separat zu bestimmen, um dann im Anschluss die Ergebnisse zusammen zu führen.[16] Dies ermöglicht es häufig, einen Teil der Kosten mit größerer Sicherheit zu bestimmen, weil bereits mehr Erfahrungswerte vorliegen oder auch bereits einige Module am Markt erhältlich sind. Bei kinetischen Energiespeichern sind zum Beispiel die Gehäuse, Lager, Frequenzumrichter und Vakuumpumpen standardisierte Teile, deren Preise aus anderen Anwendungsfeldern bekannt sind. Problematisch ist dagegen die Ermittlung der Kosten für den Motor und das aktive Magnetlager: Hier handelt es sich hier um Sonderanfertigungen für das jeweilige Einsatzgebiet (in diesem Fall also das Plus-Energie-Haus mit seiner jeweiligen Auslegung im Hinblick auf Größe, Lage, energetisches Konzept etc.), die eine detaillierte Auslegung erfordern.[17]

Für solche innovativen Module können die Kosten insbesondere mittels zweier Ansätze ermittelt werden:[18] Erstens kann die Kostenschätzung mittels der *Analogiemethode* erfolgen. Diese erfordert es, die Kosten eines Moduls oder Produktes auf Basis der (bekannten) Kosten ähnlicher oder analoger Module oder Produkte zu ermitteln. Dies ist dann möglich, wenn eine entsprechende Korrelation zwischen den Merkmalen des innovativen und des bekannten Produkts besteht. Durch eine technische Analyse der Ähnlichkeiten und Unterschiede zwischen beiden Systemen können dann die Kosten des bekannten Produktes „angepasst" werden. Diese Anpassungen basieren somit auf Unterschieden von Kostentreibern, wie der Größe, Leistung, Technologie oder Komplexität der Produkte: "The cost estimator should identify the important cost drivers, determine how the old item relates to the new item and decide how each cost driver affects the overall costs."[19] Bezüglich kinetischer Energiespeicher stellen insbesondere die Anforderungen an die Kapazität und Leistung solche Kostentreiber dar.[20]

---

16   Vgl. Dunk (2012).
17   Vgl. Schaede et al. (2013a).
18   Vgl. Leonard (2009); DIN EN 60300-3-3 (2005).
19   Leonard (2009), S. 108.
20   Vgl. Mauch et al. (2009).

Die Analogiemethode kann gerade für Produkte, für die erst wenig Informationen bezüglich der zu erwartenden Kosten vorliegen, ein zielführend anzuwendendes Instrument sein – Voraussetzung ist allerdings, dass die technische Konzipierung schon so weit voran geschritten ist, dass auf dieser Basis Analogieschlüsse bezüglich der Kosten gezogen werden können.

Neben der Analogiemethode kann *zweitens* die *parametrische Kostenschätzung* als Methode herangezogen werden.[21] Hierbei geht es darum, Kostenfunktionen aus vorliegenden historischen Daten abzuleiten: Auf der Basis einer hinreichend großen Anzahl vergleichbarer Produkte und Projekte in der Vergangenheit werden die Kosten mittels statistisch valider Kostenfunktionen geschätzt. Dabei können komplexe Regressionsmodelle erarbeitet werden; in der Praxis laufen die Ergebnisse jedoch häufig auch auf einfache „Daumenregeln" hinaus (zum Beispiel „Euro pro (zusätzlicher) Gewichtseinheit").[22] Die Kosten des innovativen Produktes oder Moduls können dann geschätzt werden, indem die spezifischen Charakteristika in das parametrische Modell eingesetzt werden.

Da es sich bei kinetischen Energiespeichern um sehr innovative Konzepte handelt, liegen erst sehr wenige Informationen über die (voraussichtlichen) Kosten vor. Daher bietet sich hier zurzeit wohl eher die Analogiemethode an, um die Lebenszykluskosten zu schätzen. Im Hinblick auf herkömmliche Batterien kann dagegen bereits auf Erfahrungen in zahlreichen Projekten zurückgegriffen werden. Hier können die Kosten daher – je nach konkreter Auslegung – direkt aus entsprechenden Angeboten von Herstellern oder aber durch eine Anwendung der parametrischen Kostenschätzung mit deutlich weniger Unsicherheit prognostiziert werden.

Im Rahmen der Schätzung von Anschaffungskosten sind auch die entsprechenden Finanzierungskosten der verschiedenen Alternativen zu berücksichtigen. Hierbei spielen für die Finanzierung gerade innovativer Energiespeicher im Anwendungsfeld der Plus-Energie-Häuser grundsätzlich die für Projekte im Bereich der erneuerbaren Energien typischen Risiken eine wichtige Rolle.[23]

Während der *Nutzungsphase* fallen Wartungs- und Instandhaltungskosten für die dezentralen Energiespeicher an. Im Hinblick auf kinetische Energiespeicher betreffen diese vor allem den Wärmetauscher und die Vakuumpumpe; hinzu kommen Raumkosten. Zusätzlich sollten Kosten für ausfallbedingte Reparaturen einkalkuliert werden. Der Energieverbrauch des Speichers hängt in hohem Maße von der Betriebsstrategie und der Selbstentladung ab.[24] Bei einer Speiche-

21 Fabrycky/Blanchard (1991).
22 Vgl. Leonard (2009), S. 113.
23 Vgl. Babl (2011), S. 14-17.
24 Vgl. hierzu Schaede et al. (2013b).

rung der überschüssigen Energie mittels Blei-Säure-Batterien fällt vor allem ins Gewicht, dass diese nach ca. 5 bis 6 Jahren ausgewechselt werden müssen. Zudem sind neben jährlichen Kontrollen des Speichers auch ungeplante Instandsetzungsprozesse zu erwarten.

Diesen Kosten stehen Einnahmen bzw. Einsparpotentiale während der Nutzungsphase gegenüber. Bei der Ermittlung der jährlichen Energiekosten von Plus-Energie-Häusern sind neben den Gestehungskosten[25] die Preise für den Strombezug und den in das Netz eingespeisten Strom sowie die Eigenverbrauchsquote des produzierten Stroms zu berücksichtigen. Energiespeicher ermöglichen es, dass weniger Strom aus dem Netz bezogen werden muss; außerdem besteht zum Beispiel in den USA, Canada und in Teilen Europas die Möglichkeit, überschüssigen selbst erzeugten und gespeicherten Strom zu verkaufen.[26] Die Vergütungssätze für die Netzeinspeisung überschüssiger Energie ergeben sich aus den jeweiligen länderspezifischen Regelungen; in Deutschland etwa aus der aktuellen Fassung des EEG-Gesetzes.

In der *Verwertungsphase* fallen vor allem Kosten für den Rückbau und den Abtransport an. Die Blei-Säure-Batterie kann in speziellen Recyclinganlagen in ihre einzelnen Bestandteile aufgespalten werden. Aufgrund des Werts des enthaltenen Bleis ergibt sich ein Restwert von ca. 200 € pro Tonne Batterie. Für einen Schwungmassenspeicher fallen Verwertungsauszahlungen ebenfalls vor allem für die Demontage und den Abtransport des Speichers an. Positiv können sich Resterlöse zum Beispiel für den Stahlrotor auswirken.

Zentrale Ergebnisse der Studie zur Analyse der Lebenszykluskosten von zwei Schwungmassenspeichern (SMS konventionell und SMS AMB) und Blei-Säure-Batterien zur Anwendung in einem exemplarischen Plus-Energie-Haus fasst die Abbildung 2 zusammen.[27]

---

25   Vgl. hierzu ausführlich Kost et al. (2012).
26   Siehe zur Diskussion hierzu Rowlands (2005); Campoccia et al. (2009); Wüstenhagen/Menichetti (2012), S. 3.
27   Vgl. Ahsen et al. (2011).

Abbildung 2: Vergleich der Lebenszykluskosten alternativer Speicherkonzepte (Quelle: modifiziert nach Ahsen et al. (2011), S. 365)

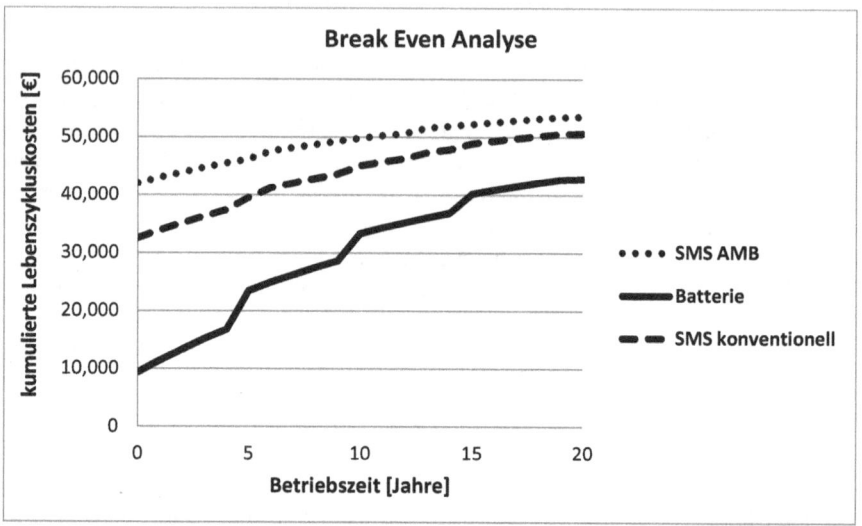

Wie die Abbildung 2 verdeutlicht, sind zum heutigen Zeitpunkt die Lebenszykluskosten, die mit dem Einsatz kinetischer Energiespeicher verbunden sind, als relativ hoch einzuschätzen. Hierfür sind insbesondere die noch hohen Anschaffungspreise der innovativen Komponenten, insbesondere des Motors und des aktiven Magnetlagers, verantwortlich. Je mehr jedoch der Anteil an regenerativer Energie wächst, umso mehr wird auch der Bedarf an dezentralen Energiespeichern wachsen, so dass dann vermutet werden kann, dass innovative Technologien verstärkt vorangetrieben und möglicherweise eher konkurrenzfähig werden.[28]

4. Life Cycle Costing für Plus-Energie-Häuser

Plus-Energie-Häuser können im Hinblick auf zahlreiche Komponenten sehr unterschiedlich ausgestaltet sein. Im Vordergrund steht hierbei häufig die energetische Optimierung von Plus-Energie-Häusern durch eine entsprechende bauliche Ausstattung. Wie oben bereits angesprochen, ist neben der energetischen Optimierung auch eine Analyse der Kosten von Plus-Energie-Häusern erforderlich, wenn eine weite Verbreitung erreicht und damit ein entsprechender Beitrag zur

---

28 Vgl. allgemein zu den Folgen einer verstärkten Konkurrenz für die Finanzierung erneuerbarer Elektrizität auch Szabó/Jäger-Waldau (2008).

Energiewende ermöglicht werden soll. Geht man davon aus, dass die Nutzungskosten bei Wohnimmobilien etwa 30 % der Neubaukosten betragen,[29] so wird deutlich, dass das Life Cycle Costing hierbei einen zielführenden Ansatz der Kostenanalyse darstellt. Entsprechend werden seit einigen Jahren verschiedene Forschungsprojekte realisiert, mit denen zum Beispiel Ansätze zur Bestimmung von Orientierungswerten für Lebenszykluskosten von Gebäuden entwickelt werden.[30] Einen Beitrag zur Anwendung des Life Cycle Costing kann auch die DIN 18960-2008 leisten: Hierbei handelt es sich um eine Norm, die von Bauherren im Hochbau zur Planung der Nutzungskosten – also der Folgekosten von Gebäuden, etwa in Form von Betriebs- und Instandsetzungskosten – herangezogen werden kann.[31]

Für Plus-Energie-Häuser stellt das Life Cycle Costing allerdings insofern eine besondere Herausforderung dar, als die Prognose der Herstellungs- wie auch der Folgekosten aufgrund der Innovativität zahlreicher Komponenten schwierig ist: Neben den Konzepten der Energiegewinnung und ggf. -speicherung kommt den Lüftungsanlagen mit Wärmerückgewinnung und Wärmepumpen eine zentrale Bedeutung zu.[32] Darüber hinaus werden vielfältige weitere Ansatzpunkte zu einer innovativen Ausgestaltung von Plus-Energie-Häusern diskutiert, etwa bezüglich der Gebäudehülle oder der Entwicklung von Mobilitätskonzepten. Je höher der Innovationsgrad der Komponenten ist, umso schwieriger gestaltet sich in der Regel die Kostenanalyse.

Insofern bietet sich für Plus-Energie-Häuser insgesamt ein analoges Vorgehen an, wie es für den Energiespeicher skizziert wurde: Zunächst können die Lebenszykluskosten einerseits der Komponenten des Hauses, für die die Kosten bereits bekannt sind, und andererseits der innovativen Module ermittelt bzw. prognostiziert und geschätzt werden. Da die konkrete Konzeption von Plus-Energie-Häusern sehr unterschiedlich erfolgen kann, wird es individuell auch sehr variieren, welche Module eher traditionell und welche eher innovativ ausgestaltet werden – mit den entsprechenden Konsequenzen für die ökonomische Bewertung.

Insofern kann hier auch kein allgemeingültiges Vorgehen vorgeschlagen werden. Es soll vielmehr exemplarisch für einige ausgewählte Komponenten eines Plus-Energie-Hauses aufgezeigt werden, welche Fragen sich im Hinblick auf eine Wirtschaftlichkeitsanalyse hier stellen:

---

29 Vgl. Blecken/Holthaus-Sellheier (2008).
30 Vgl. z. B. König (2009).
31 Vgl. auch zu Folgendem DIN 18960 (2008); Blecken/Holthaus-Sellheier (2008).
32 Vgl. Lüking/Hauser (2012), S. 11-15.

- *Energetisches Konzept*: Der Energiebedarf von Plus-Energie-Häusern wird durch regenerative Energien, zum Beispiel (ggf. eine Kombination aus) Photovoltaik- oder Windkraftanlagen, thermische Solarkollektoren, biogene Brennstoffe, Geothermie oder Umweltwärme, gedeckt. Dabei ermöglichen es stromerzeugende Systeme, wie eben die Photovoltaik, Energieüberschüsse zu produzieren, die im Gebäude gespeichert oder ins Netz der Energieanbieter eingespeist werden können. Aus verschiedenen Projekten liegen hier bereits Erfahrungen vor; zudem gibt es auch unabhängig von der Thematik der Plus-Energie-Häuser einige Studien zu den Lebenszykluskosten insbesondere von Photovoltaikanlagen.[33] Da die Technologien hier – ebenso wie im Hinblick auf die Energiespeicher – jedoch noch weiter entwickelt werden, stellt die Prognose der Lebenszykluskosten eine große Herausforderung dar. Darüber hinaus sind nach wie vor zahlreiche Fragen im Zusammenhang mit der Finanzierung offen: Potenzielle Investoren, aber auch Kreditinstitute, schätzen entsprechende Projekte häufig als riskant ein, so dass relativ hohe Finanzierungskosten die Folge sind.[34]

- *Lüftungsanlagen mit Wärmerückgewinnung und Wärmepumpen*: Lüking/ Hauser bezeichnen Lüftungsanlagen mit Wärmerückgewinnung und elektrisch angetriebenen Wärmepumpen als einen der „tragenden Pfeiler eines stringenten Plusenergiehauskonzeptes".[35] Lange Zeit wurden in vielen Bauprojekten in erster Linie die Investitionssummen als Entscheidungskriterium herangezogen und die Betriebskosten eher vernachlässigt. Zunehmend setzt sich jedoch die Erkenntnis durch, dass auch für solche Komponenten ein Life Cycle Costing genutzt werden sollte.[36] So betont Törpe[37]: „Anhand von Energieeffizienzklassen können Fachplaner und Bauherren deutlich machen, wie es um den Primärenergieverbrauch der Raumlufttechnik in ihrem Bauwerk bestellt ist. Eine wirkliche Wirtschaftlichkeitsberechnung (und damit der Vergleich mit alternativ zu bewertenden raumlufttechnischen Anlagen anderer Konfiguration) ist jedoch nur durch Einbezug der individuellen Rahmenbedingungen, wie etwa Klimastandort, spezielle Energiepreise und Auslastungszeiten möglich. Insofern liefert ausschließlich die Lebenszykluskosten-Berechnung die Entscheidungsgrundlage für eine nachhaltig wirtschaftliche Investition."

---

33 Vgl. etwa Kost et al. (2012).
34 Vgl. Szabó et al. (2010); Cook/Hall (2012); Gupta (2012); Masini/Menichetti (2012). Siehe zur Finanzierung erneuerbarer Energien z. B. Babl (2011) und Schiereck (2011).
35 Lüking/Hauser (2012), S. 15; vgl. auch Henning (2009).
36 Vgl. z. B. Fischhaber et al. (2008).
37 Törpe (2010), o. S.

- *Gebäudehülle*: Der Gebäudehülle kommt – auch – in Plus-Energie-Häusern schon bedingt durch die gesetzlichen Entwicklungen im Hinblick auf die Wärmedämmung eine große Bedeutung zu. Zwar erfüllen die bereits heute eingesetzten Wärmeverbundsysteme die entsprechenden aktuellen Anforderungen und ihre Kosten sind recht gut bekannt. Zugleich wird jedoch in einer Reihe von Forschungsprojekten an innovativen Wandsystemen gearbeitet. Ein Beispiel hierfür sind rein mineralisch gebundene dämmende Schäume.[38] Darüber hinaus stellt sich gerade für Plus-Energie-Häuser die Frage, inwieweit ihre Fassade durch eine innovative Ausgestaltung zum Beispiel auch der Energiegewinnung mittels der Photovoltaik dienen kann.[39]

Auch für solche Gebäudehüllen kann ein Life Cycle Costing realisiert werden. So diskutieren und vergleichen Messari-Becker et al.[40] die Lebenszykluskosten sowie die ökologischen Implikationen verschiedener Bauweisen von Mehrfamilien-Passivhäusern. Hierbei handelt es sich um erstens einen konventionellen Aufbau mit Stahlbeton und Wärmeverbundsystem, zweitens ein System mit Kalksandstein plus Wärmedämmverbundsystem und drittens ein System, das aus Ziegelkammern besteht, die mit Mineral-Granulat verfüllt sind und damit eine monolithische Bauweise ermöglichen. Über die Lebenszykluskosten innovativer Fassadenkonzepte liegen bisher allerdings erst relativ wenige veröffentlichte Informationen vor.

Deutlich wird, dass nach wie vor im Hinblick auf die unterschiedlichen Bestandteile eines Plus-Energie-Hauses innovative Ausgestaltungsmöglichkeiten erforscht werden. Darüber hinaus wird in einigen Projekten eine Verknüpfung mit Konzepten der sog. Öko-Mobilität getestet.[41] Die Analyse der mit einem Plus-Energie-Haus insgesamt verbundenen Lebenszykluskosten stellt somit eine komplexe Herausforderung dar. Da ein solches Projekt mit sehr großen Unsicherheiten verbunden ist, und dies steigert sich natürlich mit der Anzahl der Komponenten immer mehr, sind auf den verschiedenen Ebenen *Sensitivitätsanalysen* erforderlich. Darüber hinaus stellt sich die Frage eines *Monitoring*. In der Literatur wird hierbei insbesondere auf ein Controlling der Energieeffizienz, etwa mittels der Kennzahlen Heizenergieverbrauch, Stromverbrauch und Stromgewinnung, Erneuerbare-Energien-Eigennutzungsgrad, Primärenergieverbrauch und Behaglichkeitsparameter vorgeschlagen.[42] Das Bundesministerium für Verkehr, Bau und Stadtentwicklung veröffentlicht auf seiner Homepage re-

---

38 Vgl. Gilka-Bötzow (2010).
39 Vgl. Schneider et al. (2012).
40 Vgl. Messari-Becker et al. (2011).
41 Vgl. Bundesministerium für Verkehr, Bau und Städteentwicklung (2013).
42 Vgl. Fraunhofer-Institut für Bauphysik (2011), S. 21.

gelmäßig aktuelle Messdaten zu zwölf existierenden „Effizienzhäusern" in Deutschland zum Beispiel im Hinblick auf die Frage, in welchen Mengen Energie insgesamt und auch für welche Prozesse verbraucht bzw. ins Netz eingespeist wird.[43] Aus ökonomischer Perspektive ist dieses Monitoring jedoch auch auf die tatsächlich anfallenden Kosten auszuweiten: Sämtliche Kosten, die im Rahmen des Life Cycle Costing ermittelt bzw. prognostiziert wurden, sollten mit zunehmendem Projektfortschritt immer wieder mit den tatsächlichen Kosten abgeglichen werden, um hieraus ggf. auch entsprechende Konsequenzen ziehen zu können.

5. Erweiterung der Lebenszyklusbetrachtung um ökologische Aspekte

Die Frage der Energieeffizienz ist eines der zentralen Themen in der aktuellen Diskussion um ökologische Nachhaltigkeit. Eine umfassende nachhaltigkeitsorientierte Umgestaltung der Gesellschaft erfordert jedoch die Berücksichtigung weiterer umweltorientierter Aspekte. Abbildung 3 zeigt die Struktur eines umfassenden Systems zur Bewertung der Nachhaltigkeit von Gebäuden.[44]

Das „Bewertungssystem Nachhaltiges Bauen für Bundesgebäude" wurde in Kooperation zwischen dem Bundesministerium für Verkehr, Bau und Stadtentwicklung (BMVBS), dem Bundesinstitut für Bau-, Stadt- und Raumforschung (BBSR) und der Deutschen Gesellschaft für Nachhaltiges Bauen e. V. (DGNB) entwickelt und umfasst einen umfangreichen Kriterienkatalog, der eine ganzheitliche Analyse von Nachhaltigkeitsaspekten für Gebäude ermöglichen soll.[45] Im Vordergrund steht dabei die mehrdimensionale (ökologische, ökonomische und soziokulturelle) Betrachtung der Gebäude über ihren gesamten Lebenszyklus hinweg. Darüber hinaus werden technische Aspekte (zum Beispiel Schallschutz, Wärme- und Tauwasserschutz) sowie prozessuale Aspekte (Qualität der Planung und der Bauausführung) berücksichtigt. Die Standortqualität wird schließlich ebenfalls bewertet. Da sie durch das Gebäude kaum beeinflusst werden kann, fließt diese Bewertung jedoch nicht in die „Gesamtnote" ein.[46] Das Bewertungssystem ist zwar auf Verwaltungsgebäude ausgerichtet, kann für Wohngebäude jedoch auch entsprechend modifiziert angewandt werden.[47]

---

43   Vgl. Bundesministerium für Verkehr, Bau und Stadtentwicklung (2013).
44   Vgl. ausführlich hierzu Ebert et al. (2010).
45   Vgl. Bundesministerium für Verkehr, Bau und Stadtentwicklung (2010).
46   Vgl. Ebert et al. (2010), S. 52.
47   Vgl. Bundesministerium für Verkehr, Bau und Stadtentwicklung (2010).

Abbildung 3: Struktur des deutschen Systems zur Kennzeichnung der Nachhaltigkeit (Quelle: Hauser (2009), S. 18).

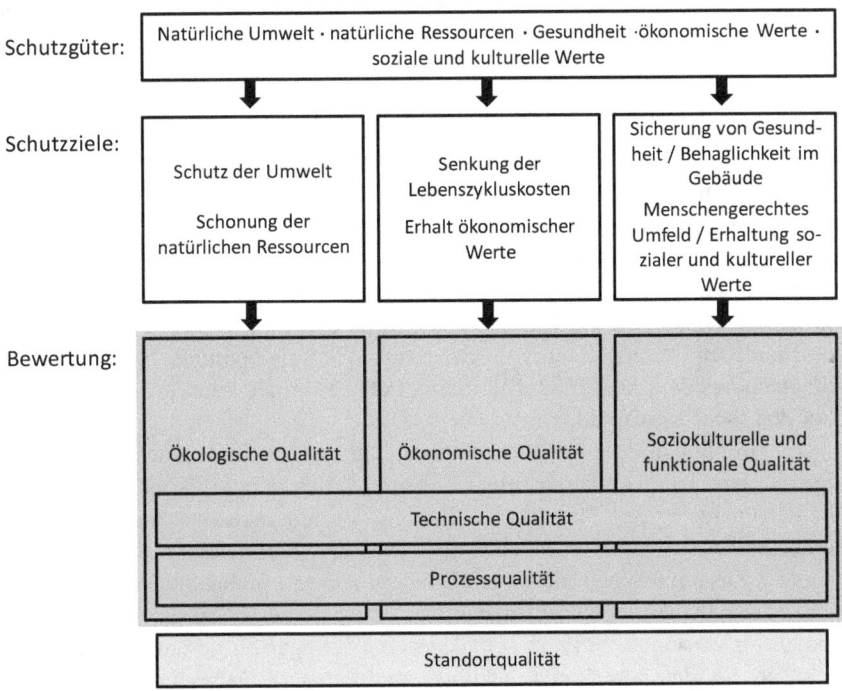

Im Folgenden soll kurz die Möglichkeit einer Bewertung der ökologischen Nachhaltigkeit von Plus-Energie-Häusern sowie einzelner Komponenten, insbesondere von Energiespeichern, adressiert werden. Zu diesem Zweck bieten sich Ökobilanzen, zum Beispiel gemäß DIN EN ISO 14040, an. Mit diesen werden die Stoff- und Energieflüsse, die mit dem jeweiligen Betrachtungsobjekt verbunden sind, systematisch erfasst und interpretiert.[48]

Hierzu werden zunächst in einer *Sachbilanz* Stoff- und Energieflussrechnungen für die verschiedenen Komponenten eines Betrachtungsobjektes durchgeführt. In der darauffolgenden *Wirkungsabschätzung* müssen unterschiedliche relevante Wirkungskategorien festgelegt werden, zum Beispiel Treibhauseffekt, Humantoxizität, Sommersmog, Versauerung und Eutrophierung. Mithilfe von Wirkungsindikatoren können dann die verschiedenen Umweltwirkungen zuge-

---

48   Vgl. z. B. Diakaki/Kolokotsa (2009) sowie DIN EN ISO 14040 (2009).

ordnet werden. In der *Auswertungsphase* werden die Umweltwirkungen interpretiert und, soweit möglich, auf Basis eines entsprechend zu bestimmenden Gewichtungssystems bewertet. Zu beachten ist, dass eine solche Bewertung immer subjektiv ist und gut begründet und dokumentiert werden sollte.

In der Literatur finden sich einige Ökobilanzen für stationäre dezentrale Energiespeicher, wie sie für Plus-Energie-Häuser genutzt werden können. Insbesondere für Batterien in Photovoltaiksystemen wurden solche Studien bereits in einer größeren Anzahl angefertigt;[49] beispielsweise untersuchen Denholm/ Kulcinski[50] die Energiebedarfe und Treibhausgasemissionen von Pumpspeicherkraftwerken und Batterien. Auch die ökologischen Implikationen einiger anderer Speicheralternativen wurden bereits ersten Analysen unterzogen. So fokussieren Krewitt et al.[51] im Auftrag des Bundesministeriums für Umwelt, Naturschutz und Reaktorsicherheit das Marktpotenzial und die ökologischen Auswirkungen verschiedener Brennstoffzellen in der Kraft-Wärme-Kopplung. In einem Kurzgutachten aus dem Jahr 2009 diskutieren Pehnt/Höpfner[52] die Stromspeicherung über den Wasserstoffpfad.

Im Hinblick auf die gesamten Photovoltaiksysteme finden sich ebenfalls einige Ansätze der Ökobilanzierung: Celik et al.[53] führen eine Ökobilanzierung für ein netzunabhängiges Photovoltaik-Energie-System inklusive Batteriespeicher durch. In einer Studie von Fleck/Hout[54] wird die Ökobilanz eines Batteriespeichers im Zusammenspiel mit einem Windrad zur netzunabhängigen Versorgung eines Haushalts durchgeführt. Inzwischen findet sich eine Reihe von Ökobilanzstudien für verschiedene Photovoltaiksysteme.[55] Sogar für gesamte Niedrigenergiehäuser wurden bereits erste Ökobilanzen realisiert. Dabei wurde auch deutlich, dass für solche Projekte nur bedingt auf Erfahrungen aus den Ökobilanzen herkömmlicher Gebäude zurückgegriffen werden kann, da sich die Umweltwirkungen sehr unterschiedlich auf die verschiedenen Phasen des Lebenszyklus verteilen.[56]

Ähnlich wie im Hinblick auf das Life Cycle Costing gilt auch für Ökobilanzen, dass mit zunehmender Innovativität eines Produktes der Schwierigkeitsgrad

---

49 Vgl. z. B. Rydh (1999); Rydh/Karlström (2002); Rydh/Sandén (2005).
50 Vgl. Denholm/Kulcinski (2003).
51 Vgl. Krewitt et al. (2004).
52 Vgl. Pehnt/Höpfner (2009).
53 Vgl. Celik et al. (2008).
54 Vgl. Fleck/Hout (2009).
55 Vgl. z. B. Celik et al. (2008); Raugei/Frankl (2009); Laing et al. (2010); Bravi et al. (2011); Oró et al. (2012). Ein vergleichendes Life Cycle Assessment für verschiedene Gebäudehüllen findet sich in Monteiro/Freire (2012).
56 Vgl. Blengini/Di Carlo (2010).

einer Anwendung der Methode zunimmt. Für innovative Speicherkonzepte, die bisher noch kaum im Bereich von Plus-Energie-Häusern eingesetzt werden, wie etwa die oben angesprochenen kinetischen Energiespeicher, müssen zum Beispiel die Material- und Energiebedarfe sowie auch die Emissionen, die bei der Herstellung, Nutzung und Verwertung anfallen, auf Basis häufig noch sehr unsicherer aktueller Erkenntnisse prognostiziert werden. Dieses Problem ist typisch für Lebenszyklusbetrachtungen innovativer Produkte: „New and innovative technologies may claim substantial efficiency gains in the future. However, they are often assessed based on their current performance, measured in the laboratory or in pilot plants."[57]

Letztlich wäre es ideal, wenn die ökologischen Konsequenzen von Speichern wie auch insgesamt von Plus-Energie-Häusern als externe Effekte[58] in monetären Einheiten ausgedrückt werden könnten. Solche Ansätze finden sich zwar vereinzelt in der Literatur.[59] Allerdings ist die Monetarisierung ökologischer Wirkungen einzelner Produkte und auch von Gebäuden als extrem schwierig einzuschätzen. In der Regel wird es eher zielführend sein, Stoff- und Energieflüsse sowie auch ihre potenziellen Wirkungen in Mengeneinheiten (etwa als Mengen CO_2-Ausstoß) bzw. als Punktwerte abzubilden.

Eine Entscheidung zum Beispiel zwischen zwei Speicheralternativen oder eine vergleichende Bewertung alternativer Konzepte für gesamte Plus-Energie-Häuser impliziert dann allerdings, dass Bewertungen in unterschiedlichen „Dimensionen" zugleich berücksichtigt werden müssen, also etwa die Lebenszykluskosten einerseits und die energetische Effizienz, aber auch die ökologischen Auswirkungen, ausgedrückt zum Beispiel als Punktwerte, andererseits. Hier kann auf Verfahren des Multiple Criteria Decision Making (MCDM) zurückgegriffen werden. In der Literatur finden sich bereits erste Ansätze einer solchen mehrdimensionalen Bewertung energieeffizienter Häuser.[60]

6. Fazit und Ausblick

Plus-Energie-Häuser können einen wichtigen Beitrag zu der Energiewende leisten. Ihre weite Verbreitung kann es ermöglichen, den Energieverbrauch privater Haushalte drastisch zu senken. Zahlreiche Forschungs- und Pilotprojekte zeigen bereits heute, dass solche Konzeptionen technisch möglich sind – und zwar in sehr vielfältiger Ausgestaltung. Dennoch besteht ein gravierendes Hindernis:

---

57 Frischknecht et al. (2009), S. 584 f.
58 Vgl. zu externen Effekten z. B. European Commission (2003); Pearce et al. (2006).
59 Vgl. etwa Allacker (2012).
60 Vgl. z. B. Diakaki et al. (2008); Fesanghary et al. (2012).

Bisher liegt der Fokus recht einseitig auf der Konzeption von Gebäuden mit hoher Energieeffizienz. Welche Kosten mit solchen Gebäuden verbunden sind, wird dabei bisher oft noch eher weniger betrachtet.

Hier liegt ein wichtiger Ansatzpunkt zukünftiger Forschung: Plus-Energie-Häuser sollten auch im Hinblick auf die mit ihnen verbundenen Kosten analysiert werden und die zahlreichen Entscheidungen bezüglich ihrer konkreten Ausgestaltung müssen auch an den Lebenszykluskosten orientiert erfolgen, wenn sich solche Konzepte am Markt durchsetzen können sollen. Dabei müssen sämtliche Kosten, die in den verschiedenen Lebenszyklusphasen des Gebäudes anfallen, berücksichtigt werden. Im Vergleich zu herkömmlichen Gebäuden besteht dabei für Plus-Energie-Häuser die besondere Herausforderung, dass sie häufig aus sehr innovativen Komponenten bestehen, für die in der Regel erst wenige Kosteninformationen vorliegen. Dies gilt zum Beispiel für innovative Photovoltaiksysteme und Energiespeicher sowie neu konzipierte Gebäudehüllen, aber etwa auch für in das System eingebundene Öko-Mobilitätskonzepte.

Im Rahmen eines Life Cycle Costing können verschiedene Ansätze genutzt werden, um auch für solche innovativen Konzepte die Kosten zu schätzen. Insbesondere mittels der Analogiemethode kann es gelingen, die voraussichtlich mit einem Plus-Energie-Haus verbundenen Kosten zu ermitteln. Dabei liegt es nahe, die Kostenprognose zunächst separat für verschiedene Module des Gebäudes vorzunehmen. Dies wurde im vorliegenden Beitrag am Beispiel von dezentralen Energiespeichern gezeigt. Auf Basis dieser Ergebnisse für die verschiedenen Module kann dann ein Gesamtbild der Lebenszykluskosten für ein gesamtes Plus-Energie-Haus erstellt werden.

Zunehmend wird diskutiert, Gebäude über die energetische und kostenorientierte Betrachtung hinaus auch einer weiter gehenden ökologischen Bewertung zu unterziehen, wie sie mit Hilfe der Ökobilanz erfolgen kann. Auch hierzu finden sich in der Literatur bereits erste Ansätze.

Sollen neben der energetischen Bewertung von Plus-Energie-Häusern auch kostenorientierte, ökologische und / oder zum Beispiel soziale Aspekte in die Bewertung einfließen, liegt eine Entscheidung bei mehrdimensionaler Zielsetzung vor. Diese ist immer dann unproblematisch, wenn es eine dominante Lösung gibt. Anderenfalls müssen die Bewertungsdimensionen entsprechend gewichtet und Ansätze des Multiple Criteria Decision Making eingesetzt werden, um zwischen alternativen Konzepten entscheiden zu können.

7. Literaturverzeichnis

Ahsen, A. v., Schaede, H., Schneider, M., Rinderknecht, S. (2011): Bewertung innovativer Energiespeicher im Smart-Grid mittels der Lebenszyklusrechnung, in: Zeitschrift für Controlling & Management 55(2011)6, S. 361-366.

Allacker, K. (2012): Environmental and economic optimisation of the floor on grade in residential buildings, in: The International Journal of Life Cycle Assessment 17(2012)3, S. 813-827.

Arseneaux, J. (2010): Beacon Power 20 MW Frequency Regulation Plan. Tyngsboro, Beacon Power Corporation.

Babl, C. (2011): Grundlagen der Projektfinanzierung im Bereich der erneuerbaren Energien, in: Babl, C., Flotow, P. v., Schiereck, D. (Hrsg.): Projektrisiken und Finanzierungsstrukturen bei Investitionen in erneuerbare Energien, Frankfurt am Main, S. 9-22.

Beacon Power Corporation (2009): Fact sheet – Frequency Regulation and Flywheels. Tyngsboro, Beacon Power Corporation.

Blecken, U., Holthaus-Sellheier, U. (2008): Nutzungskosten: DIN 18960-2008 – Leistungsfähige Grundlage für die zielorientierte Planung der Lebenszykluskosten, in: Bautechnik 85(2008)7, S. 464-471.

Blengini, G. A., Di Carlo, T. (2010): The changing role of life cycle phases, subsystems and materials in the LCA of low energy buildings, in: Energy and Buildings 42(2010)6, S. 869-880.

Bravi, M., Parisi, M. L., Tiezzi, E., Basoso, R. (2011): Life cycle assessment of a micromorph photovoltaic system, in: Energy 36(2011)7, S. 4297-4306.

Bundesministerium für Verkehr, Bau und Stadtentwicklung (2010): Bewertungssystem Nachhaltiges Bauen für Bundesgebäude (BNB), Download unter http://www.nachhaltigesbauen.de/de/bewertungssystem-nachhaltiges-bauen-fuer-bundesgebaeude-bnb.html, letzter Abruf am 26.2.2013.

Bundesministerium für Verkehr, Bau und Stadtentwicklung (2013): Übersicht: Technologien der Effizienzhäuser, Download unter http://www.bmvbs.de/DE/EffizienzhausPlus/Bauaktivitaeten/Netzwerk/effi zienzhaus-plus-neubauten_node.html?gtp=87348_liste%253D2, letzter Abruf am 21.2.2013.

Campoccia, A., Dusonchet, L., Telaretti, E., Zizzo, G. (2009): Comparative analysis of different supporting measures for the production of electrical energy by solar PV and wind systems: four representative European case studies, in: Solar Energy 83(2009)3, S. 287-297.

Celik, A. N., Muneer, T., Clarke, P. (2008): Optimal Sizing and Life Cycle Assessment of Residential Photovoltaic Energy Systems With Battery Storage, in: Progress in Photovoltaics: Research and Applications 16(2008)1, S. 69-85.

Chel, A., Tiwari, G. N., Chandra, A. (2008): Simplified method of sizing and life cycle cost assessment of building integrated photovoltaic system, in: Energy and Buildings, 41(2008)11, S. 1172-1180.

Cook, D. R., Hall, R. F. (2012): Financing renewable energy projects in difficult economic times, in: Energy Engineering 109(2012)3, S. 41-52.

Denholm, P., Kulcinski, G. L. (2004): Life cycle energy requirements and greenhouse gas emissions from large scale energy storage systems, in: Energy Conversion and Management 45(2004)13-14, S. 2153-2172.

Diakaki, C., Grigoroudis, E., Kolokotsa, D. (2008): Towards a multi-objective optimization approach for improving energy efficiency in buildings, in: Energy and Buildings 40(2008)9, S. 1747-1754.

Diakaki, S.; Kolokotsa, D. (2009): Life Cycle Assessment of Buildings, in: Mumovic, D.; Santamouris, M. (Hrsg.): A Handbook of Sustainable Building Design & Engineering. An Integrated Approach to Energy, Health and Operational Performance, Bodmin, S. 99-113.

DIN EN 60300-3-3 (2005): Dependability Management – Part 3-3: Application Guide – Life cycle costing, Berlin.

DIN 18960 (2008): Nutzungskosten im Hochbau, Berlin.

DIN EN ISO 14040 (2009): Umweltmanagement – Ökobilanz – Grundsätze und Rahmenbedingungen.

Dunk, A. S. (2012): Assessing the Contribution of Product Life Cycle Cost Analysis, Customer Involvement, and Cost Management to the Competitive Advantage of Firms, in: Epstein, M. J., Lee, J. Y. (Hrsg.) Advances in Management Accounting, Vol. 20, Emerald Group Publishing Limited, S. 29-45.

Ebert, T., Eßig, N., Hauser, G. (2010): Zertifizierungssysteme für Gebäude, München.

European Commission (2003): External Costs. Research results on socio-environmental damages due to electricity and transport, Brüssel.

Fabrycky, W. J., Blanchard, B. S. (1991): Life-cycle cost and economic analysis, Englewood Cliffs, N.J.

Fesanghary, M., Asadi, S., Geem, Z. W. (2012): Design of low-emission and energy-efficient residential buildings using a multi-objective optimization algorithm, in: Energy and Building 49(2012)3, S. 245–250.

Fischhaber, D., Törpe, M., Weber, B. M. (2008): Lüftungsanlage mit Wärmepumpentechnik. Energieeffiziente Gebäudetechnik senkt Folgekosten, in: Energy 2.0-Kompendium 2008, www.Energy.2.0.net, S. 251-253.

Fleck, B., Hout, M. (2009): Comparing life-cycle assessment of a small wind turbine for residential off-grid use, in: Renewable Energy 34(2009)12, S. 2688-2696.

Fraunhofer-Institut für Bauphysik (2011): Wege zum Effizienzhaus-Plus. Herausgegeben vom Bundesministerium für Verkehr, Bau und Stadtentwicklung, Berlin.

Frischknecht, R., Büsser, S., Krewitt, W. (2009): Environmental assessment of future technologies: how to trim LCA to fit this goal? In: International Journal of Life Cycle Assessment, 14(2009)6, S. 584-588..

Gilka-Bötzow, A. (2010): Mineralisierter Schaum, in: Beiträge zum 51. Forschungskolloquium des Deutschen Ausschusses für Stahlbeton (DAfStb), Kaiserslautern, S. 709-719.

Gupta, S. (2012): Financing renewable Energies, in: Environment & Policy 54(2012), S. 171-186. Doi:10.1007/978-94-007-4162-1_14.

Hauser, G. (2009): Energieeffizientes Bauen, in: Stadermann, G., Forschungsverbund Sonnenenergie (FVS), Bundesministerium für Wirtschaft und Technologie (BMWi) (Hrsg.): Energieeffizientes und solares Bauen – ein Paradigmenwechsel. Jahrestagung des Forschungsverbunds Erneuerbare Energien, 29.-30. September 2008 Berlin, S. 7-19.

Henning, H.-M. (2009): Solares Bauen, in: Stadermann, G., Forschungsverbund Sonnenenergie (FVS), Bundesministerium für Wirtschaft und Technologie (BMWi) (Hrsg.): Energieeffizientes und solares Bauen – ein Paradigmenwechsel. Jahrestagung des Forschungsverbunds Erneuerbare Energien, 29.-30. September 2008 Berlin, S. 20-27.

Hollinger, R., Wille-Haussmann, B., Erge, T., Sönnichsen, J., Stillahn, T., Kreifels, N. (2013): Speicherstudie 2013. Kurzgutachten zur Abschätzung und Einordnung energiewirtschaftlicher, ökonomischer und anderer Effekte bei der Förderung von objektgebundenen elektrochemischen Speichern. Zusammenfassung der wichtigsten Erkenntnisse, hrsg. vom Fraunhofer-Institut für Solare Energiesysteme ISE, Freiburg.

Kanngiesser, A., Wolf, D., Schinz, S., Frey, H. (2011): Optimierte Netz- und Marktintegration von Windenergie und Photovoltaik durch Einsatz von Energiespeichern, 7. Internationale Energiewirtschaftstagung (IEWT) 2011 an der TU Wien, 16.-18. Februar 2011, Download unter: http://eeg.tuwien.ac.at/eeg.tuwien.ac.at_pages/events/iewt/iewt2011/html/d etails.php, letzter Abruf 26.2.2013.

Kleinmaier, M. (2009): Bedarf von Speichern in neuen Versorgungskonzepten (Smart Grids), in: VDI Wissensforum (Hrsg.): Elektrische Energiespeicher. VDI-Berichte 2058. Düsseldorf 2009, S. 173-182.

28

König, H. (2009): Entwicklung einer Methodik zur Bestimmung von Orientierungswerten für Lebenszykluskosten. Teil 1: Bürogebäude. Endbericht eines Projektes im Forschungsprogramm Zukunft Bau im Auftrag des Bundesministeriums für Verkehr, Bau und Stadtentwicklung (BMVBS) sowie des Bundesinstituts für Bau-, Stadt- und Raumforschung (BBSR) im Bundesamt für Bauwesen und Raumentwicklung. Projektlaufzeit September 2008 bis Juni 2009, Gröbenzell.

Kost, C., Schlegl, T., Thomsen, J., Nold, S., Mayer, J. (2012): Studie Stromgestehungskosten Erneuerbare Energien, hrsg. vom Fraunhofer-Institut für Solare Energiesysteme ISE, Freiburg.

Krewitt, W., Pehnt, M., Fischedick, M., Temming, H. (2004): Brennstoffzellen in der Kraft-Wärme-Kupplung, Berlin.

Laing, D., Steinmann, W. D., Viebahn, P., Gräter, F., Bahl, C. (2010): Economic analysis and life cycle assessment of concrete thermal energy storage for parabolic through power plants, in: Journal of solar energy engineering (E-Journal) 132(2010)4.

Leonard, B. (2009): GAO Cost Estimating and Assessment Guide: Best Practices for Developing and Managing Capital Program Costs. Government Printing Office Washington DC.

Lüking, R.-M., Hauser, G. (2012): Plusenergiehäuser. Technische und ökonomische Grundlagen. Fraunhofer-Institut für Bauphysik IBP, Stuttgart.

Masini, A., Menichetti, E. (2012): The impact of behavioural factors in the renewable energy investment decision making process: Conceptual framework and empirical findings, In: Energy Policy 40(2012), S. 28-38. Doi: 10.1016/j.enpol.2010.06.062.

Mauch, W., Mezger, T., Staudacher, T. (2009): Anforderungen an elektrische Energiespeicher – Stationärer und mobiler Einsatz, VDI-Berichte, Band 2058: Elektrische Energiespeichere, Schlüsseltechnologie für energieeffiziente Anwendungen, Düsseldorf.

Messari-Becker, L., Bollinger, K., Grohmann, M. (2011): Energie- und Ressourceneffizienz durch lebenszyklusorientierte Planung am Beispiel der ersten monolithischen Mehrfamilien-Passivhäuser, in: Kornadt, O., Vogel, A., Kießl, K. (Hrsg.): Weimarer Bauphysiktagung 2011 vom 28.-29. September 2011, Weimar, S. 121-123.

Monteiro, H., Freire, F. (2012): Life-cycle assessment of a house with exterior walls: Comparison of three impact assessment methods, in: Energy and Buildings 47(2012)April, S. 572-583.

Mueller, D. (2009): Modelling trade-offs in design-accompanying life cycle cost calculation, in: International Journal of Product Lifecycle Management, 4(2009)1-3, S. 290-310.

Oró, E., Gil, A., de Gracia, A., Boer, D., Cabeza, L. F. (2012): Comparative life cycle assessment of thermal energy storage systems for solar power plants, in: Renewable Energy 44(2012)August, S. 166-173.

Pearce, D., Atkinson, G., Mourato, S. (2006): Cost-Benefit Analysis, and the Environment. Recent Developments, OECD, 2006.

Pehnt, M., Höpfner, U. (2009): Wasserstoff- und Stromspeicher in einem Energiesystem mit hohen Anteilen erneuerbarer Energien: Analyse der kurz- und mittelfristigen Perspektive, hrsg. vom Institut für Energie und Umweltforschung Heidelberg GmbH (ifeu), Heidelberg.

Raugei, M., Frankl, P. (2009): Life cycle impacts and costs of photovoltaic systems: Current state of the art and future outlook, in: Energy 34(2009)3, S. 392-399.

Rowlands, I. H. (2005): Envisaging feed-in tariffs for solar photovoltaic electricity: European lessons for Canada, in: Renewable and Sustainable Energy Reviews 9(2005)1, S. 51-68.

Rummich, E. (2009): Energiespeicher, Renningen.

Rydh, C. J. (1999): Environmental Assessment of Vanadium Redox and Lead-acid Batteries for Stationary Energy Storage, in: Journal of Power Sources 80(1999)1, S. 21-29.

Rydh, C. J., Karlström, M. (2002): Life Cycle Inventory of Recycling Portable Nickel-Cadmium Batteries, in: Resources, Conservation and Recycling 34(2002)4, S. 289-309.

Rydh, C. J., Sandén, B. A. (2005): Energy Analysis of Batteries in Photovoltaik Systems. Part I: Performance and Energy Requirements, in: Energy Conversion and Management 46(2005)11-12, S. 1957-1979.

Schaede, H., Heinrich, S., Rongstock, R., Rinderknecht, S. (2011): Entwicklung kinetischer Energiespeicher für regenerativ erzeugte Energie in Gebäuden, in: VDI Tagung Antriebssysteme 2011, 13./14. September 2011, Nürtingen, Deutschland.

Schaede, H., Ahsen, A. von, Rinderknecht, S., Schiereck, D. (2013a): Electric Energy Storages – A Method for Specification, Design and Assessment, in: Inernational Journal of Agile Systems and Management, in Druck.

Schaede, H., Riecken, C., Quurck, L., Rinderknecht, S. (2013b): Verlustkennfeld-Bestimmung am Beispiel eines kinetischen Energiespeichersystems. NEIS 2013. Nachhaltige Energieversorgung und Integration von Speichern, Hamburg, 12.-13. September 2013, in Vorbereitung.

Schiereck, D. (2011): Technologische Reife und standardisierte Projektfinanzierung im Bereich der erneuerbaren Energien, in: Babl, C., Flotow, P. von, Schiereck, D. (Hrsg.): Projektrisiken und Finanzierungsstrukturen bei Investitionen in erneuerbare Energien, Frankfurt am Main, S. 1-7.

Schneider, J., Eisele, J., Garrecht, H., Rinderknecht, S., Ahsen, A. von, Schiereck, D., Kleuderlein, J., Lang, F., Gilka-Bötzow, A., Klein, M., Schaede, H., Wien, A., Bogs, C. (2012): A new concept for Energy-Plus-Houses and their facades. Conference: Advanced Building Skins, Graz University of Technology, 14.-15. Juni 2012.

Statistisches Bundesamt (2013): Primärenergieverbrauch nach Produktionsbereichen im Inland in Petajoule. Download unter https://www.destatis.de/DE/ZahlenFakten/GesamtwirtschaftUmwelt/Umwelt/Umweltoekonomische Gesamtrechnunen/EnergieRohstoffeEmissionen/Tabellen/Primaerenergieve rbrauch.html), letzter Abruf am 20.2.2013.

Szabó, S., Jäger-Waldau, A. (2008): More competition: Threat or chance for financing renewable electricity? In: Energy Policy 36(2008), S. 1436-1447. Doi:10.1016/j.enpol.2007.12.020.

Szabó, S., Jäger-Waldau, A., Szabó, L. (2010): Risk adjusted financial costs of photovoltaic, in: Energy Policy 38(2010), S. 3807-3819.

Törpe, M. (2010): Energieeffiziente Raumluft. In: Energy 2.0-Kompendium 2010, S. 207. Download unter http://www.energy20.net/pi/index.php?Story ID=317&articleID=167157, Abruf am 19.02.2013.

Vycon Energy (2009): Rail REGEN System. Cerritos, Vycon Energy.

Werfel, F.N. (2009): Magnetgelagerte Schwungmassenspeicher. in ELEKTRISCHE ENERGIESPEICHER, Schlüsseltechnologie für energieeffiziente Anwendungen. 2009. VDI-Verlag, Düsseldorf, VDI-Berichte, Band 2058

Wüstenhagen, R., Menichetti, E. (2012): Strategic choices for renewable energy investment: Conceptual framework and opportunities for further research, in: Energy Policy 40(2012)1, S.:1-10. Doi:10.1016/j.enpol.2011.06.050.

Der deutsche Privatkundenmarkt für Smart-Grid-Anwendungen: Status Quo und Potentiale

Anna Hinrichsen und Dimitri Likholat

1. Einleitung

Die von der Bundesregierung beschlossene Energiewende hat das Ziel, die langfristige Deckung des Gesamtenergiebedarfs (Elektrizität, Wärme, Mobilität) der Bundesrepublik Deutschland von fossilen Energieträgern auf nachhaltige, regenerative Energiequellen umzustellen. Hierbei kommt allen Teilen der Wertschöpfungskette in der Elektrizitätswirtschaft eine wichtige Rolle zu. Das Konzept des Smart Grid – Intelligentes Stromnetz – vernetzt die Bereiche Energieerzeugung und -übertragung, Energieverbrauch und -speicherung informations- und kommunikationstechnisch. Hierdurch sollen nicht nur neue Energiehandelsplätze geschaffen, sondern auch neue Betriebsführungen für das Stromnetz und die Erzeuger ermöglicht werden.

Das Konzept sieht unter anderem die Integration von intelligenten Stromzählern mit neuen Tarifstrukturen vor. Diese „Smart Meter" sollen den Energieversorgungsunternehmen als ein Instrument zur Beeinflussung der Stromnachfrage dienen.

Der vorliegende Beitrag gibt zunächst einen Überblick über die Wertschöpfungskette in der Elektrizitätswirtschaft. Folgend wird die Einführung der Smart Meter mit dynamischen Tarifen unter Wirtschaftlichkeitsaspekten untersucht – sowohl aus Sicht der Energieversorger als auch aus Sicht der Endverbraucher. Ergänzend gibt eine Wirtschaftlichkeitsberechnung für Smart Meter mit aktuellen Daten eine praxisnahe Bewertungshilfe.

2. Status Quo

2.1. Stand der Technik

Die Energieerzeugung in der Bundesrepublik basiert heute auf einer zentralisierten, unidirektionalen Energieerzeugungsstruktur. Die großen Kraftwerksblöcke speisen die erzeugte Energie in die Übertragungsnetze ein; über die Verteilungsnetze wird die Energie dann zu den Endverbrauchern weitergeleitet.

Zur Sicherung der Netzstabilität muss die erzeugte Leistung immer der nachgefragten Leistung im Netz entsprechen. Dies sollen Regelkraftwerke gewährleisten. Diese können im Gegensatz zu Grund- und Mittellastkraftwerken schneller geregelt und damit an die sich ständig ändernden Netzzustände angepasst werden. Um zuverlässig ein Gleichgewicht zwischen Erzeugung und Nachfrage herstellen zu können, werden Änderungen nur auf der Erzeugerseite durchgeführt.

Mit der Einführung des Erneuerbare-Energien-Gesetzes (EEG) im Jahre 2010[1] und dem damit verbundenen Einspeisevorrang von regenerativen Strom-erzeugungsquellen vor fossilen Energieträgern hat sich die Struktur der Strom-erzeugung stark verändert. Der Anteil der regenerativen Energien an der ge-samten Bruttostromerzeugung ist von 6,7 % im Jahr 2001 innerhalb von zehn Jahren auf 20,1 % (2011) gestiegen[2].

Abbildung 1: Brutto-Stromerzeugung 2011 in Deutschland. (Quelle: BDEW, AG Energiebi-lanzen (2011)).

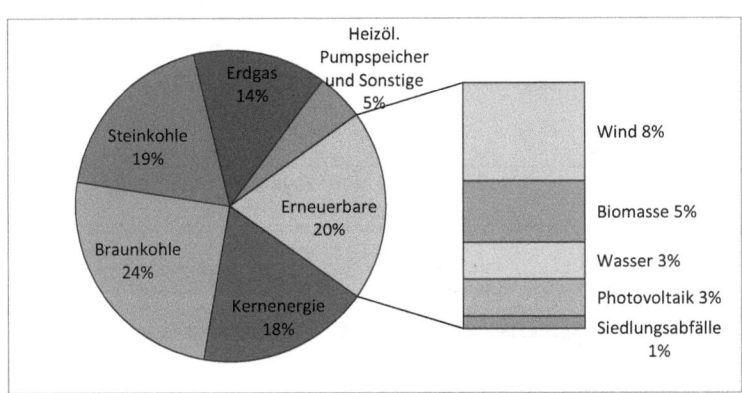

Weiter befördert wird die Transformation der Netzstruktur hin zur dezent-ralen Energieversorgung durch den beschlossenen Ausstieg aus der Kernener-gie[3], den Ausbau der Off-Shore Windenergie im Norden der Republik[4], den Zubau von Klein- und Mikrokraftwerken sowie die zukünftigen Entwicklungen in der Mobilität, insbesondere bei Elektrofahrzeugen[5]. Die zukünftige Netz-struktur muss aufgrund der zunehmenden Integration fluktuierender Energieer-zeuger noch stärker überwacht und geregelt werden. Dabei wird die Regelung und Steuerung auch die Nachfrageseite berücksichtigen müssen. Technologien zur Überwachung und Regelung des Zusammenspiels von Stromerzeugung, -transport und -verbrauch existieren bereits, sind jedoch überwiegend auf die „ältere", zentralisierte Netzstruktur ausgerichtet und müssen in der nahen Zu-

---

1   Bundesministerium für Umwelt, Naturschutz und Reaktorsicherheit, 2010.
2   Bundesverband der Energie- und Wasserwirtschaft, 2012.
3   Süddeutsche Zeitung, 2011.
4   Deutsche Energie-Agentur GmbH (dena), 2010.
5   McKinsey & Company, 2012.

kunft an die neuen Veränderungen im Stromnetz und im Verbrauch angepasst werden.

2.2. Definition „Smart Grid"

Die mit dem Strukturwandel verbundenen Herausforderungen hinsichtlich Stromproduktion und Stromverbrauch erfordern eine intelligente Steuerung der Energieströme. Der Begriff „Smart Grid" steht für das intelligente Zusammenspiel von Erzeugern, Verbrauchern, Energiespeichern, Energieübertragungs- und -verteilnetzen mit Hilfe der Informations- und Kommunikationstechnik (IKT).

Abbildung 2: Wirkungsmatrix des Smart Grid. (Quelle: MOMA - Modellstadt Mannheim, (2011)).

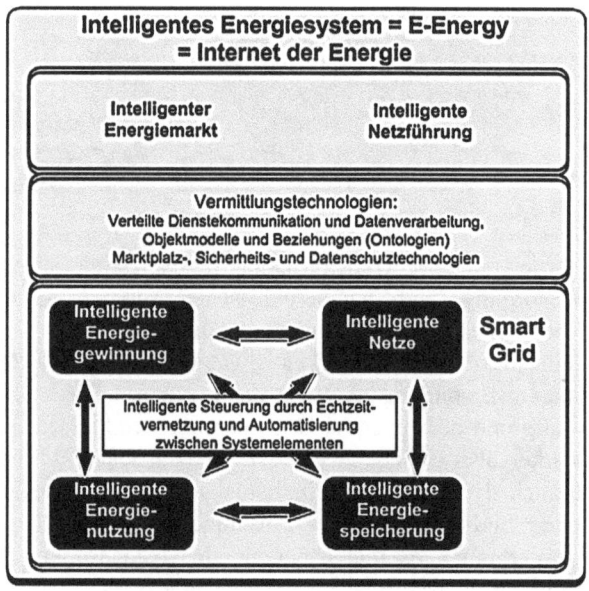

Um die heutigen wie die zukünftigen Netze besser auslasten zu können und elektrisch stabil zu halten, ist es für Übertragungsnetzbetreiber (ÜNB) und Verteilnetzbetreiber (VNB) sehr wichtig, verlässliche und zeitaktuelle (von Echtzeitmessung bis zu Viertelstunden-Zeitintervallen) Informationen über den Stromverbrauch und die Stromerzeugung durch dezentrale Erzeuger zu erhalten. Dieser Zugang zu Information ist zudem wichtige Voraussetzung für die Erstellung eines Fahrplans für Kraftwerke. Identische Informationen benötigen auch

Stromhändler und Stromanbieter, um die in der Zukunft benötigten Strommengen für ihre Kunden besser abschätzen zu können. Die Strommengen werden dann bedarfsgerecht selbst produziert oder auf dem Strommarkt beschafft.

2.3. Ziele des Smart Grid

Das Smart Grid ist mehr als nur der Versuch, die Netze nach der Integration regenerativer Energien stabil zu halten, besser auszulasten und Transportverluste zu verringern. Weitere Ziele sind die bessere Auslastung der Kraftwerke, welche unmittelbar mit einer Kostenreduktion verbunden ist, die Vermeidung von Lastspitzen durch die Beeinflussung der Stromnachfrage und die Motivierung von Endverbrauchern, ihren Stromverbrauch zu senken. Auch die intelligente Speicherung von Energie, eine stärkere Einbindung der Netznutzer (insbesondere Industrie, Gewerbe und Mobilität) zur Gesamtsteigerung der Effektivität und die Förderung neuer Geschäftsmodelle durch eine stärkere Verknüpfung von Energieerzeugern und -verbrauchern sind wesentliche Ziele bei der Implementierung von intelligenten Netzen[6].

2.4. Komponenten des Smart Grid

Für einen hohen Detaillierungsgrad sowie eine hohe Aktualisierungsfrequenz der Messdaten bedarf es intelligenter Messgeräte, bezeichnet als „Smart Meter", die bei möglichst vielen Endverbrauchern und an wichtigen Netzknotenpunkten aufgestellt werden müssen. Diese intelligenten Messgeräte übertragen über ihre Kommunikationsschnittstellen die benötigten Messwerte an Datenkonzentratoren und folgend weiter an die Netzbetreiber und Energieerzeuger. Diese Daten unterstützen die Erhaltung der Netzstabilität und die Netzbetreiber bei der Planung ihres Kraftwerkeinsatzes. So können die ÜNB bereits heute über die Kommunikationsschnittstellen der Wechselrichter die eingespeiste Leistung von Photovoltaik- und Windkraftanlagen drosseln, um das Verteilungs- und Übertragungsnetz in kritischen Situationen stabil zu halten. Im privaten Bereich sind Haushaltsgeräte schon heute vereinzelt in der Lage, über das Internet Befehle zur Steuerung angeschlossener Hardware zu empfangen. In naher Zukunft wird es möglich sein, mit Hilfe der Smart Meter und der neuen IKT-Infrastruktur die elektrischen Verbraucher durch den Besitzer oder den Energieversorger „fernzusteuern" und in Phasen eines Stromüberangebotes einzuschalten. Die ersten Prototypen der Geräte mit einer vorhandenen Kommunikationsschnittstelle sind bereits auf dem Markt[7].

---

6   MOMA - Modellstadt Mannheim, 2011.
7   Fröhling, 2011.

3. Die Wertschöpfungskette des Strommarktes

3.1. Energieerzeuger

Im heutigen deregulierten Strommarkt sind die Energieerzeuger für den Betrieb von Kraftwerken und für die Stromeinspeisung in das Netz zuständig. In den meisten Fällen sind diese Unternehmen gleichzeitig auch die Eigentümer der Kraftwerke. Sie können aber auch nur als (Co-)Betreiber für einen Kraftwerkseigentümer agieren und den Strom je nach Vertragslage selbst abnehmen. Die produzierten Strommengen werden entweder durch Direktverträge abgesetzt, auf dem Strommarkt versteigert oder über die im EEG festgeschriebenen Tarife vergütet.

Im Gegensatz zum Großkraftwerksbetreiber ist der Betreiber einer kleinen Aufdach-Solaranlage oder eines Blockheizkraftwerks im Keller eines Hauses ein dezentraler Energieerzeuger.

3.2. Elektrizitätsversorgungsunternehmen

Ein Elektrizitätsversorgungsunternehmen (EVU), auch Stromanbieter genannt, beliefert seine Endkunden mit elektrischer Energie. In seiner Funktion als Regionalversorger besitzt es meistens Erzeugungskapazitäten und/oder betreibt das Verteilnetz auf den letzten Abschnitten zum Endverbraucher; damit ist das EVU gleichzeitig ein Verteilnetzbetreiber (VNB). In Deutschland sind derzeit mehr als 800 Verteilnetzbetreiber tätig[8].

3.3. Stromhändler

Stromhändler können ebenfalls als Stromanbieter auf dem Endkundenmarkt agieren. Sie besitzen oft keine oder nur unzureichende Erzeugungskapazitäten und erwerben die benötigten Strommengen für ihre Kunden bei der Energiebörse oder durch direkte Verträge mit den Kraftwerksbetreibern. Diese Versorger entrichten zusätzlich anfallende Gebühren für die Stromübertragung zum Endkunden an die Netzbetreiber. Der deutsche Strommarkt zählt über 1.000 registrierte Stromanbieter[9]. Auf die vier größten Unternehmen (E.ON, RWE, EnBW, Vattenfall) entfallen etwa 80 % des Umsatzes sowie der installierten Kraftwerksleistung[10].

---

8   Verivox/dpa, 2012.
9   Verivox GmbH.
10   Zimmer, 2005; Wetzel, 2011.

3.4. Übertragungsnetzbetreiber

Übertragungsnetzbetreiber (ÜNB) sind unabhängige Dienstleistungsunternehmen, die im gesellschaftlichen Auftrag handeln. Gemäß §11 Abs. 1 EnWG sind die Unternehmen verpflichtet, „ein sicheres, zuverlässiges und leistungsfähiges Energieversorgungsnetz diskriminierungsfrei zu betreiben, zu warten und bedarfsgerecht zu optimieren, zu verstärken und auszubauen, soweit es wirtschaftlich zumutbar ist". Vier ÜNB sind in Deutschland für die zuverlässige Versorgung mit Strom verantwortlich. Dafür sind sie auf die Datenbereitstellung durch die Stromhändler angewiesen. Ein Stromhändler schließt Verträge mit seinen Kunden und erwirbt die nötigen Energiemengen an der Börse oder direkt bei Kraftwerken. Die Eckdaten dieser Verträge, Fahrpläne genannt, teilt er seinem ÜNB mit. Der ÜNB erstellt mit Hilfe dieser Fahrpläne, seiner Erfahrungswerte aus der Vergangenheit und aus den Daten vorhandener Netzsensoren Regelpläne für einen stabilen Netzbetrieb[11]. Seit der Marktliberalisierung im Jahr 2009 unterliegen die Netzbetreiber bestimmten Auflagen. So dürfen die Unternehmen nicht über eigene Erzeugungskapazitäten verfügen und müssen die Erlösobergrenzen für ihre Projekte von der Bundesnetzagentur genehmigen lassen.

Tabelle 1: Strukturübersicht Elektrizitätswirtschaft.(Quelle: eigene Darstellung).

Stufe		Tätigkeit		Unternehmen
		technisch	wirtschaftlich	
	Erzeugung	Betrieb von Kraftwerken und Einspeisung ins Netz	Produktion	Großkraftwerksbetreiber + dezentrale Stromerzeuger
	Übertragung	Betrieb von überregionalen Fernleitungen, Verbundnetzen und Lastverteilern (Höchst- und Hochspannungsnetze)	Großhandel	Übertragungsnetzbetreiber / Stromhändler
	Verteilung	Betrieb von regionalen Verteilungsnetzen (Hoch- und Mittelspannungsnetze)		Verteilnetzbetreiber (Regionalversorger)
	Versorgung	Betrieb von lokalen Verteilungsnetzen (Mittel- und Niederspannungsnetze), Anschluss der Endverbraucher	Einzelhandel	Stadtwerke, Regionalversorger, Anbieter (Stromhändler)

---

11 Weißbach, 2009.

3.5. Endverbraucher

Der Nettostromverbrauch[12] in Deutschland betrug für das Jahr 2011 rund 541 TWh[13]. Die Privathaushalte hatten einen Anteil von nur 26 % am Stromverbrauch (139,7 TWh). Die Sektoren „Industrie" und „Gewerbe, Handel und Dienstleistungen" verantworteten hingegen rund 70 %.

Abbildung 3: Stromverbrauch in Deutschland im Jahr 2011 nach Sektoren. (Quelle: AG Energiebilanzen e.V., (2012)).

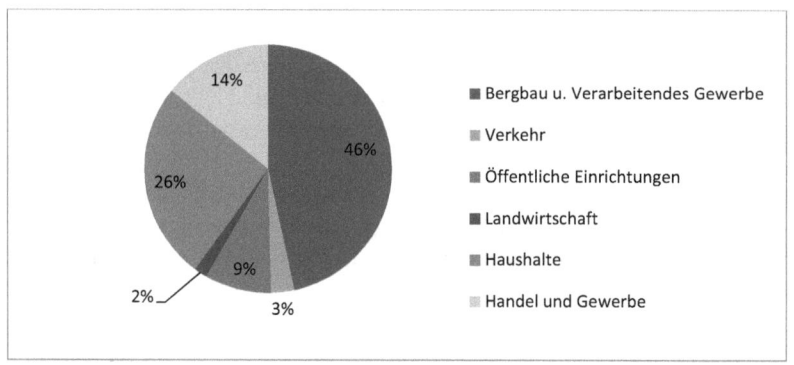

3.6. Kosten einer Energiemenge

Einer sachgerechten Erfassung von Kosten und Potenzialen des Smart Grid muss eine nähere Betrachtung der Zusammensetzung des Strompreises vorangehen. Für einen Haushalt mit einem Jahresverbrauch von 3.500kWh setzt sich der Strompreis zu 45% aus Steuern und Abgaben, zu rund 23% aus regulierten Netzentgelten und schließlich zu rund 32% aus durch den Markt bestimmten Kosten für Strombeschaffung und Vertrieb zusammen.

Privaten Haushalten werden nur die sogenannten Arbeitskosten (der Arbeitspreis) in Rechnung gestellt; der private Verbraucher zahlt demnach für die tatsächlich abgenommene Energiemenge (€/kWh). Im Unterschied hierzu ist bei den Tarifen für den industriellen und den gewerblichen Sektor nicht nur die abgenommene Energiemenge sondern auch die maximal abgerufene elektrische Leistung (Leistungspreis) während einer bestimmten Zeitspanne (z. B. 1.400 kW innerhalb von 15 Minuten) von Relevanz. Der Energieversorger und Netzbetrei-

---

12 Der Nettostromverbrauch bezeichnet die vom Verbraucher genutzte elektrische Arbeit nach Abzug des Eigenbedarfs der Kraftwerke und der Übertragungs- bzw. Netzverluste.
13 BDEW.

ber muss seine Erzeugerkapazitäten, Leitungen und andere Betriebsmittel entsprechend der nachgefragten Leistung auslegen; dies führt zu höheren Kosten.

4. Potenziale von Smart Metern aus Sicht der Energieversorger

Mit der Liberalisierung der Strommärkte und der Verabschiedung der EU-Richtlinien zur Steigerung der Endenergieeffizienz stehen die Energieversorger zahlreichen Änderungen und Herausforderungen gegenüber. Die verpflichtende Einführung der Smart Meter[14] als wesentliche Komponenten eines intelligenten Netzes bedeutet für die Unternehmen einerseits ein zusätzliches finanzielles Investitionsrisiko, bietet gleichzeitig aber auch Chancen für die Erschließung neuer Märkte und die Entwicklung neuer Maßnahmen zur Steigerung der eigenen Effizienz.

Welche konkreten Vorteile könnte die Einführung der Smart Meter den Energieversorgungsunternehmen bringen und welche neuen Prozesse würden in Folge in der Wertschöpfungskette der Elektrizitätswirtschaft entstehen? Bei der Beantwortung dieser Frage liegt der Fokus auf den Privathaushalten als Endkunden, da die Belieferung der Gewerbekunden mit elektrischer Energie schon heute mehrheitlich über Tarife mit Berücksichtigung des Leistungspreises und entsprechender Hardware erfolgt.

4.1. Potenzielle Einsparungen durch genauere Lastprognose

Die anspruchsvolle Aufgabe der Kraftwerks- und der Übertragungsnetzbetreiber besteht darin, die Nachfrage nach elektrischem Strom möglichst exakt zu prognostizieren und gleichzeitig das wirtschaftlich passende Angebot aus einem Mix aus konventionellen Kraftwerken und fluktuierenden, durch das EEG jedoch in der Einspeisung vorrangigen, regenerativen Energien bereitzustellen.

Derzeit werden für die Erstellung eines Kraftwerkfahrplans standardisierte Lastprofile verwendet, um das Gleichgewicht zwischen der Erzeugung und dem Verbrauch der elektrischen Energie zu gewährleisten. Mit Hilfe der modernen Messgeräte wird es möglich sein, den Lastgang noch exakter und zeitaktueller zu bestimmen. Verbessertes Wissen über das Nachfrageverhalten der Kunden und damit genauere Lastprofile könnten es dem Versorger theoretisch ermöglichen, durch den Abschluss längerfristiger Lieferverträge mit Kunden

---

14 §21b Abs.3 EnWG (08.2008).

und eine optimierte Auslastung der eigenen Kraftwerke Einsparungen zu erzielen[15].

4.2. Effizienzsteigerungen und Einsparungen im Bereich des Messwesens

Mit dem Inkrafttreten des „Gesetzes zur Öffnung des Messwesens in den Bereichen Strom und Gas für den Wettbewerb" und der fortschreitenden Liberalisierung des Strommarktes schuf der Gesetzgeber zwei neue Funktionen im Bereich des Messwesens. Der Messstellenbetreiber (MSB) ist für die Aufstellung und den Betrieb des Stromzählers zuständig. Der Messdienstleister (MDL) verantwortet das Ablesen und die Bereitstellung der Messwerte.

Der Anschlussnehmer (Stromkunde) hat das Recht, alternative Anbieter zu seinem Grundversorger für die genannten Leistungen zu beauftragen. Zudem kann er unterjährig Abrechnungen bei seinem Stromlieferanten anfordern. Das sich daraus ergebende Vertragsschema zeigt das folgende Schaubild.

Abbildung 4: Vertragsbeziehungen nach EnWG. (Quelle: Pipke et al., (2010)).

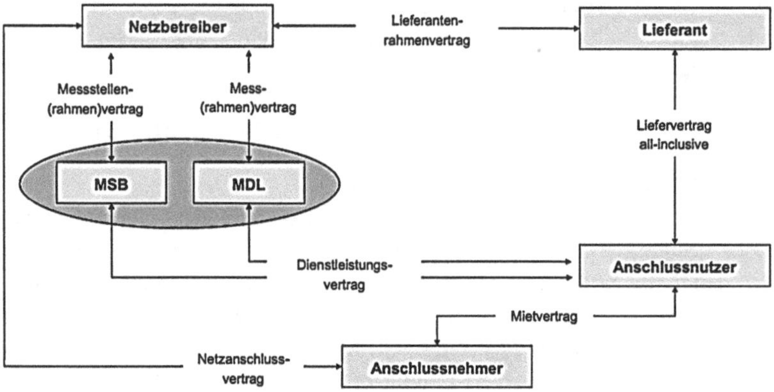

Bei der Einführung elektronischer Zähler müssen MSB und MDL nach §9 Abs. 2 MessZV nicht identisch sein. Auf dem deutschen Strommarkt sind MSB/MDL und der Energieversorger jedoch häufig noch dasselbe Unternehmen, insbesondere bei Betrieb und Aufstellung von Smart Metern.

Die Aufstellung v o n intelligenten Zählern würde den Abrechnungsprozess vereinfachen. Es bestünde keine Notwendigkeit mehr zur Ablesung vor

---

15 Haag, von Tschirschky & Meister, 2008.

Ort. Dies würde den jährlichen Rechnungsbetrag um 1 - 10 Euro (Durchschnitt 2010: 3,35 Euro/a)[16] pro Zähler reduzieren.

Im Jahr 2009 waren in Deutschland noch rund 42 Mio. mechanische Ferraris-Zähler im Einsatz[17]. Bei dieser hohen Anzahl an Zählern böte der Einsatz von modernen Messstellen auch die Chance zu einer zusätzlichen Effizienzsteigerung in den Bereichen Datenqualität, Forderungsmanagement und Kundenabrechnungsprozess. In einer Studie zu Smart Metering beziffert A.T. Kearney die durch Effizienzsteigerung erzielbaren Einsparungen mit 18 Euro pro Jahr[18] und Zähler.

Abbildung 5: Effizienzsteigerung am Beispiel eines Stadtwerkes. (Quelle: Haag et al.,

(2008)).

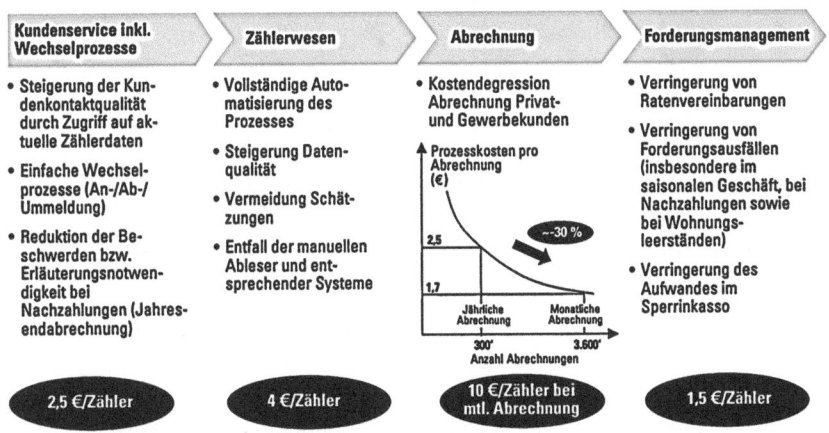

4.3. Lastverschiebung und Reduktion

Der Strompreis besteht aus den zwei Komponenten Arbeits- und Leistungspreis. In Zeiten starker Nachfrage bei gleichzeitig hoher Stromproduktion liegen die durchschnittlichen Produktionskosten für eine Energiemenge über den durchschnittlichen Produktionskosten jener Energiemenge, die bei einem niedrigeren Nachfrageniveau produziert wird. Die höheren Kosten resultieren aus dem Einsatz verschiedener Kraftwerke und Brennstoffe. Die Einsatzreihenfolge der

---

16   ene't GmbH, 2010.

17   Bundesnetzagentur, 2010.

18   Haag et al., 2008.

Kraftwerke und Energieträger von frei und unbegrenzt verfügbaren regenerativen Quellen (Wasser, Solar, Wind) bis hin zu knappen kohlenwasserstoffhaltigen Rohstoffen (Braun- und Steinkohle, Erdgas, Erdöl) wird bestimmt durch die variablen Kosten der Stromerzeugung (Merit Order), beginnend mit den niedrigsten Grenzkosten.

Das nachstehende Schaubild bildet sowohl die Schwankungen der Stromnachfrage in Abhängigkeit von Tageszeit, Werk- oder Wochenendtag sowie Wetterbedingungen als auch den entsprechenden Kraftwerkseinsatz ab.

Abbildung 6: Kraftwerkseinsatz in Abhängigkeit der Nachfrage im Zeitverlauf. (Quelle: Agentur für Erneuerbare Energien, (2010)).

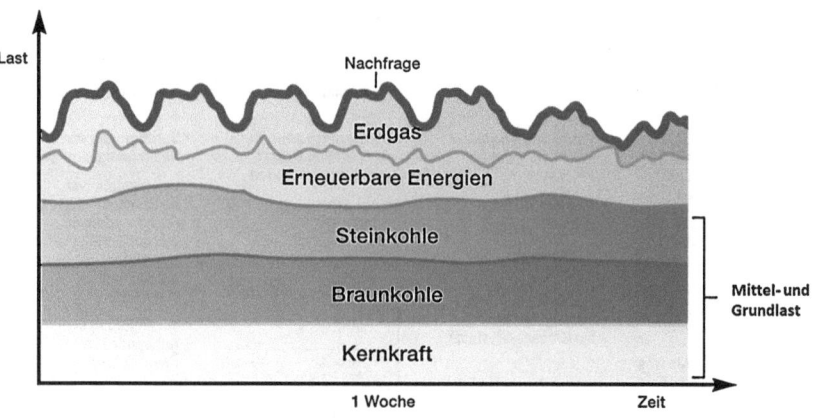

Analog hierzu reflektiert auch die Preisveränderung an der Strombörse im Tagesablauf die fluktuierende Nachfrage: Abbildung 7 zeigt beispielhaft die Preisveränderung für Stundenkontrakte an der Leipziger Strommarktbörse EEX für eine Megawattstunde Strom am 06.11.2012.

Abbildung 7: Strompreisverlauf für Stundenkontrakte am 06.11.2012. (Quelle: European Energy Exchange AG, (2012)).

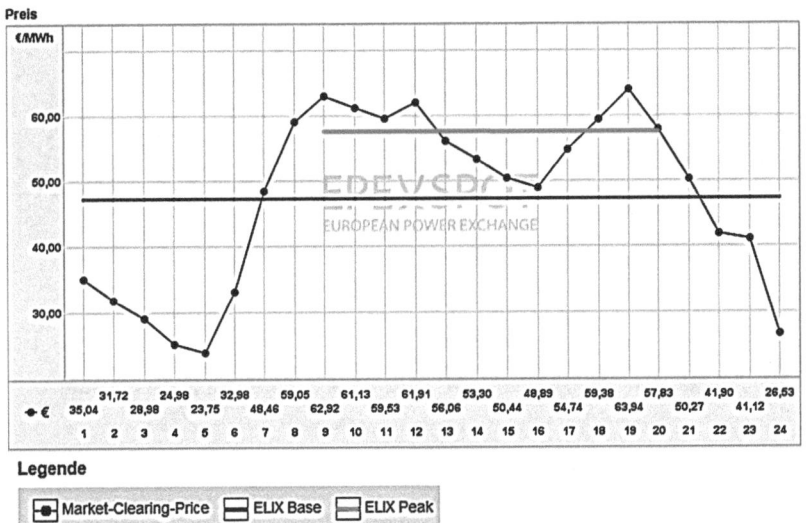

Um sich gegen die Preisschwankungen abzusichern, streben die Markt-teilnehmer die Vereinbarung von Festpreisen für eine bestimmte Strommenge (Grundlast) in Langzeitkontrakten an. Dies erfordert jedoch eine nur begrenzt mögliche exakte Prognose und Planung.

Die erhöhte Einspeisung regenerativen Stroms (nur relativ kurzfristig vor-hersehbar) etwa kann die den Erzeugern gezahlten Preise auf dem Spot Markt nach unten drücken und ermöglicht den Stromlieferanten (insbesondere jenen ohne eigene Erzeugungskapazitäten) somit größere Gewinnmargen. Ab-bildung 8 und Abbildung 9 zeigen diese Wechselwirkung anhand der Gegen-überstellung von eingespeister Photovoltaik-Leistung an einem Tag mit starker Sonneneinstrahlung und Strompreisverlauf.

Abbildung 8: Strompreisverlauf für Stundenkontrakte am 26.05.2012. (Quelle: European Energy Exchange AG, (2012)).

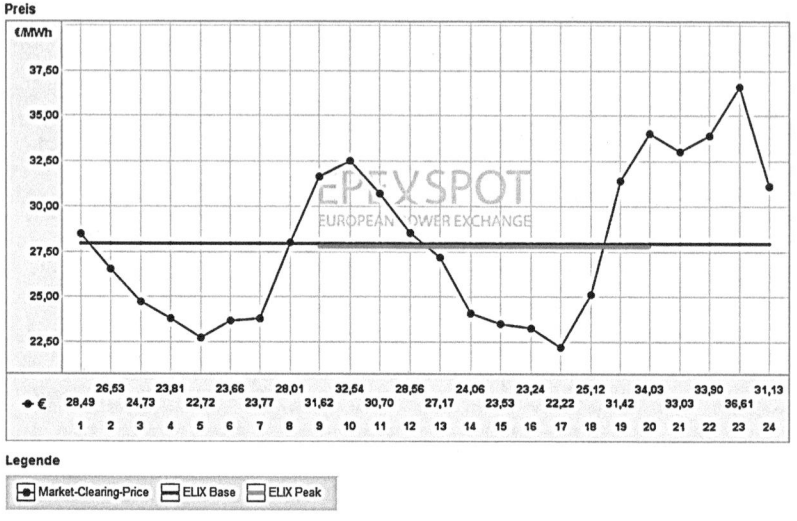

Abbildung 9: Eingespeiste Solarleistung nach Regelzonen am 26.05.201212. (Quelle: European Energy Exchange AG, (2012)).

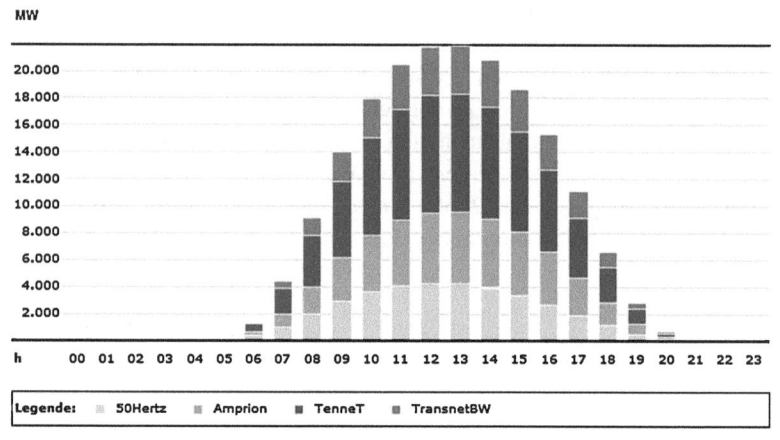

Bis vor kurzem war es gängige Praxis, sich an der Stromnachfrage (Last) zu orientieren, diese als unveränderliche Größe anzusehen und dementsprechend die Erzeugungs-/Angebotsseite anzupassen. Aus Sicht der Erzeuger und Stromanbieter würde jedoch eine flache und vorhersagbare Leistungsnachfragekurve zu einer Kostenreduktion führen. Der Kraftwerkseinsatz wäre besser planbar, die Betriebsmittel könnten auf geringere Leistungen ausgelegt werden und die kurzfristige Beschaffung der in den Spitzenlastzeiten teuren elektrischen Energie könnte reduziert stattfinden oder sogar gänzlich entfallen. Nach einer Dena-II-Studie könnten allein im Bereich der Ausgleichs- und Regelenergie Kosten bis zum Jahr 2020 zwischen 11,8 und 13,3 Milliarden Euro eingespart werden[19].

Eine Möglichkeit, die Nachfragekurve zu modulieren, liegt in der Reduzierung der Energiemengen in den Spitzenlastzeiten. Ein zweiter Ansatz fokussiert auf die Verschiebung der teuren Lastspitzen in Zeitperioden niedrigerer Nachfrage und somit günstigerer Stromgestehungskosten.

Abbildung 10: Lastverschiebung und Reduktion, grafisch dargestellt.(Quelle: Haag et al., (2008)).

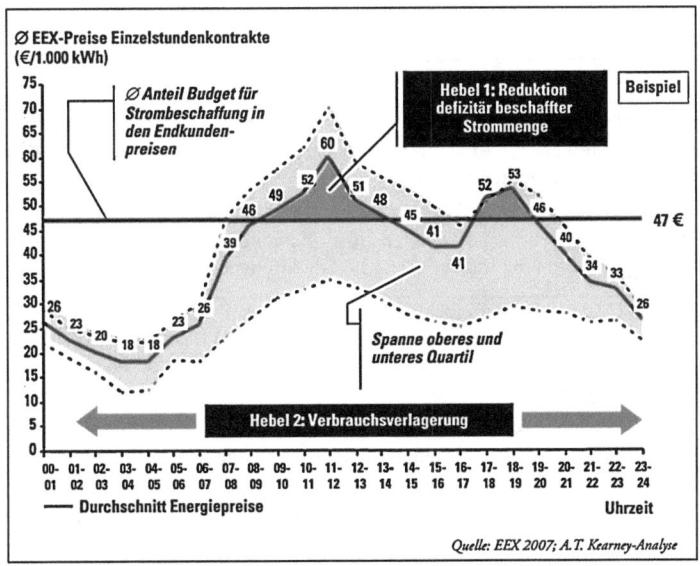

4.4. Bedeutung der Smart Meter

Die erwähnten Maßnahmen zur Reduktion und Beeinflussung des Verbrauchs setzen eine erhöhte Sensibilität des Endverbrauchers für die „Ware" elektrischer

---

19   Höfer-Zygan et al., 2011.

Strom voraus. Nachfolgend werden hierfür notwendige Maßnahmen im Bereich der Infrastruktur und der Stromtarifgestaltung sowie eine Auswertung verschiedener Studien über die Potenziale und Wirksamkeit der angewandten Mittel vorgestellt.

4.4.1. Smart Meter als Messgerät und Werkzeug

Für die Sensibilisierung und potenzielle Beeinflussung des Kunden hinsichtlich seines individuellen Stromverbrauchs bedarf es einer Kommunikationsschnittstelle. Der derzeit noch gebräuchliche Ferraris-Zähler bietet keine Informationsanzeige über den momentanen Verbrauch, sondern zeigt nur die insgesamt verbrauchte Energiemenge an. Zudem hat er keine Datenschnittstellen und muss direkt vor Ort abgelesen werden. Um den Zubau der intelligenten Zähler voranzutreiben, hat der Gesetzgeber im Zuge der umfangreichen Strommarktliberalisierung neue Gesetzesänderungen beschlossen. Die wichtigsten Gesetzesänderungen sind in der nachfolgenden Tabelle 2 zusammengefasst.

Tabelle 2: Gesetzesänderungen zur Marktliberalisierung. (Quelle: DENA, (2009)).

§9 MessZV	Anschlussnutzer haben das Recht, Dienstleister für Messstellenbetrieb und Messung frei zu wählen
§ 40 Absatz 1 EnWG	Ausweis der Entgelte für Messstellenbetrieb und Messung in Rechnungen an Letztverbraucher.
§ 40 Absatz 2 EnWG	Letztverbraucher können eine monatliche, viertel- oder halbjährliche Abrechnung für Strom- und Gaslieferungen einfordern.
§ 21 b Absatz 3a EnWG	Messstellenbetreiber sind verpflichtet, bei Neubauten und bei umfänglich sanierten bzw. renovierten Gebäuden Messeinrichtungen einzubauen, die den tatsächlichen Energieverbrauch und die Nutzungsdauer anzeigen.
§ 21 b Absatz 3b EnWG	Der Messstellenbetreiber muss allen Strom- und Gasverbrauchern auf Wunsch die Umstellung auf Smart Meter anbieten.
§ 12 MessZV	Der Netzbetreiber hat einen elektronischen bzw. vollautomatischen Datenaustausch in einheitlichem Format zu ermöglichen.
§ 40 Absatz 3 EnWG	Energieversorgungsunternehmen müssen last- oder tageszeitvariable Stromtarife anbieten.

Darüber hinaus hat sich das dritte EU-Binnenlandpaket zum Ziel gesetzt, 80 % der EU-Haushalte bis zum Jahr 2020 mit Smart Metern auszustatten. Aufgaben wie Wirtschaftlichkeitsanalysen zum Ausbau dieser Technologie sowie die Ausgestaltung nationaler gesetzlicher Vorgaben und des Rollouts obliegen den EU-Mitgliedstaaten[20]. Allein für Deutschland ergäbe sich ein Potential von fast 40 Mio. Messeinheiten.

Die neuen Zähler besitzen je nach Modell unterschiedliche Funktionen. Die wichtigsten zwei Innovationen bestehen in der Darstellung des Stromverbrauchs und der Einführung und Übermittlung zeitaktueller, variabler Tarifstrukturen. Mittels des Smart Meter kann sich der Kunde seinen aktuellen Verbrauch anzeigen oder seinen Verbrauch über vordefinierte bzw. frei wählbare Zeitabschnitte analysieren lassen.

Mit Hilfe der modernen Zähler ist der Stromlieferant in der Lage, dem Kunden variable Tarifstrukturen anzubieten, mit der Intention, dessen Verbrauchsverhalten zu beeinflussen. Ziel kann dabei die Verbrauchsverlagerung aus dem aus Anbietersicht defizitären Bereich oder aber die Motivierung des Kunden sein, in bestimmten Situationen mehr Strom zu konsumieren (z. B. bei Stromüberangebot oder wenn das Herunterregeln eines Kraftwerks im Vergleich zur Stromproduktion auf einem bestimmten Leistungsniveau technische und/oder wirtschaftliche Nachteile mit sich bringt).

Um tatsächlich eine Nachfrageverschiebung zu erzielen, müssen die Stromanbieter dem Kunden jedoch hinreichend attraktive Anreize bieten.

4.4.2. Variable Tarifstrukturen als Anreiz zur Verhaltensänderung

Für die Mehrheit der deutschen Privathaushalte besteht die aktuelle Tarifstruktur aus einem einheitlichen Arbeitspreis für die bezogene Energiemenge (in €/kWh). Hinzu kommt eine periodische, mengenunabhängige Gebühr, der „Grundpreis" (in €/Jahr). Da das Tarifsystem starr ist, macht es für den Kunden finanziell keinen Unterschied, wann und in welcher Höhe er die elektrische Leistung abruft. Der festgesetzte Preis ist ein Durchschnittspreis und Ergebnis der Mischkalkulation des Stromlieferanten.

Die Einführung des Niedertarifstroms (NT) war der erste Versuch, den Stromverbrauch in die Niedrignachfragezeiten zu verschieben. Dabei wurden zwei Stromzähler oder ein Zähler mit zwei Zählwerken für unterschiedliche Tageszeiten verwendet. Der während der Nacht bezogene Strom hatte einen günstigeren Preis. Dieses Angebot zielte vor allem auf Kunden mit einer elektrischen Nachtspeicherheizung ab.

Die Verwendung elektronischer Zähler lässt eine weitere Staffelung der Tarife zu, die die aktuellen Strompreissprünge auf dem Markt abbilden könnte. Mit entsprechender Technik ausgestattet, sind die modernsten Smart Meter

---

20   Trend Research, 2012.

zudem in der Lage, Daten mit Haushaltsgeräten auszutauschen sowie diese ein- oder auszuschalten.

Im Grunde unterscheiden sich die Demand-Response-Maßnahmen in verschiedenen Graden hinsichtlich der Dynamik und Lasthöhe. Oft verwendet man die Bezeichnung „Zeitvariabler Tarif" als Synonym für „dynamische Tarife". Diese reichen von einheitlichen, zeitunabhängigen Tarifen bis hin zu vollständig dynamischen Real-Time-Tarifmodellen; folgend die wichtigsten Tarifgattungen[21]:

TOU – Time of Use. Ein zeitvariabler Tarif, der sich aus mehreren festen Preisstufen zusammensetzt. Die Zeitperioden und die dazugehörigen Preise sind bekannt und gelten während der gesamten Vertragslaufzeit bzw. einer Saison, etwa einer Jahreszeit. Die Tarifstruktur basiert auf den Erfahrungswerten des Stromanbieters aus der Vergangenheit. Somit trägt er immer noch ein Risiko, falls seine Produktions- oder Einkaufskosten zu stark von seiner Kalkulation abweichen. Die Tabelle 3 zeigt beispielhaft einen TOU-Tarif.

Tabelle 3: Beispiel eines festen dreistufigen Tarifmodells.(Quelle: eigene Darstellung)).

00:00 - 06:00	06:00-09:00	09:00-18:00	18:00-21:00	21:00-24:00
18ct/kWh	22ct/kWh	25ct/kWh	22ct/kWh	18ct/kWh

CPP – Critical Peak Pricing. Dieser Tarif besteht aus zwei oder mehreren Preisstufen. Die Preisstufen (€/kWh) sind dabei während der Vertragslaufzeit fest definiert und gelten für eine bestimmte Mindestzeit, beispielsweise für mindestens drei Stunden. Der Eintritt dieser Preissprünge bleibt aber variabel und wird gewöhnlich erst 24 bis 48 Stunden zuvor bekanntgegeben. Dadurch kann der Stromanbieter die Marktlage besser vorhersagen und bezogen auf die Integration des regenerativen Stroms, in Abhängigkeit von einer verlässlichen Wetterprognose, besser reagieren und planen (Risikovermeidung).

RTP – Real-Time Pricing. Bei diesem Tarifmodell spiegeln die Preissprünge in ihrer Frequenz und Höhe die Marktlage am besten wider. Die zuvor festgelegten Preisstufen werden dem Verbraucher relativ kurzfristig bekanntgegeben. Bei dieser Tarifwahl hat der Energieversorger das geringste Preisrisiko. Er kann seine Produktions- oder Einkaufskosten an den Kunden durchreichen. Der Abnehmer hingegen trägt dabei das größte Risiko, kann jedoch – Nachfrageflexibilität vorausgesetzt – seine Ausgaben vergleichsweise stark reduzieren.

---

21 Dütschke, Unterländer, & Wietschel, 2012.

Abbildung 11: Einordnung entsprechend Komplexität Risiko der Tarifmodelle. (Quelle: Dütschke et al. (2012)).

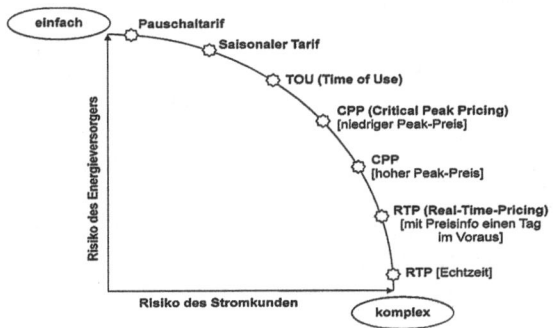

Lastbegrenzung. Zusätzlich können alle aufgeführten Tarife mit Lastschwellen erweitert werden. Überschreitet die Nachfragelast beim Kunden einen zuvor festgelegten Schwellenwert, zahlt er automatisch mehr für den bezogenen Strom in der vereinbarten Zeitperiode. Die französische Electricité de France (EdF) bietet schon heute Tarife mit einer Lastbegrenzung an. Die Tabelle 4 zeigt, wie ein zeitvariabler Tarif mit einer Lastbegrenzung während der Spitzenlastzeit aussehen könnte.

Tabelle 4: Zeitvariabler Tarif mit einer Lastbegrenzung während der Spitzenlastzeit. (Quelle: eigene Darstellung).

Leistung|Zeit	00:00 - 06:00	06:00-09:00	09:00-18:00	18:00-21:00	21:00-24:00
bis 6kW	18ct/kWh	22ct/kWh	25ct/kWh	22ct/kWh	18ct/kWh
ab 6kW	18ct/kWh	22ct/kWh	29ct/kWh	22ct/kWh	18ct/kWh

Sowohl für die Nutzung der CPP oder RTP als auch der Tarife mit einer Lastbegrenzung sind Smart Meter eine zwingende Voraussetzung. Mit einem Ferarris-Zähler besteht keine Möglichkeit, Tarif-Schaltsignale zu verarbeiten, den Lastgang in Echtzeit zu messen und die Information kundenfreundlich auszugeben.

4.4.3. Versuchsstudien über die Akzeptanz der Tarife

Bei Gewerbe- und Industriekunden erfolgt die Abrechnung nach der Höhe der Leistung sowie der abgerufenen Energiemenge. Die technischen und die tariflichen Voraussetzungen sind in den meisten Fällen erfüllt[22].

Die Kosten für elektrische Energie sind ein nicht zu vernachlässigender Faktor bei dieser Kundengruppe. Aus diesem Grund wird bei Produktionsprozessen exakt geplant, ob, wann und wie viele Strom verbrauchende Anlagen zur gleichen Zeit laufen. In energieintensiven Unternehmen werden zu diesem Zweck sogar die Pausen gestaffelt, um bei der Wiederinbetriebnahme der Anlagen entstehende Leistungsspitzen und dadurch höhere Kosten zu vermeiden.

Im Bereich der Privathaushalte gelten überwiegend einheitliche Tarifstrukturen, und die Verbraucher haben lediglich den Anreiz, die absolut genutzte Strommenge und in Folge ihre Kosten zu reduzieren. Um die Auswirkungen der neuen Tarifstrukturen auf das Nachfrageverhalten zu ermitteln, wurden in der Bundesrepublik mehrere Pilotprojekte und Feldstudien durchgeführt.

In den Projekten sollte untersucht werden, wie die Teilnehmer auf die Einführung der neuen gestaffelten Tarife reagieren, welche Anreize für eine Nachfrageveränderung besonders geeignet sind und ob sich das Verbrauchsbewusstsein für die Ware Strom nach der Teilnahme an solch einem Projekt ändert[23].

Die Ergebnisse zeigen, dass durch die Umstellung auf flexible Tarife der Gesamtenergieverbrauch der Haushalte um 2-5 % reduziert wurde. Die Spitzenlastreduktion, also die Verschiebung der Nachfrage in den Schwachlastbereich, pendelt zwischen 2 und 15 %[24].

Tabelle 5: Ergebnisse der Pilotprojekte. (Quelle: eigene Darstellung).

Feldversuch	Spitzenlastreduktion	Verbrauchsminderung
Stadtwerke Rheine	13,4 %	
Tarifstudie Saarland	13%	
Eckernförder Tarif	5-6%	
Intelliekon	2,0%	3,7%
Modellstadt Mannheim	6-8%	2,0%

Die Verschiebungs- und Einsparpotentiale hängen stark von der Haushaltsausstattung und den technischen Möglichkeiten der Geräte ab (z. B. der Möglichkeit der Zeitvorwahlprogrammierung), da nicht alle Vorgänge planbar und

---

22 Bundesverband der Deutschen Industrie e.V. (BDI), 2008.
23 MOMA, 2012.
24 Behrendt, 2011; Büttner, 2011.

verschiebbar sind. Die größten verschiebbaren Potenziale liegen in der Nutzung der Waschmaschine, des Wäschetrockners und des Geschirrspülers. Im Durchschnitt zeigen die Studien ein Verschiebungspotenzial zwischen 30kWh und 70kWh pro Haushalt und Monat[25]. Die letztere Zahl beinhaltet dabei auch die Regelung der Kühleinheiten während des Tages.

4.4.4. Alternativer Ansatz: Strategie der sozialen Normen

Das kalifornische Unternehmen OPOWER verwendet den Ansatz der sozialen Normen, um Menschen zum Energiesparen zu motivieren. Die Untersuchungen des Unternehmens haben gezeigt, dass die untersuchte amerikanische Kundengruppe weder auf Belohnungsaussicht noch auf den gezielten Appell an das ökologische Gewissen reagierte. Erst durch das Konzept des direkten Vergleichs mit den Nachbarn, also der unmittelbaren Umgebung, begannen die Haushalte, Energie zu sparen. Das Veröffentlichen zusätzlicher Informationen zum individuellen Stromverbrauch löste einen „Wettbewerb" im Stromsparen aus. Bei überdurchschnittlich hohem Stromkonsum erhielt der Verbraucher zusätzlich zu seinen periodischen Abrechnungen eine Übersicht der Durchschnittswerte. Verbrauchern, die unterhalb des Durchschnitts lagen, wurden die Werte der besten Stromsparer zum Vergleich vorgelegt. Mit Hilfe dieser Strategie wurden Einsparungen zwischen 1-5 % erzielt[26]. Ein vergleichbarer Versuch der ETH-Zürich und der österreichischen Vorarlberger Kraftwerke AG beobachtete eine Verbrauchsreduktion von „lediglich" 3,7 % bei ihren Stromkunden[27].

4.5. Interpretation der Ergebnisse aus Sicht der Energieversorger

Die Studie des Unternehmens A.T. Kearney liefert als einzige Quelle Zahlen zu den Investitionskosten und den entstehenden Kostenvorteilen für die breite Integration der intelligenten Zähler. Die Berechnungen der Studie gehen davon aus, dass die erzielten Effizienzsteigerungen die Investitionskosten, die Entwicklung und den Betrieb der Infrastruktur (IKT, Software) decken können.

Viele Risiken bleiben jedoch weiter bestehen. So ist es schwer abzuschätzen, ob der Kunde für ein attraktiveres und passenderes Produkt zu einem anderen Anbieter wechseln wird, wenn er einmal ein erhöhtes Bewusstsein über seinen Stromverbrauch entwickelt hat. Hinzu kommt, dass die Energieversor-

---

25 Büttner, 2011.
26 OPOWER, 2012.
27 Läubli, 2011.

ger den größten Teil ihres Umsatzes mit dem Verkauf elektrischen Stroms erzielen. Eine Reduktion des Verbrauchs würde sinkende Umsätze nach sich ziehen. Eine Kompensation wäre nur dann gegeben, wenn der Endverbraucher einen bestimmten Teil seines Stromkonsums in die Schwachlastzeiten verlagerte, und somit eine wirtschaftlichere Stromproduktion seitens des Energieversorgers erlaubte. Mit fortschreitender Automatisierung der Haushaltsgeräte wird dieser verlagerbare Anteil weiter zunehmen.

Weitere Schwierigkeiten bei der Investition bereiten die unklare Gesetzessituation, etwa die Frage, wer bei Wechsel des Messstellenbetreibers Eigentümer des Smart Meters ist, und die immer noch fehlenden Standards für intelligente Zähler. Wie ein Telefoninterview mit einem Regionalversorger zeigte, werden die Smart Meter bei einem Lieferantenwechsel des Kunden wieder ausgebaut, da das neue Unternehmen meist andere Standards und Softwarelösungen nutzt und nicht auf den Zähler zugreifen kann.

Bei Einführung der intelligenten Zähler fallen bei einer Eigenentwicklung einmalige, relativ hohe Entwicklungskosten für die „erste Messeinrichtung" an. Als Beispiele lassen sich die Ausarbeitung der benötigten Infrastruktur, die Webentwicklung der Portale oder die Schulung der Mitarbeiter aufgrund neuer Prozesse anführen. Bei nachfolgenden Einheiten sind diese dann vernachlässigbar. Auf der einen Seite stellt es die regionalen, kapitalschwachen Versorgungsunternehmen vor ein Problem, auf der anderen Seite kann dieser Zustand zu einer schnelleren Verbreitung der Technologie führen, vorausgesetzt, es werden neue Drittanbieter auf den Markt kommen und das gesamte Dienstleistungsspektrum für Smart Meter als Service für die Energieversorger und ihre Kunden anbieten.

5. Potenziale von Smart Metern aus Sicht der Endverbraucher

Für eine erfolgreiche Verbreitung der Smart Meter ist ebenso entscheidend, welche Kostenvorteile ihre Anschaffung für den privaten Endverbraucher bringt. Die praxisnahe Untersuchung der Vorteile eines Smart Meters zusammen mit den mehrstufigen Tarifen soll zeigen, inwieweit der Kunde sein Konsumverhalten ändern muss, um keine finanziellen Nachteile zu erfahren, beziehungsweise unter welchen Voraussetzungen sich auch für ihn Vorteile ergäben.

5.1. Verfügbarkeit der Smart Meter-Tarife in Deutschland

Bis heute haben relativ wenige Versorger echte mehrstufige, zeitvariable Tarife in ihr Produktportfolio integriert. Laut ENE'T (Stand Juni 2011) bieten über 100 Unternehmen lastvariable Smart Meter-Tarife an. Von diesen Tarifen erfüllt aber nur ein Viertel der Angebote mehr als die gesetzlich festgeschriebene Voraussetzung von zwei Preisstufen. Die Mehrheit der Produkte arbeitet immer noch mit einer klassischen HT/NT Struktur[28]. Im überwiegenden Teil Deutschlands wurden im Sommer 2011 Smart Meter-Tarife mit zwei Preiszonen angeboten und bereits digitale Zählertechnik eingesetzt[29]. In einzelnen Regionen, darunter das westliche Mecklenburg-Vorpommern, Osthessen und das südliche Baden-Württemberg, sowie Großstädten, wie Magdeburg, Essen, Dortmund oder Frankfurt am Main, waren bereits Smart Meter-Tarife mit 3 bis 24 Zonen verfügbar.

5.2. Für die Berechnung verwendete Tarifstruktur

Als Datenbasis für die Analyse potenzieller Kostenvorteile für den Endverbraucher wurden unterschiedliche Smart-Meter-Tarife in deutschen Großstädten herangezogen. Die nachfolgende Tabelle zeigt eine Auswahl der Städte und das vorhandene Angebot an mehrstufigen Tarifen. Wie man sieht, besteht die Mehrheit der Angebote nur aus zwei Preisstufen. Die Spalte „Differenz" zeigt die prozentuale Kostenreduktion auf der günstigsten Preisstufe gegenüber der teuersten eines Anbieters. Die Spalte „NT-Zeit" stellt die Anfangs- und Endzeit der günstigsten Preisstufe während des Tages dar.

Besonders erwähnenswert sind die Angebote der Städte Schwerin, Bielefeld und Regensburg. In Schwerin besteht der Smart Meter-Tarif des lokalen Versorgers aus 24 Tarifstufen, die dem Kunden am Ende des Tages für die nachfolgenden 24 Stunden mitgeteilt werden. Diese 24 Preisstufen spiegeln die Preisentwicklung an der Leipziger Strombörse EEX wider. Der Preis kann jedoch nicht unter den Wert aller Abgaben und Steuern[30] in Höhe von 19ct/kWh fallen. Bei den Stadtwerken Bielefeld und Regensburg beträgt die Preisdifferenz zwischen der teuersten und der günstigsten Preisstufe beachtliche 38 %; dieser Wert stellt jedoch eher eine Ausnahme unter den untersuchten Tarifen dar.

---

28   Müller, 2011.
29   ene't GmbH, 2011.
30   Als Bemessungsgrundlage für die Umsatzsteuer sind neben dem Preis an der Börse auch Abgaben, Umlagen und die Stromsteuer relevant.

Tabelle 6: Auflistung mehrstufiger Tarife in größten deutschen Städten (Stand 11.2012).
(Quelle: eigene Darstellung))[31].

Stadt	Smart Tarif	Preis-stufen	Preis in Cent/kWh		Differenz	NT-Zeit	Kosten für Smart Meter	Grundpreis/Jahr
			min.	max.				
Bielefeld	Ja	6	17.5	28.4	38%	22 - 06	-	140
Regensburg	Ja	4	17.7	28.6	38%	19 - 07	100	122
Essen	Ja	2	20.4	29.9	32%	20 - 08	-	93
Dresden	Ja	2	19.9	27.0	26%	22 - 06	44	114
München	Ja	2	18.8	23.3	19%	21 - 06	-	148
Bühl	Ja	2	18.4	22.2	17%	20 - 08	99	162
Unna	Ja	3	21.9	25.7	15%	20 - 08	-	238
Leipzig	Ja	2	24.5	28.7	15%	19 - 07	143	164
Stuttgart	Ja	2	22.5	25.5	12%	20 - 08	99	180
Friedrichshafen	Ja	2	23.9	26.8	11%	19 - 24	-	170
Frankfurt	Ja	3	21.5	23.5	9%	21 - 08	99 oder 2J	130
Köln	Ja	2	22.4	24.4	8%	21 - 08	120	240
Düsseldorf	Ja	2	23.8	25.9	8%	20 - 06	87	140
Schwerin	Ja	24	19,1 - DayAhead 1h		-	-	-	216
Berlin	Nein	1	26.9	-	-	-	-	67
Hamburg	Nein	2	22.5	26.5	15%	20 - 06	-	96
Bremen	Nein	1	25.9	-	-	-	-	57
Nürnberg	Nein	2	19.2	26.8	28%	22 - 06	-	90
Magdeburg	Nein	1	25.6	-	-	-	-	57
Darmstadt	Nein	1	26.9	-	-	-	-	96

31 Einige Preise wurden noch nicht seitens der Anbieter auf die neue EEG-Abgabe hin angepasst.

Bei der Berechnung wurden die bundesweit verfügbaren Einheitstarife etablierter Stromversorger als Referenzwerte ausgewiesen. Prämien, Bonuszahlungen sowie Tarife mit Vorauszahlungen wurden dabei nicht berücksichtigt. Tabelle 7 zeigt die ausgewählten Tarife und die daraus resultierenden Jahreskosten mit unterschiedlichen Jahresverbräuchen.

Tabelle 7: Bundesweit verfügbare Einheitstarife als Referenz (Stand 11.2012). (Quelle: eigene Darstellung).

Anbieter	Preis in Cent/kWh	Grundpreis €/J	EEG 2013 eingerechnet	Jahreskosten in € bei Verbrauch von X kWh			
				2500	3500	5000	8000
SW München	23,07	49	nein	626	856	1202	1895
SW Bielefeld	24,10	45	nein	647	888	1250	1973
Mainova [R]	24,16	69	ja	673	915	1277	2002
SW Regensburg	24,24	93	nein	699	942	1305	2032
RWE/Suewag	24,87	86	ja	707	956	1329	2075
Entega	26,92	96	ja	769	1038	1442	2250

Als Referenztarif für die Berechnung wurde der bundesweit verfügbare Einheitstarif der Mainova AG ausgewählt. Bei diesem Tarif hat der Anbieter die geänderte EEG-Umlage für das Jahr 2013 bereits mit eingerechnet. Zum besseren Vergleich wurden als Zusatzinformationen die Gesamtkosten des Einheitstarifes der Stadtwerke München bei den Ergebnissen angegeben. Die Verbrauchsgruppen spiegeln die unterschiedlichen Haushaltsgrößen wider, wobei der jährliche Verbrauch von 8.000 kWh den Stromkonsum eines Einfamilienhauses repräsentiert.

5.3. H0-Haushaltsprofil als Grundlage der Berechnung

Es wird untersucht, welche Kosten bei der Verwendung eines mehrstufigen Stromtarifs, inklusive des Einsatzes eines intelligenten Zählers, im Vergleich zu einem Einheitstarif aus Sicht des Endverbrauchers entstehen. Dabei wird ein Jahresverbrauch zwischen 2.500 kWh und 8.000 kWh unterstellt. Aufgrund mangelnder freier Datenverfügbarkeit lautet weiterhin die Annahme, dass der Lastgang einem statischen H0-Haushaltprofil folgt. Ein H0-Haushaltsprofil wird für die Auslegung des Netzes und für die Lastgangplanung verwendet und entspricht einem über 1.000 Privathaushalte gemittelten Wert[32].

---

32 Ströbele, Pfaffenberger, & Heuterkes, 2012.

Im ersten Schritt werden mit dem Dynamisierungsfaktor y, in Abhängigkeit von der Tagesnummer i[33], Viertelstunden-Lastwerte für das ganze Jahr gebildet[34].

Danach werden diese Lastwerte in Excel passend zu den ausgewählten Tarifen in Stunden-Gruppen zusammengefasst und nach Werktagen und Wochenenden unterteilt. Tabelle 8 zeigt die sich daraus ergebenden Verbrauchsanteile eines ganzen Jahres. So fallen zum Beispiel 4 % des Gesamtjahresverbrauches an allen Werktagen des Jahres zwischen 20 und 21 Uhr an.

Tabelle 8: Prozentuale Verbrauchsanteile für ein Jahr anhand eines H0-Lastprofils. (Quelle: eigene Darstellung).[35]

Montag - Freitag																							
Tageszeit: 1 2 3 4 5	6	7	8 9 10 11	12	13	14 15 16	17	18	19	20	21	22 23 24
Anteil in %: 9,0	1,3	1,8	16,5	5,2	4,4	9,4	2,7	3,2	3,8	4,0	3,8	6,2

Samstag - Sonntag
Tageszeit: 1 2 3 4 5	6	7	8 9 10 11 12 13 14 15 16 17 18	19	20	21	22 23 24
Anteil in %: 3,6	0,5	0,7	15,5	1,6	1,6	1,5	2,5

5.4. Gesamtkosten ohne Lastverschiebung

Der sich aus der Tabelle 8 ergebende Verbrauchsverlauf wurde auf die einzelnen Tarife ohne Annahme einer Lastverschiebung oder Reduktion direkt übertragen. Das Ergebnis zeigt, dass sich erst ab einem Verbrauch von ca. 3.000 kWh im Jahr ein Kostenvorteil durch den Wechsel zu einem mehrstufigen Tarif, verbunden mit der Installation eines intelligenten Zählers, einstellt. Die Tabelle 9 fasst die Berechnung für einen Jahresverbrauch von 3.500 kWh zusammen. Die linke Tabelle stellt die Gesamtausgaben des Haushalts nach dem jeweiligen Jahr für die ausgewählten Tarife dar. In der rechten Tabelle werden die Kostenunterschiede zum Referenztarif (Mainova) aufsummiert. Zum Beispiel fällt das Ergebnis für die SW Bühl im ersten Jahr nicht zum Vorteil für den Verbraucher aus (42 Euro Mehrkosten im Vergleich zum Mainova-Tarif). Dies begründet sich im ersten Jahr durch die Installationskosten für den Smart Meter, die in nachfolgenden Jahren nicht mehr anfallen.

---

33 Der erste Tag des Jahres hat die Nummer i=1.
34 Ringelstein, 2010.
35 Beispiel: 9,4 % des Haushaltsstromverbrauchs fallen in einem Jahr an allen Werktagen (Mo.-Fr.) zwischen 14:00-16:59 Uhr an.

Tabelle 9: Gesamtkosten (gerundet) im Vergleich bei 3500 kWh Verbrauch ohne Lastverlagerung. (Quelle: eigene Darstellung).

3500 kWh	Gesamtausgaben [€] nach			Differenz [€] zur Referenz nach		
	1 Jahr	2 Jahren	3 Jahren	1 Jahr	2 Jahren	3 Jahren
Bielefeld	898	1796	2694	-16	-33	-49
Regensburg	997	1893	2790	82	64	46
Unna	1067	2133	3200	152	304	456
Frankfurt	912	1825	2737	-2	-5	-7
Essen	944	1888	2832	29	59	88
Bühl	956	1814	2671	42	-16	-73
Dresden	985	1926	2866	70	96	123
SW München	856	1713	2569			
Mainova [R]	915	1829	2744			

Zur besseren Visualisierung der Daten stellt die Abbildung 12 die Kostenvorteile und -nachteile der Smart Meter-Tarife am Ende des ersten Betriebsjahres in Abhängigkeit vom Gesamtverbrauch dar.

Abbildung 12: Kostenvorteile (pos. Vorzeichen) nach dem ersten Betriebsjahr in Abhängigkeit vom Stromgesamtverbrauch. (Quelle: eigene Darstellung).

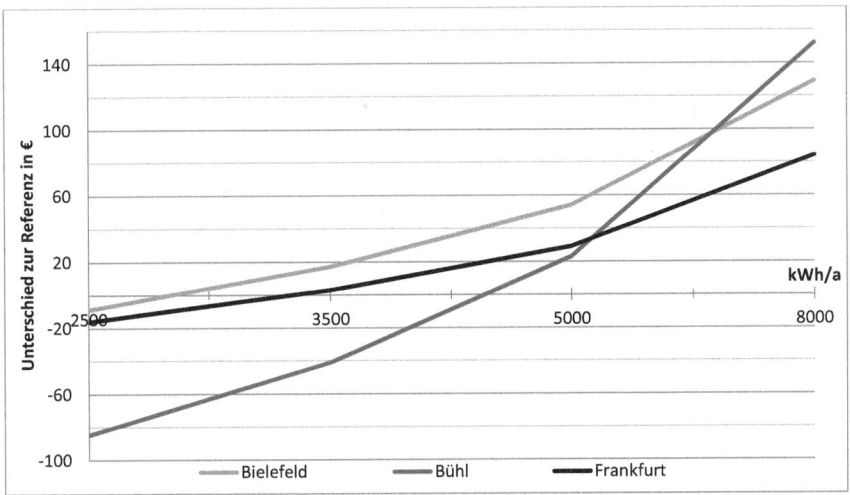

Aus den Ergebnissen lässt sich ablesen, dass der frühere Beginn (20 Uhr gegenüber 22 Uhr) der Niedertarifzeit der SW Bühl (für die Übersicht der Tarife siehe Tabelle 6) einen stärkeren Einfluss auf das Gesamtergebnis hat als die größere Preisdifferenz zwischen der HT/NT-Zeit und den niedrigeren

Grundpreisen der Stadtwerke Bielefeld und Frankfurt. Aus Kundensicht ist also von großer Bedeutung, zu welcher Tageszeit das NT-Angebot gilt, um dieses effizient nutzen zu können.

5.5. Gesamtkosten mit Lastverschiebung

Für eine Beurteilung der Auswirkungen der Lastverschiebung aus der HT-Zeit in die NT-Zeit eignet sich die Betrachtung zweier Extremwerte. Bezug nehmend auf die Ergebnisse der Versuchsstudien über die Verbrauchsverschiebung wurde eine Verlagerung in Höhe von rund 3 % des Gesamtjahresverbrauchs (entspricht 6 % des HT-Verbrauchs) als untere Grenze angenommen. Als Maximalwert der Lastverlagerung wurde 11 % (entspricht 25 % des HT-Verbrauchs) gewählt.

Der Einsatz eines Smart Meter lohnt sich ab einem Gesamtjahresverbrauch in Höhe von rund 2.900 kWh. Die Tabellen 10 und 11 zeigen die Kosten für einen Jahresverbrauch von 3.500 kWh bei minimaler bzw. maximaler angenommener Lastverschiebung (3 und 11 %). Die negativen Zahlen auf der rechten Tabellenseite zeigen die Kostenvorteile des Kunden gegenüber einem einheitlichen Referenztarif der Mainova.

Tabelle 10: Gesamtkostenverlauf bei 3.500 kWh/a mit 3% Lastverlagerung. (Quelle: eigene Darstellung).

3500 kWh	Gesamtausgaben [€] nach			Differenz [€] zur Referenz nach		
	1 Jahr	2 Jahren	3 Jahren	1 Jahr	2 Jahren	3 Jahren
Bielefeld	891	1783	2674	-23	-47	-70
Regensburg	990	1880	2769	75	50	26
Unna	1064	2129	3193	150	299	449
Frankfurt	910	1821	2731	-4	-8	-13
Essen	935	1870	2805	20	41	61
Bühl	953	1806	2660	38	-23	-84
Dresden	978	1912	2846	64	83	103
SW München	856	1713	2569			
Mainova [R]	915	1829	2744			

Tabelle 11: Gesamtkostenverlauf bei 3.500 kWh/a mit 11% Lastverlagerung. . (Quelle: eigene Darstellung).

3500 kWh	Gesamtausgaben [€] nach			Differenz [€] zur Referenz nach		
	1 Jahr	2 Jahren	3 Jahren	1 Jahr	2 Jahren	3 Jahren
Bielefeld	870	1739	2609	-45	-90	-135
Regensburg	968	1836	2704	54	7	-39
Unna	1057	2114	3170	142	284	427
Frankfurt	904	1809	2713	-10	-20	-31
Essen	906	1813	2719	-8	-16	-25
Bühl	941	1784	2626	27	-46	-118
Dresden	957	1870	2782	42	40	39
SW München	856	1713	2569			
Mainova [R]	915	1829	2744			

Die Abbildung 13 zeigt die Bandbreite der Einsparungen gegenüber einem einheitlichen Referenztarif in Abhängigkeit vom Gesamtstromverbrauch im ersten Betriebsjahr. Auch hier wird der stärkere Einfluss des früheren Beginns der Niedertarifzeit ersichtlich.

Abbildung 13: Kostenvorteile (pos. Vorzeichen) nach dem ersten Betriebsjahr in Abhängigkeit vom Jahresverbrauch unter Berücksichtigung einer Lastverlagerung in Höhe von 3% und 11%. (Quelle: eigene Darstellung).

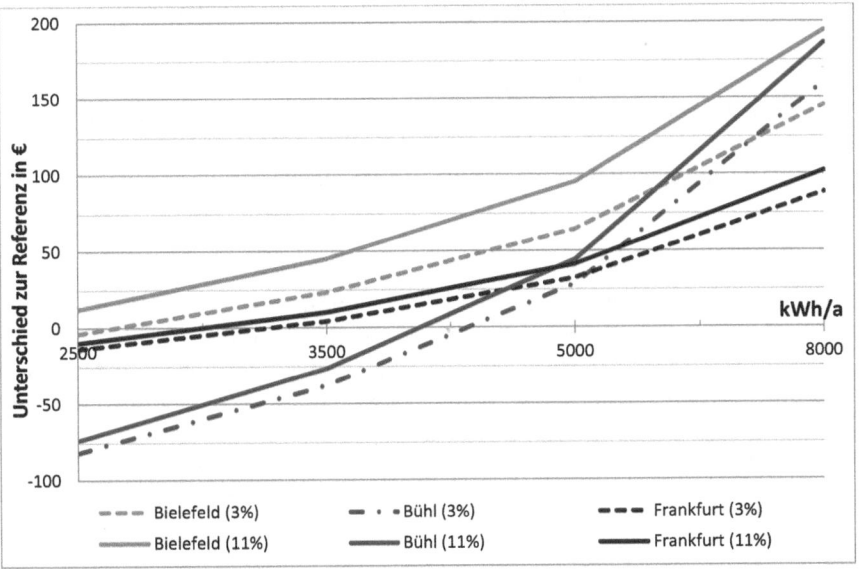

5.6. Ergebnisse der Berechnung

Bei den durchgeführten Berechnungen wurde auf das statische H0-Lastprofil zurückgegriffen. Dieses stellt jedoch einen Unsicherheitsfaktor dar, da es das reale Verbrauchsverhalten der Privathaushalte nicht exakt nachzubilden vermag. Die relevanten, auf den realen Lastverlauf bezogenen Ergebnisse der Pilot-Studien zum Einsatz der Smart Meter werden derzeit nicht veröffentlicht, sondern in erster Linie von den Unternehmen selbst für die Erstellung der neuen Tarifstrukturen verwendet.

Die Ergebnisse der Berechnung zeigen, dass bestimmte Tarife ab einem Jahresverbrauch in Höhe von mindestens 3.500 kWh bis zu 4.000 kWh keine finanzielle Verschlechterung gegenüber einem bundesweit verfügbaren Einheitstarif aufweisen. Signifikante Kostenvorteile von über 100 Euro jährlich stellen sich jedoch erst ab einem Jahresverbrauch in Höhe von mindestens 6.000 kWh bis 7.000 kWh ein, verbunden mit einer zwingend erforderlichen Verhaltensänderung im Stromkonsum. Nicht jeder Kundengruppe ist es aber möglich, das eigene Verbrauchsverhalten zu ändern. Verbrauchswerte jenseits von 7.000 kWh treffen eher auf Einfamilienhäuser mit mehreren Bewohnern zu. Hier ist es auch eher möglich, elektrische Großverbraucher in NT- Zeiten zu betreiben, da beispielsweise keine Ruhezeiten wie in Mehrfamilienhäusern gelten. Insbesondere bei Waschmaschinen und Wäschetrocknern ergeben sich große Potenziale für eine Lastverlagerung.

Bei den untersuchten Tarifen betrug der Preisunterschied zwischen HT- und NT-Zeit im Durchschnitt rund 17 %. Zudem stiegen die Grundpreiskosten im Vergleich zu Einheitstarifen um mindestens das Doppelte. Der variable, durch den Verbraucher beeinflussbare Anteil hat dadurch weniger Auswirkungen auf das Gesamtergebnis. Zum Vergleich: In Frankreich und Italien liegen die Preisunterschiede zwischen den Tarifstufen bei 40 bis 60 %[36].

6. Fazit

Aus der Wirtschaftlichkeitsanalyse der Einführung der Smart Meter-Technologie als wesentlichem Bestandteil des Smart-Grid-Konzeptes lässt sich auf Basis der verfügbaren Daten keine allgemeingültige Empfehlung ableiten. Eine differenzierte Betrachtung ergibt jedoch verwertbare Ergebnisse mit Handlungsempfehlungen für Energieversorger und private Endkunden.

Aus Sicht der Energieversorger ergeben sich laut Berechnungen der A.T. Kearney Studie insbesondere im Bereich des Messwesens Kostenvorteile und

---

36 Reske & Waegenaer, 2010.

Effizienzsteigerungen, die den Betrieb, die Entwicklung und die Umstellung auf intelligente Zähler decken würden. Auf der anderen Seite sind die noch fehlenden Kommunikationsstandards, ein Umsatzrückgang durch Stromeinsparungen auf der Kundenseite sowie die nötige Bereitschaft des Endverbrauchers, für ein attraktiveres Produkt zur Konkurrenz zu wechseln, als Risiken zu werten. Aufgrund dieser Risiken und der Neuregelung des Strommarktes können die Energieversorger nur schwer abschätzen, ob sie ihre Investitionen ausweiten sollten. Jene können wahrscheinlich nur dann refinanziert werden, wenn die Unternehmen neue Kunden gewinnen und erfolgreich eine rentabler zu bedienende Stromnachfrage durch die Beeinflussung der Endverbraucher realisieren. Im Rahmen der Analyse entstand der Eindruck, dass die Struktur der dynamischen Tarife mit ungünstigen NT-Zeiten und sehr hohen Jahresgebühren für den Kunden absichtlich unrentabel gestaltet wurde, damit dieser auf einem Einheitstarif verbleibt.

Aus Sicht der privaten Haushalte lohnt sich der Wechsel zu einem dynamischen Stromtarif erst ab einem Jahresverbrauch von 7.000 kWh, denn erst ab diesem Verbrauchswert werden signifikante Einsparungen realisiert. Die Studien zeigen, dass die Verbraucher, sofern sie sich zu einem Tarifwechsel entschließen, die angebotenen Produkte genau vergleichen. Laut aktuellen Umfragen sind sie nicht bereit, Mehrausgaben für die Informationen über ihren Verbrauch zu akzeptieren[37].

Jenen privaten Endverbrauchern, die einen hohen Verbrauch und die Bereitschaft zur Verhaltensänderung im Stromkonsum haben, kann die Anschaffung von Smart Metern empfohlen werden. Für Energieversorger ist auf Basis der hier vorliegenden Daten keine eindeutige Empfehlung möglich.

Um bei der Einführung der intelligenten Zähler einmalig anfallende Entwicklungskosten für die IKT-Infrastruktur, die Webentwicklung und die Schulung der Mitarbeiter zu vermeiden und dadurch (insbesondere aus Sicht kleiner regionaler Versorgungsunternehmen) Risiken möglichst zu minimieren, bietet es sich an, diese Aktivitäten von einem Drittanbieter in einer Kunden-Lieferanten-Beziehung zu beziehen. Es sind bereits die ersten Akteure in den Markt für Smart Meter eingetreten[38]. Dabei handelt es sich um Dienstleister für Stromunternehmen im Smart-Grid-Bereich, Datenaufbereiter und Gateway-Betreiber. Es ist nur eine Frage der Zeit, bis die ersten externen, unabhängigen Messstellenbetreiber IKT-Lösungen zusammen mit intelligenten Zählern für Strom, Gas und Wasser aus einer Hand anbieten werden. Aufgrund dieser

---

37   Schultz, 2012.
38   Beispiele: PowerPlusCommunications AG, SMARVIS GmbH, Sirrix AG.

Marktaktivitäten können eine positive Marktentwicklung und neue Veränderungen in der Wertschöpfungskette der Elektrizitätswirtschaft erwartet werden.

7. Literaturverzeichnis

AG Energiebilanzen e.V. (2012). Zusammenfassung – Anwendungsbilanzen für die Endenergiesektoren 2009 – 2010. AGEB.

BDEW. (Oktober 2012). BDEW. Von http://www.bdew.de/internet.nsf/id/1231 76ABDD9ECE5DC1257AA20040E368/$file/121026_BDEW_Strompreisa nalyse_Oktober%202012_Update_26.10.2012.pdf abgerufen.

Behrendt, S. (November 2011). IZT – Institut für Zukunftsstudien und Technologiebewertung. Von http://www.izt.de/fileadmin/downloads/pdf/prosum er/Behrendt_Jahrestagung_G reen_IT_Smart_Metering_3-2011F.pdf abgerufen.

Bundesministerium der Justiz. (29. Oktober 2007). Verordnung über die Anreizregulierung der Energieversorgungsnetze (Anreizregulierungs-verordnung – ARegV). Abgerufen September 2012 von JURIS: http://ww w.gesetze-im-internet.de/bundesrecht/aregv/gesamt.pdf.

Bundesministerium für Umwelt, Naturschutz und Reaktorsicherheit. (März 2010). Abgerufen September 2012 von BMU http://www.umweltministeri um.de/erneuerbare_energien/downloads/doc/2676.php.

Bundesnetzagentur. (März 2010). Bundesnetzagentur. (Bundesnetzagentur, Hrsg.) Von http://www.bundesnetzagentur.de/SharedDocs/Downloads/DE/ BNetzA/Sachgebiete/Energie/Sonderthemen/BerichtZaehlMesswesen/Beric htZaehlMesswesenpd f.pdf?_blob=publicationFile abgerufen.

Bundesverband der Deutschen Industrie e.V. (BDI). (Dezember 2008). BDI. Von http://www.bdi.eu/download_content/ForschungTechnikUndInnovation/Br oschu ere_Internet_der_Energie.pdf abgerufen.

Bundesverband der Energie- und Wasserwirtschaft. (Februar 2012). Abgerufen am 18. September 2012 von BDEW: http://www.bdew.de/internet.nsf/id/2 F535785CB9B2E2CC1257A6100407BA3/$file/Anteil%20EE%20an%20D eckung%20Energiebedarf%20Vergleich%202001_2011%2010Aug2012_o _jaehrlich_Ki.pdf.

Büttner, M. (September 2011). Fraunhofer ISE. Von http://www.stoffstrom.org/ fileadmin/userdaten/dokumente/Solartagung/Vortraeg e/VV_Buettner.pdf abgerufen.

Deutsche Energie-Agentur GmbH (dena). (Dezember 2009). Dena. Von http://www.bine.info/fileadmin/content/Publikationen/Projekt-Infos/Zusatz infos/2011-07_Smart_Metering_Info_dena.pdf abgerufen.

64

Deutsche Energie-Agentur GmbH (dena). (November 2010). dena. Von http://www.dena.de/fileadmin/user_upload/Presse/studien_umfragen/Netzst udie_II/Endbericht_dena-Netzstudie_II.pdf abgerufen.

Dütschke, E., Unterländer, M., & Wietschel, M. (2012). Fraunhofer ISI. Von http://www.isi.fraunhofer.de/isi-media/docs/e-x/working-papers-sustainabi lity-and-innovation/WP01-2012_Dynamische-Stromtarie_final_v1.pdf?WS ESSIONID=86fea32b656016d6bf062dcdf16318da abgerufen.

ene't GmbH. (Oktober 2010). ene't GmbH. Von http://www. enet.eu/tl_files/enet/newsletter/netznutzung-strom/newsletter_nne_066.html abgerufen.

ene't GmbH. (Juni 2011). ENET. Von http://www.enet.eu/tl_ files/enet/newsletter/endkundentarife- strom/Newsletter_ekts_031.html abgerufen.

ETG Task Force Smart Metering. (2010). Smart Energy 2020 – vom Smart Metering zum Smart Grid. Frankfurt am Main: ETG-VDE.

European Energy Exchange AG. (2012). EEX. Von http://www.eex.com/de/Marktdaten/Handelsdaten/Strom/Stundenkontrakte %20|%20Spotmarkt%20Stundenauktion/spot-hours-table/2012-11-18/PHE LIX abgerufen.

Fröhling, S. (September 2011). BSH Bosch und Siemens Hausgeräte GmbH. Von http://www.bsh-group.de/index.php?125335 abgerufen.

Haag, W., von Tschirschky, C., & Meister, F. (2008). A.T. Kearney. Von http://www.atkearney.at/content/misc/wrapper.php/id/50069/area/energie/n ame/ pdf_pdf_atkearney_eb_smart_metering_12248447061440%5B1%5D _1226506206283d.pdf abgerufen.

Hagenhoff, S. (2004). Kooperationsformen: Grundtypen und spezielle Ausprägungen. Georg-August-Universität Göttingen, Institut für Wirtschaftsinformatik, Göttingen.

Höfer-Zygan, R., Oswald, E., & Heidrich, M. (2011). Fraunhofer ESK. Von http://www.ffe.de/download/article/221/2012-03-26_KW21BY2E.pdf abgerufen.

Läubli, M. (01. Oktober 2011). Tages Anzeiger. Von http://www.tagesanzeiger.ch/25070909/print.html abgerufen.

McKinsey & Company. (29. Juni 2012). Preissturz bei Lithium-Ionen-Akkus bringt Bewegung in den Automobilmarkt. Abgerufen am 25. Juli 2012 von VDI- Nachrichten: http://www.vdi-nachrichten.com/artikel/Preissturz-bei-Lithium- Ionen-Akkus-bringt-Bewegung-in-den-Automobilmarkt/59446/2

Meier, A., & Stormer, H. (2005). eBusiness & eCommerce. Berlin: Springer.

MOMA – Modellstadt Mannheim. (13. Juli 2011). MOMA. Von http://www. modellstadt- mannheim.de abgerufen.

MOMA. (März 2012). Modellstadt Mannheim. Von http://www.modellstadt-mannheim.de/moma/web/media/pdf/Kurzergebnisse_Praxistest_2.pdf abgerufen.

Müller, A. (15. Juli 2011). ENET. (ENERGIE&MANAGEMENT, Hrsg.). Von http://www.enet.eu/tl_files/enet/pdf-dokumente/k2011-07-15-em.pdf abgerufen.

Müller-Stewens, G., & Lechner, C. (2003). Strategisches Management. Stuttgart: Schäffer-Poeschel.

OPOWER. (2012). OPOWER. Von http://opower.com/utilities/results/ abgerufen.

Pipke, H., Huelsen, C., Stiller, H., Seidl, K., & Belmert, D. (17. August 2010). DNV KEMA. Von http://www.kema.com/de/Images/KEMA%20Endbericht%20Smart%20Met erin g%20202009.pdf abgerufen.

Reske, C., & Waegenaer, S. (31. Januar 2010). Hochschule für Oekonomie & Management. Von http://winfwiki.wi- fom.de/index.php?title=M%C3%B6 gliche_Szenarien_f%C3%BCr_Stromabrechnungsmodelle_mit_Hilfe_von_ Smart_Meters_f%C3%BCr_den_deutschen_Markt&printable=yes abgerufen.

Ringelstein, J. (2010). Betrieb eines übergeordneten dezentral entscheidenden Energiemanagements im elektrischen Verteilnetz (Bd. Band 16). (U. K. Prof. Dr.-Ing. Jürgen Schmid, Hrsg.) Kassel.

Schultz, S. (Juni 2012). Spiegel Online. Von http://www.spiegel.de/wirtschaft/ service/smart-meter-verbraucher-wollen- intelligente-zaehler-umsonst-a-843569.html abgerufen.

Ströbele, W., Pfaffenberger, W., & Heuterkes, M. (2012). Energiewirtschaft – Einführung in Theorie und Politik. München: Oldenbourg Wissenschaftsverlag GmbH.

Süddeutsche Zeitung. (06. Juni 2011). Kabinett beschließt Atomausstieg bis 2022. Abgerufen am 27. August 2012 von Süddeutsche Zeitung: http://www.sueddeutsche.de/politik/gesetzespaket-zur-energiewende-kabinett- beschliesst-atomausstieg-bis-1.1105474.

Trend Research. (Oktober 2012). Trend Research. Von http://www.trendresear ch.de/studie.php?s=478 abgerufen.

Verivox GmbH. (kein Datum). VERIVOX. Abgerufen August 2012 von http://www.verivox.de/power/carriers.aspx?fl=all

Verivox/dpa. (30. Mai 2012). VERIVOX. Von http://www. verivox.de/nachrichten/netzbetreiber-stellen-plaene-fuer-neue- stromautobahnen-vor-86813.aspx abgerufen.

Weißbach, T. (2009). Uni Stuttgart. Abgerufen am 21. September 2012 von http://www.energieverbraucher.de/de/Energiebezug/Strom/Stromwirtschaft/ Reg elenergie_1096/.

Wetzel, D. (17. Oktober 2011). Berliner Morgenpost. Abgerufen September 2012 von http://www.morgenpost.de/wirtschaft/article1796785/Stadtwerke-attackieren-die-vier-Stromriesen.html.

Zimmer, M. (2005). Uni Erlangen. Abgerufen am 20. September 2012 von http://www.economics.phil.uni-erlangen.de/index.php?path=forschung /energie&lang=de.

Demand Response in Deutschland: Das wirtschaftliche und praktische Potential einer flexiblen Stromnachfrage

Johannes Wagner, Bernhard Pfirrmann und Günther Schermer

Dieser Beitrag entstand im Rahmen einer Kooperation zwischen dem Fachgebiet für Unternehmensfinanzierung der TU Darmstadt und dem Beratungsunternehmen goetzpartners Management Consultants. Für weitere Informationen zu goetzpartners, siehe www.goetzpartners.de.

1. Einleitung

Die deutsche Stromversorgung befindet sich in einem Umbruch von der historisch gewachsenen, auf fossilen und nuklearen Energieträgern basierenden Struktur hin zu einem dezentralen System, das von erneuerbaren Energieträgern geprägt ist. Um diese Transformation bei gleichzeitiger Sicherung von Wettbewerbsfähigkeit und Versorgungssicherheit erfolgreich zu gestalten, sind in den kommenden Jahren umfassende Änderungen an der bestehenden technologischen und wirtschaftlichen Konstruktion der Stromversorgung unumgänglich. Dies ergibt sich insbesondere aus der fluktuierenden Charakteristik der Stromerzeugung aus erneuerbaren Energiequellen, die zu einem steigenden Bedarf an Flexibilität im Stromversorgungssystem führt.[1] Eine zunehmend diskutierte Fragestellung ist dabei, inwiefern Teile dieses Bedarfs über eine flexible Stromnachfrage, die aktiv in den Markt integriert ist, bereitgestellt werden kann.[2]

Im Grunde ist der Ansatz der aktiven Beeinflussung des Stromverbrauchs nicht neu und wurde bereits in der Vergangenheit umgesetzt. Ein Beispiel sind hier die in den 70er Jahren populären Tarife für Nachtspeicherheizungen, die auf eine Glättung und Vergleichmäßigung des Stromverbrauchs abzielten.[3] Die Entwicklungen im Bereich der Informations- und Kommunikationstechnik ermöglichen jedoch heute wesentlich komplexere Konzepte zur Steuerung der Stromnachfrage, sodass sich der Einsatz von verbrauchsseitigen Maßnahmen komplementär zur volatilen Stromerzeugung aus erneuerbaren Energiequellen anbietet. Diese Maßnahmen werden unter dem Begriff Demand Response zusammengefasst.[4]

Demand Response kann preisbasiert mit variablen Tarifstrukturen, die auf Nachfrageseite Anreize für eine Änderung des Verbrauchsverhaltens setzen, realisiert werden. Außerdem ist es möglich, definierte Abweichungen der Verbraucher vom gewohnten Nachfragemuster durch monetäre Prämien zu belohnen. Diese Ansätze werden als anreizbasiert bezeichnet.[5] Die so erzielbare variable Stromnachfrage kann genutzt werden, um die Spitzen der Residuallast sowie überschüssige Stromerzeugung aus erneuerbaren Energien über den Verbrauch auszugleichen, sodass Investitionen in Spitzenlastkraftwerke oder Stromspeicher vermieden werden können.[6] Weiterhin kann ein flexibilisierter Stromverbrauch

---

1   Höflich et al. (2012), S. 29.
2   Klobasa/Erge/Wille-Haussmann (2009), S. 21.
3   Sonnenschein/Rapp/Bremer (2010), S. 5-6.
4   Franz et al. (2006), S. 86-87.
5   DoE (2006), S. 8-10.
6   Neubarth (2011), S. 46-47.

zur Entlastung der Verteilnetze genutzt werden, sodass der notwendige konventionelle Netzausbau reduziert werden kann.[7]

Im Rahmen dieser Arbeit wird das Potential von Demand Response für den deutschen Strommarkt analysiert. Die zentrale Fragestellung ist dabei, ob Demand Response einen entscheidenden Beitrag zur Integration von erneuerbaren Energien in das deutsche Stromversorgungssystem leisten kann. Darüber hinaus ist vor allem von Interesse, wie Demand Response wirtschaftlich umgesetzt werden kann und welche Verbrauchergruppen für die Umsetzung am besten geeignet sind. In Abschnitt 2 wird dazu zunächst das nutzbare technische Flexibilitätspotential bei deutschen Verbrauchern dargestellt sowie der energiewirtschaftliche Nutzen analysiert, der auf Basis dieses Potentials erzielt werden kann. Weiterhin werden Geschäftsmodelle, die zur Umsetzung von Demand Response geeignet sind, betriebswirtschaftlich bewertet. In Abschnitt 3 wird darauf aufbauend das praktische Potential von Demand Response auf Basis einer Unternehmensbefragung empirisch analysiert.

2. Potential von Demand Response in Deutschland

2.1. Technisches Potential

Grundsätzlich sind alle Prozesse, die ein gewisses Speicherpotential aufweisen, für die Flexibilisierung der Nachfrage geeignet. Dies ist bei Anwendungen zur elektrischen Erzeugung von Wärme, Kälte oder Druckluft gegeben, die über entsprechende Speicher oder eine nutzbare thermische Trägheit verfügen. Darüber hinaus sind auch Anwendungen mit physischen Speichern, wie beispielsweise Zwischenlager bei industriellen Produktionsprozessen geeignet.[8]

In Haushalten ergibt sich das Potential für Demand Response vor allem aus Heizungssystemen, elektrisch betriebenen Warmwasserboilern sowie Kältegeräten wie Kühl- und Gefrierschränken. Bei den Heizungssystemen sind dabei insbesondere Nachtspeicherheizungen und Umwälzpumpen in Zentralheizungen von Interesse. Darüber hinaus sind auch Haushaltsgeräte, die hinsichtlich ihres zeitlichen Einsatzes flexibel sind, wie zum Beispiel Waschmaschinen und Trockner, für den Einsatz im Rahmen von Demand Response Programmen geeignet.[9]

---

7   Frey et al. (2008), S. 82-83.
8   Stadler (2005), S. 196-197.
9   Elberg et al. (2012), S. 100.

Das Potential für Demand Response im Sektor Gewerbe, Handel und Dienstleistungen (GHD) ergibt sich ähnlich wie bei den Haushalten hauptsächlich aus der Wärme- und Kälteversorgung.[10] Branchen mit einem hohen Strombedarf in diesen Bereichen sind zum Beispiel der Handel, mit Kälteanwendungen in Kühlhäusern und im Lebensmitteleinzelhandel, die Gruppe der büroähnlichen Betriebe mit Klimaanlagen und Heizungen sowie das Beherbergungs- und Gaststättengewerbe.[11]

In der Industrie eignen sich verschiedene energieintensive Produktionsprozesse für den Einsatz im Rahmen von Demand Response. Beispiele sind hier die Aluminiumelektrolyse Mühlen zur Zementherstellung, Papiermaschinen, Lichtbogenöfen in der Stahlindustrie, oder die Chlor-Alkali-Elektrolyse. Darüber hinaus existieren verschiedene Querschnittstechnologien, die in einer Vielzahl von Industrieanwendungen genutzt werden. Dies sind zum Beispiel Druckluftanlagen, Belüftungsanlagen und Prozesskälte.[12]

Abbildung 1 zeigt eine Gegenüberstellung des Potentials für die Zu- und Abschaltung von Lasten, das sich aus den genannten Anwendungen in Haushalten, Gewerbe und Industrie ergibt. Zusätzlich ist eine Schätzung des durchschnittlichen Potentials pro Verbraucher dargestellt.[13]

---

10   Elberg et al. (2012), S. 99-100.
11   Klobasa (2009), S. 69-72.
12   Elberg et al. (2012), S. 98-99.
13   Für die Schätzung wurde angenommen, dass in Deutschland 44 Mio. Haushaltskunden und 2,5 Mio. Industrie- und Gewerbekunden existieren. Weiterhin wurde angenommen, dass die Zahl der Industriekunden den 320 Tsd. Verbrauchern mit registrierender Leistungsmessung entspricht. Siehe BNetzA (2011c), S. 87-88.

Abbildung 1: Absolutes Demand Response Potential und durchschnittliches Potential pro

Verbraucher für Haushalte, Gewerbe- und Industrieverbraucher in Deutschland

(Eigene Darstellung auf Basis von dena (2010) und eigenen Berechnungen).

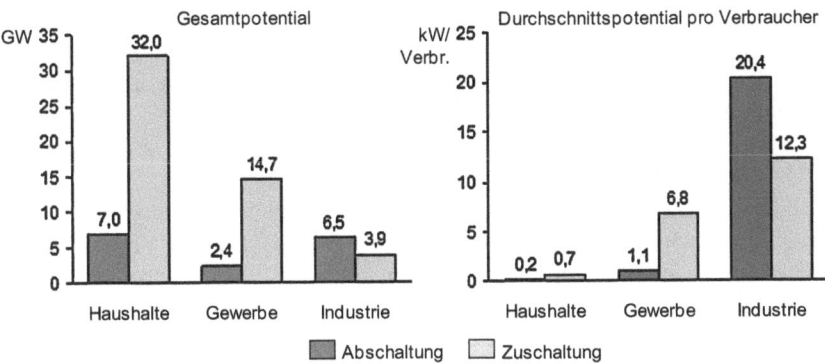

Aus Abbildung 1 wird deutlich, dass in Haushalten weitaus das größte absolute Potential für Demand Response existiert. Die in einem einzelnen Haushalt
verfügbare Leistung ist dabei jedoch sehr gering, sodass der spezifische Investi-
tionsaufwand pro nutzbarem kW bei der Umsetzung von Demand Response in
Haushalten um ein vielfaches höher ist als bei Industriekunden.[14] Gleichzeitig
sind die aus Sicht der Haushaltskunden erzielbaren Einsparungen oder Vergü-
tungen durch die Teilnahme an Demand Response Programmen entsprechend
klein und führen zu einer eingeschränkten Teilnahmebereitschaft bei der Bevölkerung.[15]

Daraus folgt, dass die wirtschaftliche Nutzung des Demand Response Potentials in Haushalten schwierig ist. Wesentlich vielversprechender ist die Umsetzung von Demand Response bei Industriekunden, da die schaltbare Leistung pro
Verbraucher deutlich höher ist und bei vielen Industrieunternehmen bereits
Steuerungs- und Kommunikationstechnik existiert, die beim Aufbau von Demand Response Systemen genutzt werden kann.[16] Die Nutzung der Potentiale in
der Industrie sollte folglich zunächst Priorität haben.[17]

Auch im Bereich GHD besteht Potential für die wirtschaftliche Nutzung von
Demand Response. Abhängig von der Größe des Unternehmens sind hier jedoch

---

14 Elberg et al. (2012), S. 103-104.
15 Kim/Shcherbakova (2011), S. 876-877.
16 Elberg et al. (2012), S. 104.
17 von Roon/Gobmaier (2010), S. 37.

stark variierende spezifische Investitionskosten zu erwarten, die im Bereich zwischen den Implementierungskosten in Haushalten und Industrie liegen.[18] Damit ist für den GHD Sektor ein selektives Vorgehen bei der Erschließung der Demand Response Potentiale sinnvoll, wobei aus wirtschaftlicher Sicht insbesondere Kälteanlangen in großen Supermärkten und Kühlhäusern sowie Belüftungs- und Klimatisierungssysteme in Bürogebäuden interessant sind. Zusätzlich ist hier bis 2020 von einer Zunahme des Demand Response Potentials auszugehen, da ein deutlicher Anstieg des Verbreitungsgrades von Klimatisierungsanlagen in Verkaufs- und Büroräumen erwartet wird.[19]

2.2. Energiewirtschaftliches Potential

Nachdem das technische Potential von Demand Response erläutert wurde, liegt der Fokus nun auf den energiewirtschaftlichen Vorteilen, die durch die Nutzung des beschriebenen Potentials erzielt werden können. Dazu wird ermittelt, in welchem Umfang Investitionen in Spitzenlastkraftwerke und Stromspeicher durch Demand Response vermieden werden können. Entsprechend der Ergebnisse aus dem letzten Abschnitt werden dabei ausschließlich die Potentiale im Bereich GHD und in der Industrie berücksichtigt. Im Folgenden wird zunächst der zusätzliche Bedarf an Spitzenlastkraftwerken und Speichern ermittelt, der sich bis 2025 durch den Ausbau der erneuerbaren Energien in Deutschland ergibt. Darauf aufbauend wird anschließend der potentielle Beitrag von Demand Response zur Abdeckung dieses zusätzlichen Bedarfs ermittelt.

2.2.1. Zukünftiger Bedarf an Spitzenlastkraftwerken und Stromspeichern

Der Bedarf an Spitzenlastkraftwerken und Stromspeichern wird aufgrund des Ausbaus der erneuerbaren Energien in den nächsten Jahren deutlich zunehmen. Dieser Bedarf wird im Folgenden auf Basis einer von goetzpartners durchgeführten Prognose der Residuallast für das Jahr 2025 quantifiziert.[20]

Als Spitzenlast werden die relativ seltenen Maximalwerte der Stromnachfrage bezeichnet, die zum Beispiel in den Mittagsstunden auftreten. Eine gängige Definition ist dabei, die Lastwerte, die an weniger als 2000 Stunden pro Jahr

---

18 Elberg et al. (2012), S. 104.
19 Klobasa (2009), S. 87-89.
20 Die Prognose wurde im Rahmen der goetzpartners Studie „Kraftwerksinvestitionen in Deutschland – ein Pokerspiel" durchgeführt. Dabei wurde der Kraftwerkspark für das Jahr 2025 auf Basis der Ausbauprognosen für erneuerbare Energien sowie den geplanten Stilllegungen und Neubauten von konventionellen Kraftwerken berechnet, siehe goetzpartners Management Consultants (2011).

auftreten als Spitzenlast zu bezeichnen. Überträgt man diese Definition auf die Residuallast, erhält man den Anteil der Spitzenlast, der über konventionelle Kraftwerke abgedeckt werden muss.[21] Abbildung 2 stellt den konventionellen Spitzenlastbedarf, der sich nach der genannten Definition aus den Dauerlinien der Residuallast für die Jahre 2011 und 2025 ergibt, grafisch dar.

Abbildung 2: Vergleich der Spitzenlast in Deutschland für die Jahre 2011 und 2025 (Eigene Darstellung auf Basis von goetzpartners Prognosen).

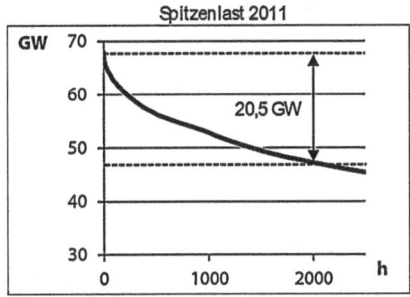 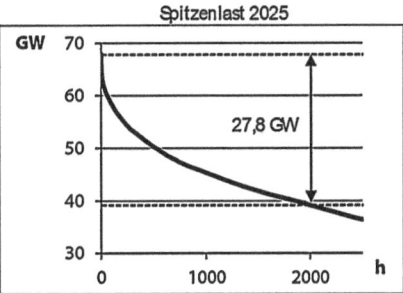

Wie in Abbildung 2 dargestellt, beträgt der Spitzenlastbedarf im Jahr 2025 knapp 28 GW. Im Vergleich zur Spitzenlast im Jahr 2011 ergibt sich damit ein zusätzlicher Bedarf von über 7 GW.

Um den zusätzlichen Bedarf an Speicherkapazitäten zu ermitteln, sind in Abbildung 3 jeweils die niedrigsten Werte der Residuallast in den Jahren 2011 und 2025 dargestellt.

---

21   Strauß (2009), S. 30.

Abbildung 3: Minimalwerte der Residuallast in Deutschland in den Jahren 2011 und 2025

(Eigene Darstellung auf Basis von geotzpartners Prognosen).

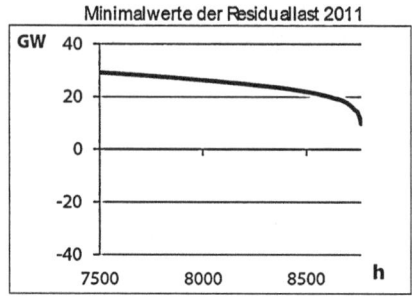 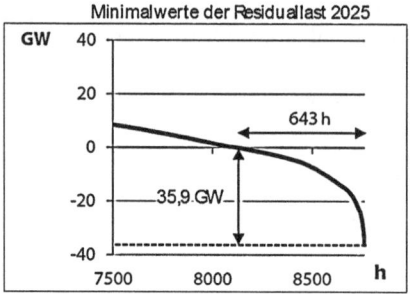

Abbildung 3 zeigt, dass im Jahr 2025 an über 600 Stunden im Jahr die erzeugte erneuerbare Energie größer als der Stromverbrauch ist, sodass die Residuallast negativ wird. Im Extremfall übersteigt die Leistung der erneuerbaren Erzeugungsanlagen dabei die Verbraucherlast um fast 36 GW. Zieht man von diesem Wert die maximale Exportkapazität in Nachbarländer sowie die verfügbare Pumpleistung der deutschen Pumpspeicherwerke (PSW) ab, verbleibt eine überschüssige Leistung von mehr als 21 GW.[22] Diese Leistung muss durch zusätzliche Speicher, Exportkapazitäten oder die Abschaltung von erneuerbaren Erzeugungsanlagen ausgeglichen werden.

Es ist zu beachten, dass bei der Berechnung des dargestellten Speicherbedarfs ausschließlich der Ausgleich von überschüssiger Leistung berücksichtigt wurde. Betrachtungen des erforderlichen Volumens der Speicher sowie von Restriktionen durch die Stromnetze wurden vernachlässigt.

2.2.2. Potentieller Beitrag von Demand Response

Nachdem der zukünftige Bedarf an Spitzenlastkraftwerken und Stromspeichern ermittelt wurde, liegt der Fokus im Folgenden auf dem Beitrag, den Demand Response zur Deckung dieses Bedarfs leisten kann. Dazu wird zunächst die Berechnungsmethodik erläutert, um danach die Ergebnisse zu diskutieren.

---

22 Die maximale Exportkapazität beträgt 8,5 GW, siehe ENTSO-E (2011); die Pumpleistung der deutschen Pumpspeicherwerke beträgt 14,5 GW, siehe Tiedemann et al. (2008), S. 86.

Die Grundlage der Berechnung stellen die in Abschnitt 2.1 dargestellten Potentiale zur Zu- und Abschaltung von Lasten bei Gewerbe und Industrieverbrauchern dar. Darauf aufbauend wird angenommen, dass dieses Leistungspotential täglich für 15 Minuten zur Verfügung steht. Eine Lasterhöhung bzw. -absenkung für diesen Zeitraum ist realistisch, da die Beeinflussung von industriellen Produktionsprozessen begrenzt bleibt und die im Bereich GHD nutzbaren Energiespeicher in Kühl-, Heiz- oder Belüftungssystemen in der Regel eine entsprechende Kapazität haben.[23] Aus dem Leistungspotential und der zeitlichen Verfügbarkeit ergibt sich eine täglich nutzbare Energiemenge, die zur Absenkung der Lastspitzen und zum Ausgleich von Erzeugungsüberschüssen eingesetzt wird. Die Berechnungen werden dabei auf die im vorigen Abschnitt erwähnte Prognose der Residuallast für das Jahr 2025 angewendet. Abbildung 4 verdeutlicht die Berechnungsmethodik grafisch.

Abbildung 4: Grafische Darstellung der Berechnungsmethodik zur Bestimmung des energiewirtschaftlichen Potentials von Demand Response (Eigene Darstellung).

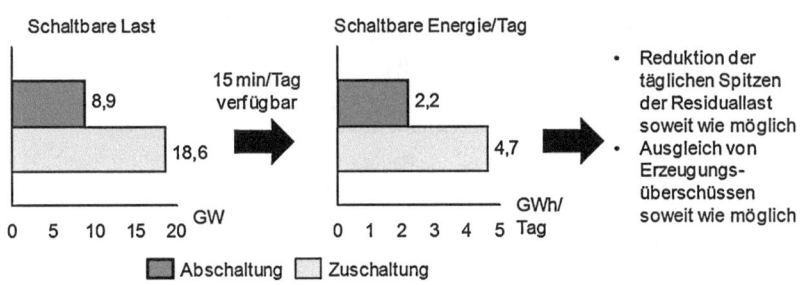

Wendet man die in Abbildung 4 dargestellte Methodik auf die Residuallast des gesamten Jahres an, ergibt sich ein entsprechend geglätteter Verlauf, der durch den Einsatz von Demand Response realisiert werden kann. Insgesamt ist dabei eine Reduzierung der Lastspitze um 1,5 GW möglich. Dies entspricht ca. 8 stationären Gasturbinen mit einer Leistung von 200 MW.[24] Die maximale überschüssige Leistung von Erzeugungsanlagen auf Basis erneuerbarer Energien gegenüber der Verbraucherlast kann um 3,5 GW reduziert werden. Dies ent-

---

23   von Roon/Gobmaier (2010), S. 14-16.
24   Die Nennleistung von stationären Gasturbinen bewegt sich aktuell im Bereich von 1 MW bis 350 MW. Eine Gasturbine mit einer Leistung von 200 MW ist damit eine typische Anlage mittlerer Größe, siehe Zahoransky et al. (2010), S. 135.

76

spricht mehr als der dreifachen Pumpleistung des Pumpspeicherkraftwerks Goldisthal, der aktuell größten Anlage dieses Typs in Deutschland.[25] Insgesamt kann somit festgestellt werden, dass mit Demand Response sowohl ein signifikanter Anteil der Spitzenlast- als auch des Speicherbedarfs bereitgestellt werden kann. Abbildung 5 und Abbildung 6 stellen die Ergebnisse der Berechnungen grafisch dar.

Abbildung 5: Zusätzlicher Spitzenlastbedarf bis 2025 und potentieller Beitrag von Demand Response (Eigene Darstellung).

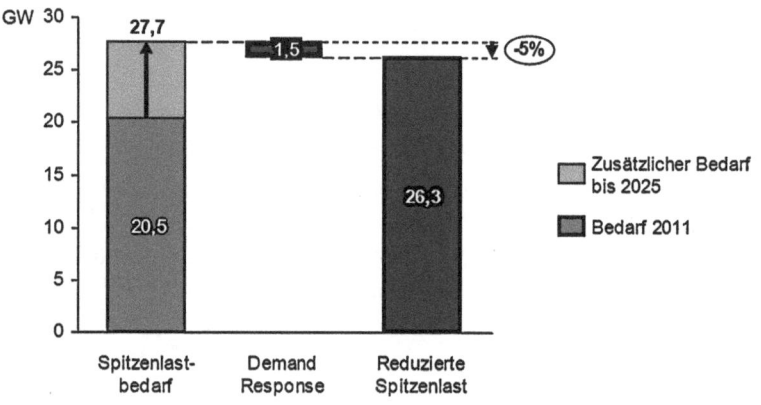

25 Das Pumpspeicherkraftwerk Goldisthal hat eine Pumpleistung von 1140 MW, siehe Tiedemann et al. (2008), S. 108.

Abbildung 6: Zusätzlicher Bedarf an Stromspeichern oder Exportkapazitäten bis 2025 und potentieller Beitrag von Demand Response (Eigene Darstellung).

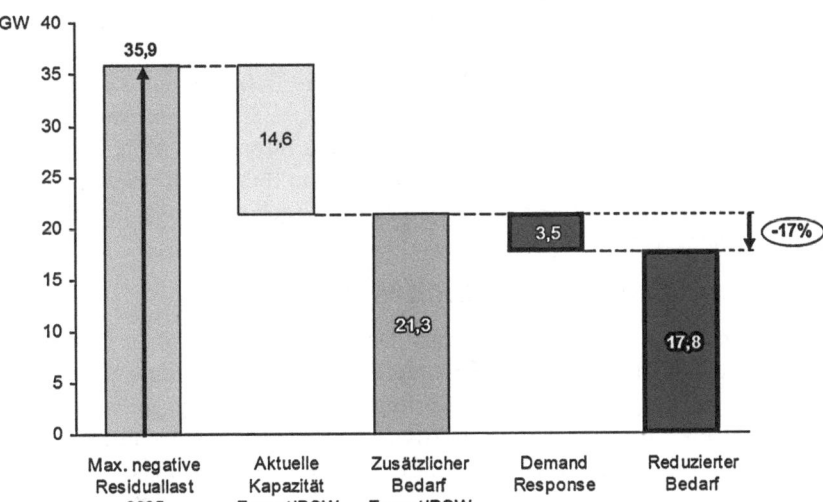

2.2.3. Beurteilung der Ergebnisse

Aufbauend auf den dargestellten Berechnungen des energiewirtschaftlichen Potentials von Demand Response werden die Ergebnisse im Folgenden diskutiert und hinsichtlich Plausibilität und Aussagekraft bewertet.

Bei der Bewertung der Ergebnisse müssen mehrere Vereinfachungen bei den Berechnungen berücksichtigt werden. Zunächst ist zu beachten, dass die Ergebnisse auf Durchschnittswerten des Demand Response Potentials basieren. Es wurde demnach ein im Tages- und Jahresverlauf konstantes Lasterhöhungs- und Lastreduzierungspotential angenommen. Dies entspricht insbesondere im Sektor GHD nicht der Realität, da sich zum einen der Einsatz von Klimatisierungs- und Heizungsanlagen in Winter- und Sommermonaten stark unterscheidet und zum anderen das Potential für Lastverlagerungen im Tages- und Wochenverlauf schwankt. Für Industrieanwendungen ist die Annahme eines konstanten Demand Response Potentials aufgrund von durchgehend betriebenen Produktionsanlagen dagegen realistisch.[26]

Weiterhin wurde bei den Berechnungen keine Nachholung der Laständerungen berücksichtigt. Damit wurde impliziert, dass eine Lastreduktion oder -

---

26 Klobasa (2009), S. 153-154.

erhöhung zu keiner späteren Laständerung in umgekehrter Richtung führt oder dass diese Änderung erst zu einem unkritischen Zeitpunkt erfolgt. Diese Annahme ist beispielsweise bei Kälteprozessen problematisch, da hier in der Regel nur eine Verschiebung des Stromverbrauchs von einer bis maximal zwei Stunden möglich ist.[27]

Die genannten Punkte schränken folglich die Belastbarkeit der Ergebnisse ein. Dennoch wird deutlich, dass Demand Response einen signifikanten Beitrag zur Integration von erneuerbaren Energien in das Stromversorgungssystem leisten kann. Zudem kommt eine ähnliche Analyse im Rahmen der dena Netzstudie II zu vergleichbaren Ergebnissen, sodass die Ergebnisse trotz der genannten Vereinfachungen plausibel erscheinen.[28]

2.3. Betriebswirtschaftliches Potential

In Abschnitt 2.2. wurde gezeigt, dass Demand Response einen wesentlichen Beitrag zur Integration von erneuerbaren Energien in die Stromversorgung leisten kann. Voraussetzung für eine erfolgreiche Umsetzung sind jedoch Geschäftsmodelle, die aus der Perspektive einzelner Marktteilnehmer profitabel sind. In diesem Abschnitt wird deshalb das betriebswirtschaftliche Potential von Demand Response für Netzbetreiber und Vertriebsgesellschaften untersucht. Aufgrund der Ergebnisse des letzten Abschnitts liegt der Fokus dabei auf Demand Response Programmen, die eine direkte Steuerung von Verbrauchern aus der Industrie und dem GHD Sektor ermöglichen. Variable Tarifmodelle werden nicht berücksichtigt, da für Industriekunden bereits aktuell komplexe Beschaffungs- und Tarifstrukturen angeboten werden und eine flächendeckende Umsetzung für Haushalts- und Gewerbekunden nach den Ergebnissen aus Abschnitt 2.1. nicht sinnvoll ist.[29]

2.3.1. Demand Response im Vertrieb

2.3.1.1. Geschäftsmodell

Aus Perspektive des Stromvertriebs existieren verschiedene Möglichkeiten für die Vermarktung von Demand Response. Zunächst können die variablen Lasten eingesetzt werden, um Unterschiede zwischen den Strompreisen zu Spitzenlast- und Schwachlastzeiten auszunutzen. Somit können Arbitragegewinne erzielt

---

27 Elberg et al. (2012), S. 38.
28 Die dena prognostiziert für das Jahr 2020 ca. 1,5 GW Spitzenlastkapazität und 6 GW Speicherkapazität durch Demand Response. Dabei werden auch Demand Response Anwendungen in Haushalten berücksichtigt, siehe dena (2010), S. 539-541.
29 BNetzA (2010), S. 72.

oder die Strombeschaffung optimiert werden.[30] Weiterhin kann Demand Response zur Teilnahme am Regelenergiemarkt genutzt werden. Dabei ist grundsätzlich eine Teilnahme an den Märkten für Minutenreserve und Sekundärregelenergie realisierbar. Die Bereitstellung von Primärregelenergie durch Demand Response ist aufgrund der kurzen Aktivierungszeiten von maximal 30 Sekunden aktuell nicht realistisch.[31] Schließlich kann Demand Response auch im Bilanzkreismanagement eingesetzt werden. Dabei werden flexible Verbraucher genutzt, um Unter- oder Überspeisungen des Bilanzkreises auszugleichen, sodass der Bezug von Ausgleichsenergie minimiert werden kann.[32] Abbildung 7 stellt die genannten Vermarktungsoptionen für Demand Response grafisch dar.

Das in Abbildung 7 dargestellte Geschäftsmodell wird in Deutschland bereits seit 2011 von Entelios umgesetzt. Außerdem existieren in USA verschiedene Unternehmen, die ähnliche Ansätze verfolgen, wie zum Beispiel EnerNOC und comverge.[33] Bei allen genannten Unternehmen handelt es sich um spezialisierte Anbieter, die Demand Response als Dienstleistung an andere Akteure am Strommarkt verkaufen. Doch auch für klassische Versorgungsunternehmen ist dieses Geschäftsmodell attraktiv. Dies ergibt sich insbesondere aus dem bestehenden Kundenstamm, der für eine erfolgreiche Akquise von Teilnehmern für Demand Response Programme ausgenutzt werden kann.[34]

Abbildung 7: Demand Response Geschäftsmodell aus Vertriebsperspektive (Eigene Darstellung).

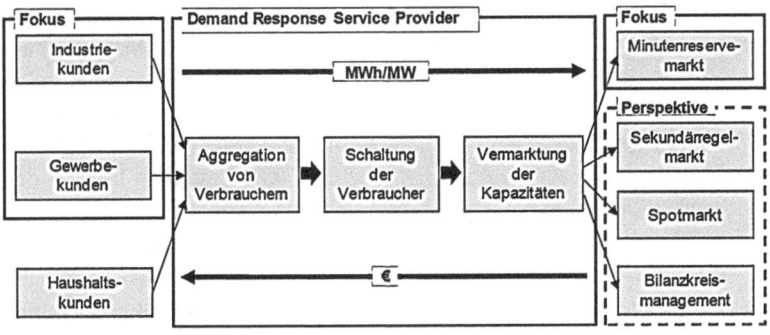

---

30   Wiechmann (2008), S. 37-38.
31   Paulus/Borggrefe (2011), S. 433.
32   Agricola (2012), S. 13.
33   Siehe www.entelios.de; www.enernoc.com; www.comverge.com
34   Poppe (2012), S. 306-308.

2.3.1.2. Bewertung des Geschäftsmodells

In diesem Abschnitt wird für das beschriebene Geschäftsmodell ein Bewertungsansatz entwickelt. Der Fokus liegt dabei auf der Teilnahme am Minutenreservemarkt. Es wird somit angenommen, dass ein Unternehmen die benötigte Infrastruktur aufbaut, um die Stromnachfrage der Verbraucher aktiv beeinflussen zu können, und die steuerbare Last als Minutenreserve vermarktet. Im Folgenden werden zunächst die Berechnungsmethodik sowie die verschiedenen Annahmen und Eingangsdaten dargestellt. Darauf aufbauend werden die Ergebnisse diskutiert.

Die Bewertung der Teilnahme am Minutenreservemarkt mit Demand Response erfolgt auf Basis der dynamischen Investitionsrechnung. Dazu wird der Gegenwartswert des erwarteten Cashflows der Investition berechnet.[35] Die entscheidenden Größen zur Bestimmung des Cashflows sind dabei die Investitionen zum Aufbau des Demand Response Systems sowie die laufenden Kosten und Einnahmen, die beim Betrieb anfallen. Steuerliche Aspekte werden nicht berücksichtig. Zusätzlich wird angenommen, dass die Investition mit Eigenkapital finanziert wird.

Die Investitionskosten setzen sich aus den Kosten für die Mess- und Steuerungsinfrastruktur sowie den Implementierungskosten des Demand Response Systems zusammen. Für die Kosten eines Smart Meters, das über eine Zwei-Wege-Kommunikation verfügt und die zeitlich hoch aufgelöste Messung des Stromverbrauchs ermöglicht, werden 200 € angenommen.[36] Für die zusätzlich erforderliche Steuerungseinheit müssen etwa 300 € investiert werden.[37] Hinzu kommen die Kosten für den Aufbau des erforderlichen IT-Systems zur Datenverarbeitung und Koordination der schaltbaren Verbraucher. In Gnilka/Meyer-Spasche (2009) werden die Implementierungskosten der IT bei der Einführung von Smart Metern ab einer Mindestanzahl von 1500 Zählern mit etwa 35 € pro Smart Meter abgeschätzt.[38] Es kann angenommen werden, dass diese Kosten für ein Demand Response System ähnlich ausfallen. Die gesamten Investitionskosten ergeben sich damit zu 535 € pro Verbraucher.

Die laufenden Kosten des Demand Response Systems setzen sich aus den Kosten für den Betrieb des Demand Response Systems und den Kosten für die Vergütung der teilnehmenden Verbraucher zusammen. Diese sind aufgrund fehlender praktischer Erfahrungen schwer zu ermitteln. Für die Betriebskosten wird deshalb erneut auf die in Gnilka/Meyer-Spasche (2009) ermittelten Kosten von

---

35 Brealey/Myers (2003), S. 119-121.
36 Nabe et al. (2009), S. 64-65.
37 dena (2010), S. 529-531.
38 Gnilka/Meyer-Spasche (2009), S. 25.

Smart Metering Systemen zurückgegriffen. Die Studie beziffert die Kosten für Personal, Instandhaltung und Messstellenbetrieb auf 17 - 30 € pro installiertem Zähler.[39] Erneut kann angenommen werden, dass diese Kosten bei einem Demand Response System ähnlich sind. Im Rahmen der Berechnungen wird deshalb von Betriebskosten in Höhe von 30 € pro Verbraucher im Jahr ausgegangen.

Die Vergütung der Teilnehmer des Demand Response System sollte sich an den individuellen Opportunitätskosten orientieren, die durch die Beeinflussung der Stromnachfrage beim Verbraucher entstehen.[40] Die Bestimmung dieser Kosten ist jedoch sehr komplex, sodass die Berechnungen im Rahmen dieser Arbeit auf Basis eines vereinfachten Vergütungsschemas erfolgen. Dabei wird angenommen, dass die Einnahmen aus der Leistungsvorhaltung zu gleichen Teilen zwischen dem Demand Response Anbieter und den teilnehmenden Verbrauchern geteilt wird. Die Einnahmen aus der abgerufenen Arbeit werden komplett als Vergütung ausgeschüttet, da in diesem Fall tatsächlich in den Stromverbrauch eingegriffen wird und somit Kosten auf Seite der Verbraucher entstehen.

Erlöse werden durch die Teilnahme am Minutenreservemarkt erzielt. Dieser wird über täglich stattfindende Auktionen organisiert, wobei zwischen sechs Zeitfenstern von vier Stunden sowie positiver und negativer Regelenergie differenziert wird. Insgesamt finden damit 12 Auktionen pro Tag statt. Die Mindestangebotsgröße bei den Auktionen beträgt 5 MW.[41] Die Auktionsteilnehmer bieten einen Leistungspreis und einen Arbeitspreis. Der Zuschlag für die vorzuhaltende Leistung erfolgt aufsteigend nach dem Leistungspreis bis der Gesamtbedarf gedeckt ist. Wird die vorgehaltene Leistung abgerufen, erfolgt dies aufsteigend nach dem gebotenen Arbeitspreis.[42]

Für die Bewertung wird angenommen, dass der Demand Response Anbieter an allen Auktionen eines Jahres sowohl für positive als auch für negative Minutenreserve teilnimmt und stets den Zuschlag erhält. Die erzielten Leistungspreise entsprechen dabei den Durchschnittspreisen des Jahres 2011.[43] Weiterhin wird angenommen, dass pro teilnehmenden Verbraucher das in Abschnitt 2.1. dargestellte durchschnittliche Demand Response Potential genutzt werden kann, wobei die abschaltbare Leistung als positive Minutenreserve und die zuschaltbare Leistung entsprechend als negative Minutenreserve angeboten wird. Dabei wird

---

39   Gnilka/Meyer-Spasche (2009), S. 26.
40   dena (2010), S. 530-531.
41   BNetzA (2011a), S. 3.
42   von Roon/Gobmaier (2010), S. 25-28.
43   Die Durchschnittspreise wurden aus den auf www.regelleistung.net veröffentlichten Auktionsergebnissen des Jahres 2011 berechnet.

angenommen, dass jeweils nur die Hälfte der schaltbaren Leistung am Minutenreservemarkt angeboten werden kann, damit die Verfügbarkeit der Leistung für
den Fall des Abrufs über die gesamten Zeitfenster von vier Stunden garantiert
werden kann.[44]

Der Diskontierungszinssatz wird bei den Berechnungen mit 8% angesetzt.
Dies entspricht etwa den Eigenkapitalkosten von deutschen Energieversorgungsunternehmen.[45] Die Laufzeit der Investition beträgt 15 Jahre und orientiert
sich an der geschätzten Lebensdauer der Smart Meter.[46] Tabelle 1 zeigt eine Zusammenfassung aller Eingangsdaten der Berechnungen.

Tabelle 1: Eingangsdaten zur Bewertung der Teilnahme am Minutenreservemarkt.

Investitionskosten Smart Meter	200 €/Verbraucher
Investitionskosten Steuerungstechnik	300 €/Verbraucher
Implementierungskosten IT	35 €/Verbraucher
Betriebskosten	30 €/Verbraucher im Jahr
Minutenreservepreise	Durchschnittspreise 2011
Zinssatz	8%
Laufzeit	15 Jahre

Abbildung 8 zeigt den Net Present Value (NPV), der sich pro Verbraucher
ergibt, wenn eine ausreichende Anzahl von Teilnehmern für die Mindestangebotsgröße von 5 MW sowohl für negative als auch für positive Minutenreserve
zur Verfügung steht.

---

44 Berndt et al. (2007), S. 6.
45 Beyer/Keller (2010), S. 416.
46 PwC Österreich (2010), S. 8.

Abbildung 8: NPV der Teilnahme am Minutenreservemarkt mit Demand Response pro Verbraucher (Eigene Darstellung).

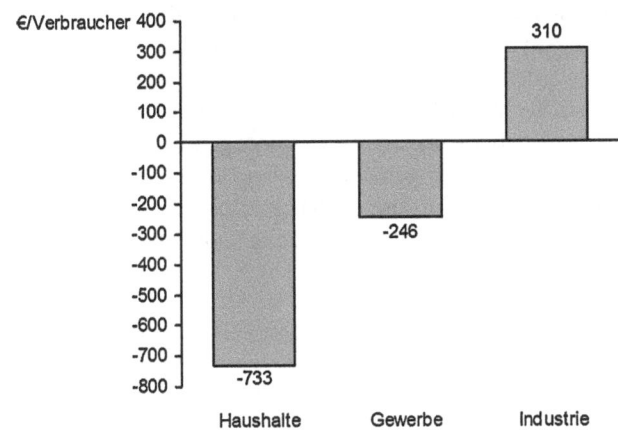

Aus Abbildung 8 wird deutlich, dass Demand Response zur Teilnahme am Minutenreservemarkt nur mit Industrieverbrauchern eine sinnvolle Investition darstellt. Dabei muss jedoch beachtet werden, dass die Berechnungen auf dem durchschnittlichen Demand Response Potential der Verbrauchergruppen basieren. Da sich dieses Potential gerade im Bereich GHD stark zwischen den einzelnen Verbrauchern unterscheiden kann, ist auch bei Gewerbekunden eine wirtschaftliche Umsetzung denkbar. Hier ist jedoch ein selektives Vorgehen nötig, um die geeigneten Verbraucher zu identifizieren und das Demand Response Potential gezielt nutzen zu können. Eine flächendeckende Umsetzung ist nach den Ergebnissen aus Abbildung 8 nicht sinnvoll. Eine Umsetzung von Demand Response mit Haushaltskunden erscheint unter den aktuellen Rahmenbedingungen generell nicht wirtschaftlich möglich zu sein.

2.3.2. Demand Response im Netzbetrieb

2.3.2.1. Geschäftsmodell

Nachdem die Möglichkeiten zur Umsetzung von Demand Response aus Vertriebsperspektive dargestellt wurden, liegt der Fokus im Folgenden auf Kosteneinsparungen, die bei Verteilnetzbetreibern durch die Nutzung von Demand Response erzielt werden können.

Zunächst kann Demand Response genutzt werden, um Spitzen der Einspeisung aus erneuerbaren Energien über den Verbrauch im entsprechenden Netzgebiet auszugleichen. Somit wird die Vermeidung von Betriebsmittelüberlastungen oder Spannungshaltungsproblemen ermöglicht, sodass Investitionen in den konventionellen Netzausbau verhindert oder verschoben werden können.[47] Weiterhin kann Demand Response zur Optimierung des Energiebezugs aus vorgelagerten Netzen genutzt werden, indem die Spitzen der gesamten Last des Netzes über flexible Verbraucher reduziert werden.[48] Schließlich kann Demand Response auch von Netzbetreibern im Bilanzkreismanagement eingesetzt werden. Dabei wird der flexible Verbrauch genutzt, um den Bezug von Ausgleichsenergie bei der Bewirtschaftung des Differenzbilanzkreises zu minimieren.[49] Abbildung 9 zeigt eine Übersicht der genannten Nutzungsmöglichkeiten von Demand Response im Netzbetrieb.

Abbildung 9: Demand Response Geschäftsmodell für Verteilnetzbetreiber (Eigene Darstellung).

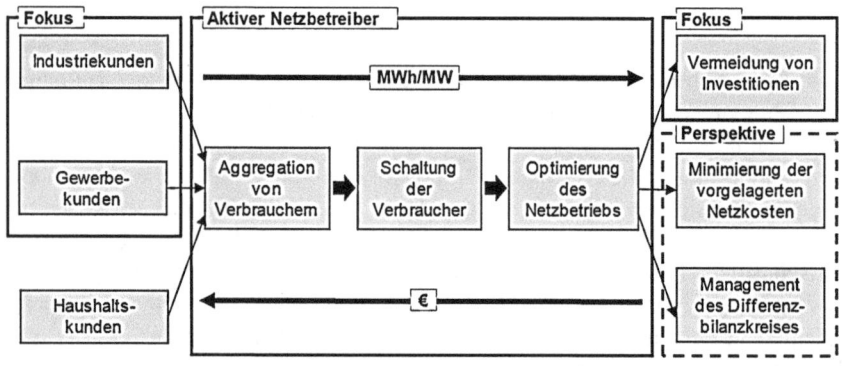

Bei der Bewertung des praktischen Potentials der Anwendungsmöglichkeiten aus Abbildung 9 muss beachtet werden, dass die Anreizregulierung in ihrer aktuellen Form ein zentrales Hindernis für die Umsetzung von Demand Response im Netzbetrieb darstellt. Folglich lässt sich das dargestellte Geschäftsmodell unter den aktuellen Rahmenbedingungen nur schwer umsetzen. Dies liegt vor allem an der fehlenden Anerkennung der Kosten von Demand Response Syste-

---

47   Leprich et al. (2010), S. 81-82.
48   Leprich et al. (2010), S. 81.
49   Jötten et al. (2011), S. 1-2.

men bei der Berechnung der Netzentgelte. Daraus folgt, dass realisierte Kosteneinsparungen, beispielsweise durch niedrigere Kapitalkosten aufgrund von vermiedenen Investitionen, spätestens in der folgenden Regulierungsperiode zu entsprechend niedrigeren Netzentgelten und damit niedrigeren Einnahmen führen.[50]

2.3.2.2. Bewertung des Geschäftsmodells

In diesem Abschnitt wird die Wirschaftlichkeit des Einsatzes von Demand Response im Netzbetrieb weiter untersucht. Der Fokus liegt dabei auf der Vermeidung von Netzinvestitionen, da diese Anwendung von Demand Response eine entscheidende Rolle im Rahmen der deutschen Energiewende spielen kann. Folglich ist eine entscheidende Frage, ob die Vermeidung von Investitionen mit Demand Response rentabel umgesetzt werden kann, sodass eine Anpassung der regulatorischen Rahmenbedingungen zur Förderung von Demand Response sinnvoll ist. Im Folgenden werden die Methodik und die Ergebnisse der Berechnungen diskutiert.

Zur Beurteilung der Wirtschaftlichkeit wird der NPV von Aufbau und Betrieb eines Demand Response Systems mit den Investitionskosten von elektrischen Betriebsmitteln verglichen. Dabei wird angenommen, dass ein Netzengpass, der durch dezentrale Einspeisung in der Mittelspannungsebene entsteht, durch Demand Response vermieden werden kann. Dies wird erreicht, indem der lokale Stromverbrauch kurzfristig erhöht wird. Das Potential zur Erhöhung des Verbrauchs entspricht dabei den in Abschnitt 2.1. dargestellten durchschnittlichen Werten für die verschiedenen Verbrauchergruppen. Zusätzlich wird angenommen, dass die Überlastung nur an wenigen Stunden im Jahr auftritt und durch eine Erhöhung der Verbraucherlast um 10 MW ausgeglichen werden kann. Dieser Wert entspricht etwa einem Viertel der typischen Nennleistung von HS/MS-Transformatoren.[51]

Die Annahmen zu den Investitionskosten und den Betriebskosten der benötigten IT-Infrastruktur des Demand Response Systems entsprechen den bereits in Abschnitt 2.3.1.2. erläuterten Werten. Bei der Vergütung der teilnehmenden Verbraucher wird eine Zahlung von 10 € pro Tag für jedes MW Leistung angenommen, das durch Demand Response genutzt werden kann. Die Investitionskosten der betrachteten elektrischen Betriebsmittel betragen ca. 1 Mio. € für HS/MS-Transformatoren sowie 65.000 € pro km Mittelspannungskabel.[52] Analog zu Abschnitt 2.3.1.2.wird der Betrachtungszeitraum mit 15 Jahren und der

50   Leprich et al. (2010), S. 81-82.
51   BDEW (2011), S. 36,
52   BDEW (2011), S. 35.

Diskontierungszinssatz mit 8% angesetzt. Tabelle 2 fasst die verschiedenen Eingangsdaten und Annahmen der Berechnungen zusammen.

Tabelle 2: Eingangsdaten zur Bewertung von Demand Response im Netzbetrieb.

Investitionskosten Smart Meter	200 €/Verbraucher
Investitionskosten Steuerungstechnik	300 €/Verbraucher
Implementierungskosten IT	35 €/Verbraucher
Betriebskosten	30 €/Verbraucher
Vergütung	10€/MW pro Tag
Zinssatz	8%
Laufzeit	15 Jahre

Abbildung 10 stellt den NPV der Investitions- und Betriebskosten eines Demand Response Systems, das die beschriebenen Eigenschaften hat und eine Erhöhung der Last um 10 MW ermöglicht, grafisch dar. Das Ergebnis wird differenziert nach Haushalts-, Gewerbe- und Industriekunden dargestellt. Dabei wird jeweils angenommen, dass ausschließlich die entsprechende Kundengruppe in das Demand Response System eingebunden wird. Als Referenzwert sind zusätzlich die Investitionskosten für einen HS/MS-Transformator und für die Verlegung von 10 km Mittelspannungskabel dargestellt.

Abbildung 10: Vergleich der Kosten von Demand Response Systemen zur Vermeidung von Netzinvestitionen differenziert nach Verbrauchergruppen (Eigene Darstellung).

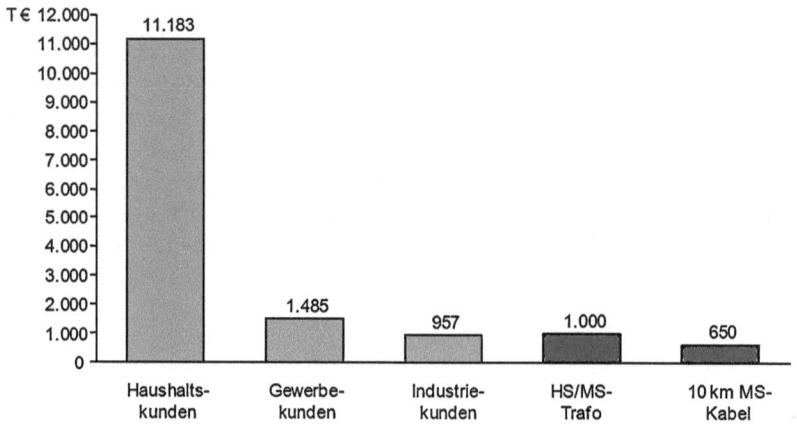

Vergleicht man die in Abbildung 10 dargestellten Werte mit den alternativen Investitionskosten für Mittelspannungskabel und Transformatoren, wird erneut deutlich, dass die Umsetzung von Demand Response mit Haushaltskunden nicht wirtschaftlich realisierbar ist. Eine Umsetzung mit Gewerbe- und Industriekunden erscheint dagegen grundsätzlich möglich. Dabei zeigt sich abermals, dass gerade bei Gewerbekunden ein selektives Vorgehen bei der Ausnutzung des Demand Response Potentials nötig ist, um eine wirtschaftliche Umsetzung von Demand Response zu ermöglichen. Bei der Beurteilung der Ergebnisse muss beachtet werden, dass eine endgültige Bewertung der Wirtschaftlichkeit von Demand Response nur unter Berücksichtigung der speziellen Eigenschaften und Probleme des entsprechenden Netzes möglich ist. In der Tendenz sind die Ergebnisse jedoch plausibel und zeigen erneut, dass eine flächendeckende Einführung von Demand Response unter Einbeziehung von Haushalten nicht sinnvoll ist.

3. Empirische Untersuchung des Potentials von Demand Response

Nachdem in Abschnitt 2 verschiedene Analysen durchgeführt wurden, um das Potential von Demand Response aus technischer, energiewirtschaftlicher und betriebswirtschaftlicher Perspektive zu untersuchen, werden diese Erkenntnisse im Folgenden auf Basis einer Unternehmensbefragung empirisch geprüft und vertieft. Dabei soll ermittelt werden, wie in der Praxis das allgemeine Potential von Demand Response im Rahmen der Energiewende eingeschätzt wird und ob eine Umsetzung von Entscheidungsträgern in Energieversorgungsunternehmen und Netzbetreibern als realistisch gesehen wird. In diesem Zusammenhang ist auch interessant, welche Hindernisse für die Umsetzung von Demand Response gesehen werden. Im Folgenden werden zunächst Arbeitshypothesen abgeleitet, die als Grundlage der Befragung dienen. Darauf aufbauend werden die Stichprobe sowie die Ergebnisse der Befragung diskutiert.

3.1. Ableitung von Hypothesen

In Abschnitt 2 wurde gezeigt, dass Demand Response einen Beitrag zur Integration von erneuerbaren Energien in das Stromversorgungssystem leisten kann, da Investitionen in Spitzenlastkraftwerke und Stromspeicher sowie Engpässe in den Stromnetzen vermieden werden können. Zudem zeigen die Ergebnisse aus Abschnitt 2.3, dass die Umsetzung von Demand Response zumindest mit Industrieverbrauchern wirtschaftlich realisierbar ist. Folglich ist Demand Response als Teil eines Maßnahmenkatalogs ein geeignetes Mittel zur verbesserten Integration von erneuerbaren Energien in die Stromversorgung. Damit kann Demand Response einen entscheidenden Baustein im zukünftigen dezentralisierten Stromversorgungssystem bilden.

Ein weiteres Ergebnis aus Abschnitt 2 ist, dass die wirtschaftliche Attraktivität der Umsetzung von Demand Response mit Privathaushalten gering ist. Zwar ist das gesamte technische Potential der Haushalte hoch, das niedrige Potential eines einzelnen Haushalts macht die Umsetzung jedoch sehr kostenintensiv, sodass eine wirtschaftliche Realisierung unter den aktuellen technischen Rahmenbedingungen nicht möglich ist. Vielversprechender ist dagegen die Nutzung des Potentials bei Industrie- und Gewerbeverbrauchern. Daraus folgt, dass die flächendeckende Einführung von Smart Metern und variablen Tarifmodellen für Haushalte aufgrund der extrem hohen Investitionskosten nicht sinnvoll ist. Zudem ist das Potential für Kosteneinsparungen in Haushalten niedrig, sodass sowohl das Interesse als auch die Teilnahmebereitschaft der Verbraucher begrenzt sein dürften.

In Abschnitt 2 wurde weiterhin gezeigt, dass Demand Response durch die selektive Auswahl von geeigneten Verbrauchern aus Gewerbe und Industrie, die aggregiert und zentral gesteuert werden, umgesetzt werden kann. Dies ist technisch auf Basis der aktuellen Kommunikations-, Steuerungs- und Messtechnik möglich, außerdem existiert mit dem Markt für Minutenreserve eine attraktive Möglichkeit zur Vermarktung der schaltbaren Lasten. Perspektivisch existieren darüber hinaus weitere Vermarktungsoptionen, wie der Sekundärregelmarkt oder der Spotmarkt.

Schließlich wurde in Abschnitt 2 gezeigt, dass Demand Response auch im Netzbetrieb eingesetzt werden kann, um die Belastungen der Netzinfrastruktur, die durch dezentrale Stromerzeugungsanlagen entstehen, über den Stromverbrauch auszugleichen. Damit können Investitionen eingespart und der Betrieb des Netzes optimiert werden. Problematisch ist jedoch, dass Demand Response Systeme innerhalb der aktuellen regulatorischen Rahmenbedingungen nur schwer abgebildet werden können. Aus den beschriebenen Erkenntnissen von Abschnitt 2 ergeben sich die folgenden Hypothesen für die Unternehmensbefragung.

1. Demand Response wird in Zukunft einen entscheidenden Baustein in einem dezentralisierten und intelligenten Energieversorgungssystem bilden.
2. Es existiert ein hohes praktisches Potential für Demand Response bei Industrie- und Gewerbeverbrauchern.
3. Die zentrale Steuerung von Lasten ist auf Basis bestehender Technik realisierbar und eine Möglichkeit zur Nutzung des Demand Response Potentials in Gewerbe und Industrie.

4. Die durch direkte Laststeuerung verfügbaren Demand Response Kapazitäten können als Minutenreserve vermarktet werden. Perspektivisch ist auch eine Teilnahme am Sekundärregel- und Spotmarkt sowie die Nutzung im Bilanzkreismanagement denkbar.

5. Verteilnetzbetreiber können Demand Response zur effizienten Integration von erneuerbaren Energien in das Netz nutzen.

6. Verteilnetzbetreiber können durch Demand Response Kosten einsparen, da Investitionen vermieden werden können und der Netzbetrieb optimiert werden kann.

7. Unter den aktuellen regulatorischen Rahmenbedingungen werden keine Anreize für die Umsetzung von Demand Response im Verteilnetz gesetzt.

Auf Basis der genannten Hypothesen wurde jeweils ein Fragebogen für Stromversorger und Netzbetreiber entworfen. Im folgenden Abschnitt wird der Rücklauf der Befragung diskutiert.

3.2. Rücklauf

Insgesamt wurde der Fragebogen an 189 Unternehmen gesendet. Bei 47 der kontaktierten Personen war entweder die Einladung zur Umfrage unzustellbar oder die Teilnahme an der Umfrage wurde abgelehnt. 109 der Ansprechpartner reagierten weder auf die versendete Einladung noch auf die Erinnerung zur Teilnahme an der Befragung. In Summe ergeben sich damit 33 beantwortete Fragebögen. Bezogen auf die Anzahl der insgesamt versendeten Fragebögen entspricht dies einer Rücklaufquote von 17%. Differenziert nach den beiden verschiedenen Fragebögen beträgt die Anzahl der Antworten 23 beim Fragebogen für Netzbetreiber und 10 beim Fragebogen für den Vertrieb. Die entsprechenden Rücklaufquoten betragen 22% bei den Netzbetreibern und 12% bei Energieversorgern bzw. im Vertrieb. Abbildung 11 stellt die Rücklaufstatistik der zwei Fragebögen grafisch dar.

90

Abbildung 11: Rücklaufquote der Fragebögen für Netzbetreiber und Vertrieb (Eigene Darstellung).

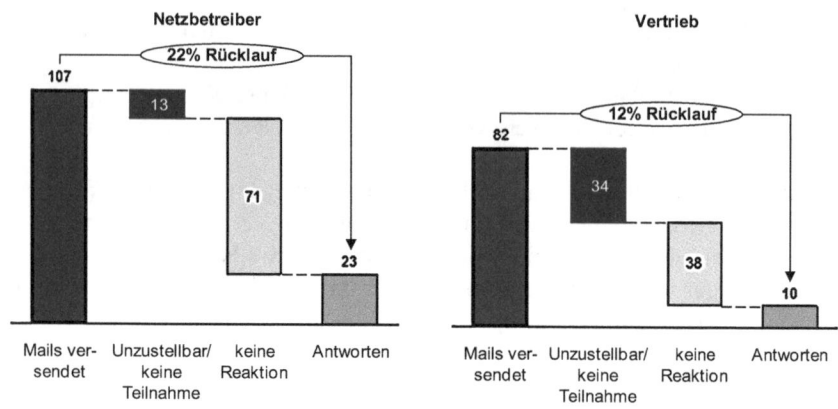

Zur besseren Beurteilung der Güte der erhobenen Daten zeigt Abbildung 12 zusätzlich den Anteil, den die befragten Unternehmen am gesamten deutschen Verteilnetz und Elektrizitätsmarkt ausmachen. Für die Verteilnetzbetreiber werden dabei die Anzahl der Entnahmestellen sowie die Länge des Netzes als Vergleichsgrößen gewählt. Die Vertriebsgesellschaften werden über den Umsatz der Elektrizitätssparte und die abgesetzte Menge Elektrizität eingeordnet.

Abbildung 12: Anteil der befragten Unternehmen am deutschen Verteilnetz und Elektrizitätsmarkt (Eigene Darstellung auf Basis von Unternehmensdaten, BNetzA (2011c) und Statistisches Bundesamt (2012c)).

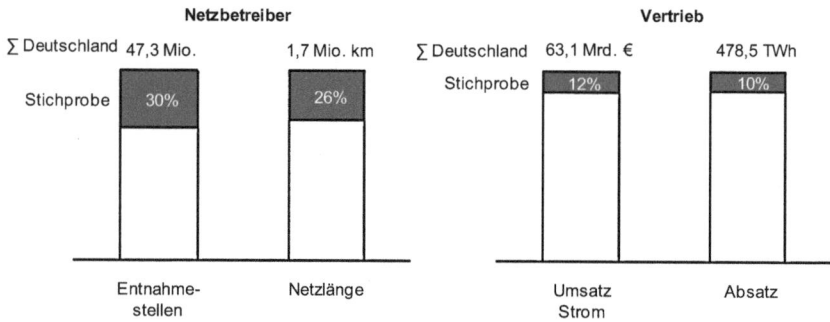

Abbildung 12 zeigt, dass die Umfrageteilnehmer zusammen etwa 30% des deutschen Verteilnetzes betreiben sowie etwa 10% des deutschen Elektrizitätsmarktes abbilden. Weiterhin zeigt Abbildung 13, dass die Teilnehmer Unternehmen verschiedener Größenklassen repräsentieren. Die Netzbetreiber werden dabei nach den Entnahmestellen im Netz und die Vertriebsgesellschaften nach dem Umsatz klassifiziert. Insgesamt kann damit festgestellt werden, dass die Umfrageteilnehmer einen relativ breiten Querschnitt des für Demand Response relevanten Teils des deutschen Elektrizitätsmarktes abbilden.

Abbildung 13: Klassifizierung der Umfrageteilnehmer nach Unternehmensgröße (Eigene Darstellung).

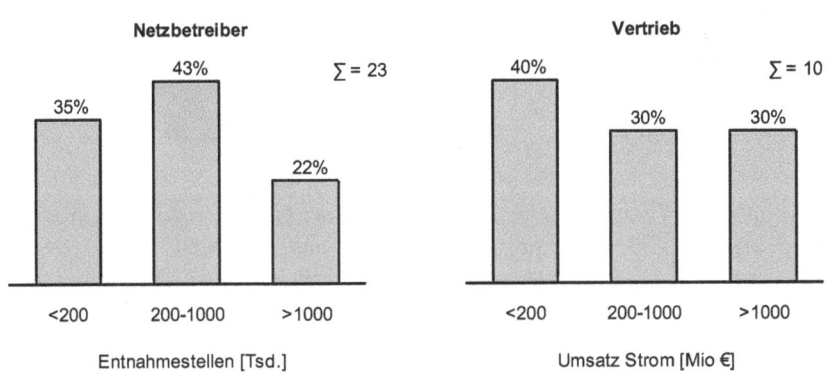

3.3. Ergebnisse der Befragung

Im Folgenden werden die Ergebnisse der Befragung dargestellt. Die Diskussion folgt dabei der in Abschnitt 3.1 erläuterten Struktur der Arbeitshypothesen.

3.3.1. Zukünftige Rolle von Demand Response

In Abschnitt 3.1 wurde die These aufgestellt, dass Demand Response in Zukunft eine entscheidende Rolle im Stromversorgungssystem einnimmt und die Integration von erneuerbaren Energien erleichtern kann. Vor diesem Hintergrund wurden die Umfrageteilnehmer um eine Einschätzung des zukünftigen Verbreitungsgrades von Demand Response gebeten. Darüber hinaus sollte angegeben werden, welche Akteure des Strommarktes als Treiber von Demand Response gesehen werden. Dies ist von Interesse, da Demand Response grundsätzlich sowohl von Netzbetreibern, Energieversorgern bzw. Vertriebsgesellschaften als auch von branchenfremden Drittanbietern umgesetzt werden kann. Die Antworten der befragten Unternehmen sind in Abbildung 14 dargestellt.

Abbildung 14: Zukünftiger Verbreitungsgrad und Treiber von Demand Response, N=33 (Eigene Darstellung).

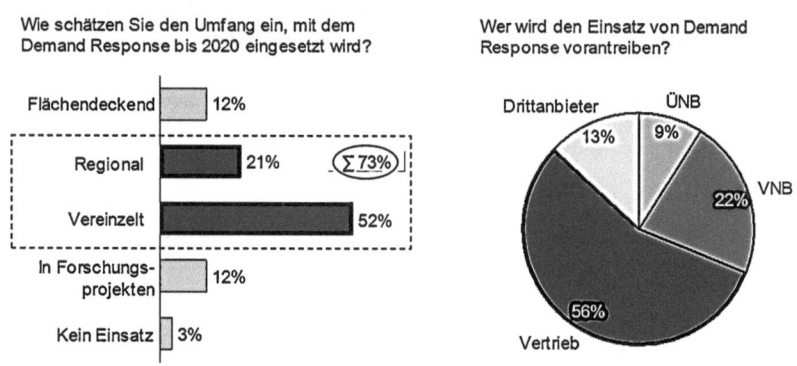

Abbildung 14 zeigt, dass die klare Mehrheit der Befragten vom kommerziellen Einsatz von Demand Response im Jahr 2020 ausgeht. Nur 15% sind der Ansicht, dass Demand Response auf Forschungsprojekte beschränkt bleibt oder nicht eingesetzt wird. Gleichzeitig gehen jedoch nur 12% der Umfrageteilnehmer von einem flächendeckenden Einsatz aus. Knapp 75% der Befragten rechnen folglich damit, dass die Umsetzung von Demand Response bis 2020 nur vereinzelt erfolgt oder regional beschränkt bleiben wird.

Weiterhin zeigt Abbildung 14, dass Demand Response von der Mehrheit der Befragten als Vertriebsthema gesehen wird. Dabei stimmen sowohl die befragten Netzbetreiber als auch die befragten Vertriebsgesellschaften überein, dass weder Netzbetreiber noch Drittanbieter die entscheidenden Treiber für Demand Response darstellen werden. Dies ist insbesondere vor der in Abbildung 15 dargestellten Einschätzung des zentralen Nutzens von Demand Response bemerkenswert, da die Mehrheit der Befragten gerade in der Entlastung der Verteilnetze den entscheidenden Nutzen von Demand Response sieht. Insgesamt entsprechen die Ergebnisse aus Abbildung 15 den in Abschnitt 2 dargestellten Vorteilen von Demand Response bei der Integration erneuerbarer Energien. Dabei wird die Vermeidung von Investitionen in Speichertechnologien durch Demand Response jedoch von den Umfrageteilnehmern als eher zweitrangig eingeschätzt.

Abbildung 15: Zentraler Nutzen von Demand Response, N=33 (Eigene Darstellung).

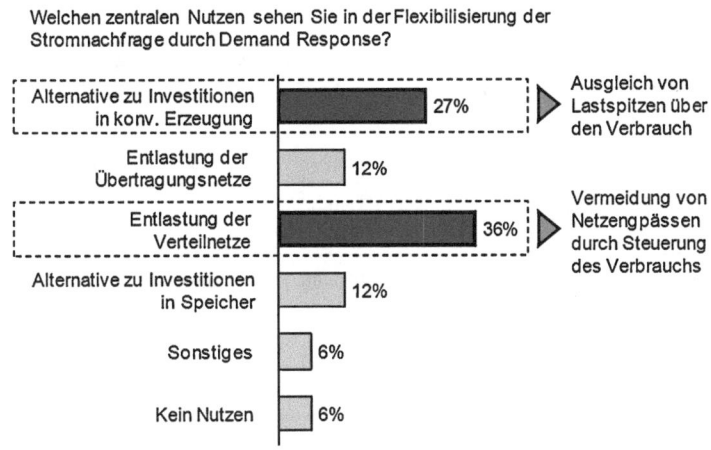

Zusammenfassend kann festgestellt werden, dass die Befragten den Nutzen von Demand Response bestätigen und mehrheitlich von einem kommerziellen Einsatz von Demand Response bis 2020 ausgehen. Damit sind die Umfrageergebnisse mit der ersten der in Abschnitt 3.1 formulierten Hypothesen konsistent.

3.3.2. Technisches Demand Response Potential

Ein zentrales Ergebnis aus Abschnitt 2 ist, dass die Realisierung von Demand Response vor allem mit Industrie- und Gewerbeverbrauchern attraktiv ist. Für Haushaltskunden ist die Umsetzung nicht wirtschaftlich möglich, da das nutzbare Demand Response Potential eines einzelnen Haushalts zu gering ist und somit die spezifischen Investitionskosten im Vergleich zu Industrie- und Gewerbekunden extrem hoch sind. Zur Prüfung dieser Hypothese wurden die Umfrageteilnehmer gefragt, wie hoch sie den Anteil des durch Demand Response verschiebbaren Stromverbrauchs bei ihren Kunden bzw. bei den Verbrauchern in ihrem Netzgebiet einschätzen. Abbildung 16 stellt das Umfrageergebnis dieser Frage grafisch dar.

Abbildung 16: Anteil des verschiebbaren Stromverbrauchs bei Haushalts-, Gewerbe und In-

dustriekunden, N=33 (Eigene Darstellung).

Wie hoch schätzen Sie den Anteil des verschiebbaren Stromverbrauchs bei den von Ihnen belieferten Verbrauchern?

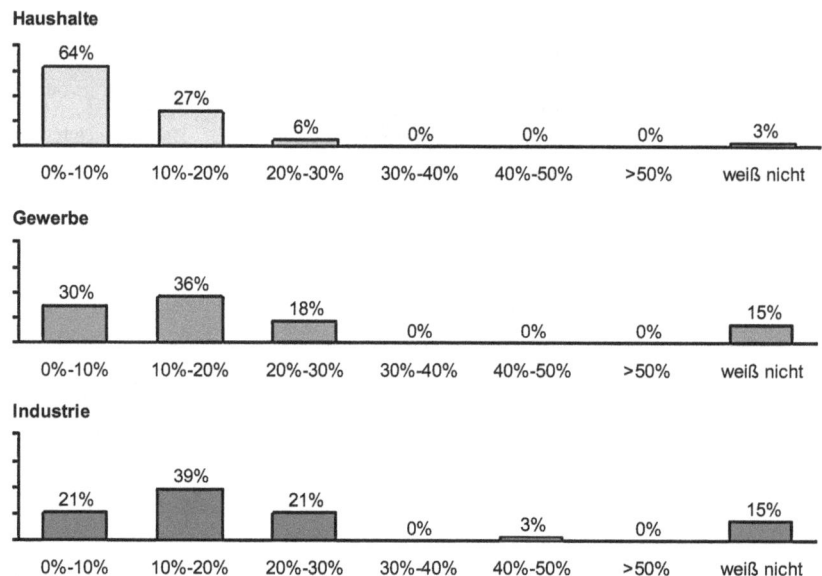

Abbildung 16 zeigt, dass die überwiegende Mehrheit der Befragten den verschiebbaren Anteil des Stromverbrauchs bei Haushaltskunden im Bereich von 0% bis 10% schätzt. Bei Industrie- und Gewerbeverbrauchern geht dagegen mehr als die Hälfte der Befragten von einem verschiebbaren Anteil von 10% bis 20 % oder höher aus. Damit wird die eingangs formulierte Hypothese von den Umfrageteilnehmern bestätigt.

3.3.3. Herausforderungen bei der Umsetzung von direkter Laststeuerung

Die direkte Steuerung von Verbrauchern ist eine vielversprechende Möglichkeit zur Umsetzung von Demand Response. Da der Aufbau eines solchen Demand Response Systems komplex ist, wurden die befragten Unternehmen um eine Einschätzung der zentralen Herausforderung bei der Realisierung von direkter Laststeuerung gebeten. Abbildung 17 zeigt die Ergebnisse.

Abbildung 17: Zentrale Herausforderung bei der Umsetzung von direkter Laststeuerung,

N=33 (Eigene Darstellung).

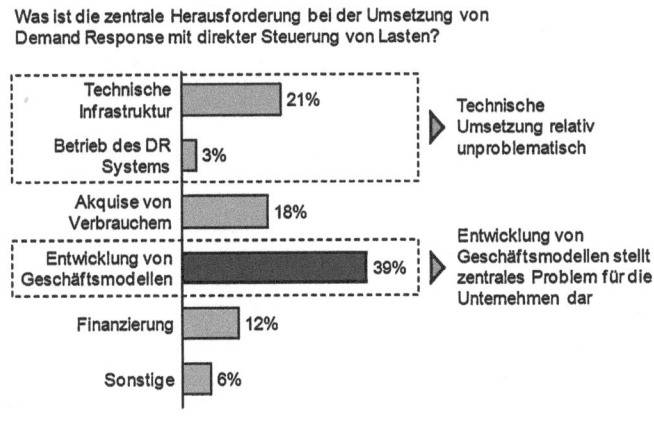

Abbildung 17 verdeutlicht, dass die Entwicklung von profitablen Ge-schäftsmodellen bei den befragten Unternehmen als das zentrale Problem bei der Umsetzung von Demand Response wahrgenommen wird. Dies ist sowohl bei den befragten Netzbetreibern als auch bei den befragten Vertriebsgesellschaften eine der meistgenannten Antworten. Technische Aspekte, wie der Aufbau der erforderlichen Infrastruktur und der Betrieb des Demand Response Systems, werden dagegen als deutlich unproblematischer eingeschätzt. Dieses Ergebnis spricht zum einen für die in Abschnitt 3.1 formulierte Hypothese, dass die tech-nische Umsetzung von Demand Response relativ problemlos möglich ist, zum anderen werden die schwierigen Rahmenbedingungen für die Umsetzung von Demand Response für Netzbetreiber deutlich. Überraschend ist dagegen, dass auch die befragten Vertriebsgesellschaften die Entwicklung von Geschäftsmo-dellen als primäre Herausforderung sehen, da, wie in Abschnitt 2.3.1 beschrie-ben, bereits Drittanbieter existieren, die beispielsweise die Teilnahme am Minu-tenreservemarkt mit Demand Response umsetzen. Die Ergebnisse sprechen also dafür, dass die bestehenden Vermarktungsoptionen direkt gesteuerter Lasten von den deutschen Energieversorgern und Stadtwerken kritisch gesehen werden. Dies wird im folgenden Abschnitt weiter vertieft.

3.3.4. Vermarktung direkt gesteuerter Lasten

Ausgehend von den in Abschnitt 2.3.1 erläuterten Vermarktungsoptionen für Demand Response aus Vertriebsperspektive wurde die Hypothese aufgestellt, dass vor allem die Teilnahme am Minutenreservemarkt eine wirtschaftlich attraktive Möglichkeit zur Umsetzung von Demand Response darstellt. Vor diesem Hintergrund wurden die befragten Vertriebsgesellschaften zur Bewertung der in Abbildung 18 dargestellten Aussagen gebeten.

Abbildung 18: Bewertung der Vermarktungsoptionen für direkt gesteuerte Lasten, N=10 (Eigene Darstellung).

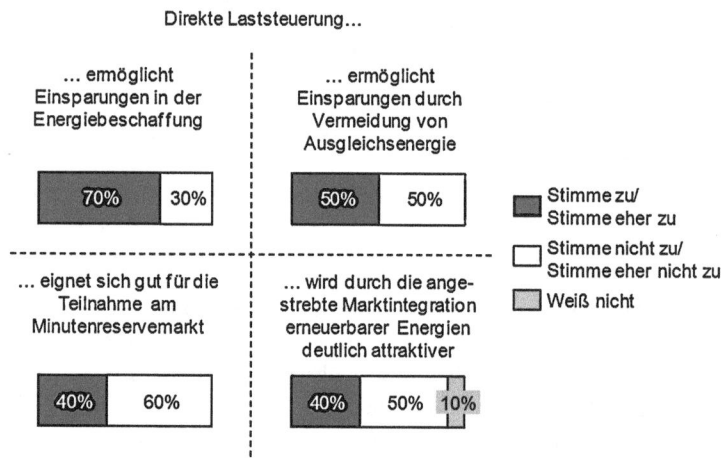

Abbildung 18 zeigt, dass die befragten Unternehmen vor allem Potential in der Beschaffungsoptimierung durch Demand Response Potential sehen. Der Einsatz im Bilanzkreismanagement zur Vermeidung von Ausgleichsenergie sowie die Teilnahme am Minutenreservemarkt mit direkt gesteuerten Lasten werden dagegen kritischer bewertet. Auch eine stärkere Marktintegration von erneuerbaren Energien wird von der Mehrheit der befragten Unternehmen nicht als zusätzlicher Treiber für den Einsatz von Demand Response im Vertrieb erachtet. Damit wird die Hypothese, dass Demand Response vor allem für die Teilnahme am Minutenreservemarkt geeignet ist, nicht bestätigt. Insgesamt stehen die Befragten dem Einsatz von Demand Response im Vertrieb eher kritisch gegenüber.

3.3.5. Demand Response zur Integration erneuerbarer Energien in die Verteilnetze

Die Verteilnetze sind im Rahmen der Energiewende von entscheidender Bedeutung, da der überwiegende Teil der erneuerbaren Energien in die Nieder-, Mittel- und Hochspannungsebene einspeist. Im Rahmen dieser Arbeit wurde die Hypothese aufgestellt, dass Demand Response einen Beitrag zur erleichterten Integration von erneuerbaren Energien in die Verteilnetze leisten kann. Vor diesem Hintergrund ist zunächst von Interesse, in welchem Ausmaß Netzengpässe durch den vermehrten Zubau der erneuerbaren Energien zu erwarten sind. Abbildung 19 zeigt die Situation und den zukünftigen Handlungsbedarf in den Netzen der Umfrageteilnehmer.

Abbildung 19: Erwartete Engpässe verursacht durch den Zubau erneuerbarer Energien in den Verteilnetzen der Umfrageteilnehmer, N=22 (Eigene Darstellung).

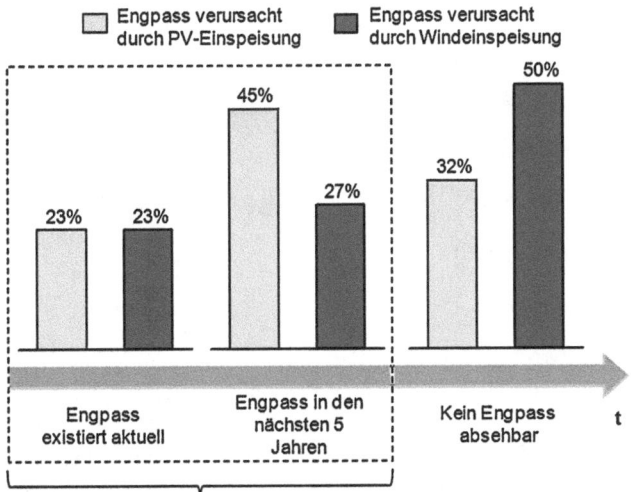

Abbildung 19 zeigt, dass bei ca. einem Viertel der befragten Verteilnetzbetreiber bereits aktuell Netzengpässe auftreten, die einen Ausbau des Netzes erforderlich machen und sowohl durch Photovoltaik als auch Windeinspeisung verursacht werden. Zudem wird deutlich, dass sich die Situation in den nächsten 5 Jahren deutlich verschärfen wird, da hier bereits knapp 70% der Befragten

Probleme durch PV-Anlagen erwarten. Die Hälfte der Befragten erwartet in diesem Zeitraum zudem Netzengpässe durch Windeinspeisung. Damit bestätigen die Umfrageergebnisse die erwarteten Integrationsproblematiken und verdeutlichen, dass zur Vermeidung der Engpässe in den nächsten Jahren ein enormer Investitionsbedarf in den Verteilnetzen entsteht. Gleichzeitig spricht dies für alternative Konzepte wie Demand Response, die eine effiziente Integration erneuerbarer Energien und die Vermeidung von klassischem Netzausbau versprechen. Auf der dargestellten Problematik aufbauend wurden die befragten Netzbetreiber um eine Bewertung des Potentials von Demand Response zur Vermeidung von Netzengpässen und Investitionen gebeten. Die Antworten sind in Abbildung 20 zusammengefasst.

Abbildung 20: Vermeidung von Netzinvestitionen durch Demand Response, N=23 (Eigene Darstellung).

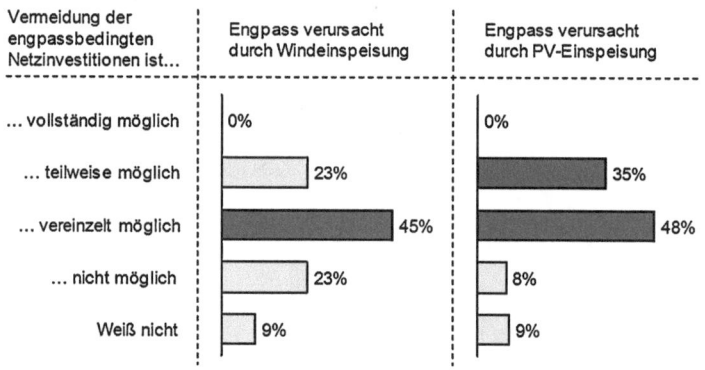

Aus Abbildung 20 wird deutlich, dass die Befragten die Vermeidung von Investitionen durch Demand Response grundsätzlich für möglich halten. Insgesamt wird Demand Response jedoch als Lösung gesehen, die nur vereinzelt oder teilweise umgesetzt werden kann. Der Grund liegt vor allem in den hohen Anforderungen an die lokale Verfügbarkeit geeigneter Verbraucher in den kritischen Netzbereichen. Weiterhin zeigt Abbildung 20, dass die befragten Unternehmen die Vermeidung von Engpässen, die durch PV-Einspeisung verursacht werden, positiver bewerten. Eine mögliche Erklärung ist hier die bessere Prognostizierbarkeit der Erzeugungsspitzen, die in der Regel um die Mittagszeit auftreten, und somit eine bessere Planbarkeit der erforderlichen verbrauchsseiti-gen Maßnahmen ermöglichen.[53]

Insgesamt wird die These, dass Demand Response einen Beitrag zur effizi-enten Integration erneuerbarer Energien in die Verteilnetze leisten kann bestä-tigt, die Befragten bewerten Demand Response jedoch mehrheitlich als Lösung, die nur vereinzelt zum Einsatz kommen wird.

3.3.6. Kostensenkungen im Netzbetrieb durch Demand Response

Neben der Vermeidung von Investitionen ist auch der Einfluss von Demand Response auf verschiedene Kostenpositionen der Netzbetreiber von Interesse. Um dies zu untersuchen, wurden die Umfrageteilnehmer zur Bewertung ver-schiedener Aussagen gebeten, die den Einfluss von Demand Response auf die Kosten des Netzbetriebs thematisieren. Dabei werden die bereits in Abschnitt 2.3.2 erläuterten Möglichkeiten zur Optimierung des Netzbetriebs aufgegriffen. Die Ergebnisse sind in Abbildung 21 dargestellt.

Abbildung 21: Einfluss von Demand Response auf verschiedene Kostenpositionen der Netzbe-treiber, N=23 (Eigene Darstellung).

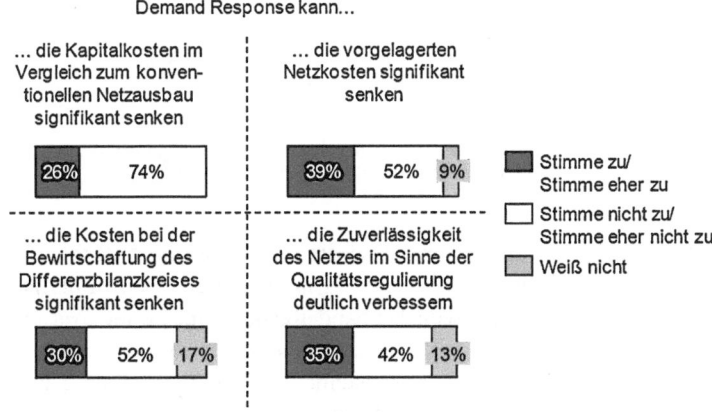

Abbildung 21 zeigt, dass die befragten Netzbetreiber mehrheitlich nicht von einer signifikanten Reduzierung der Netzkosten durch den Einsatz von Demand

---

53   Nestle/Ringelstein (2009), S. 9-10.

Response ausgehen. Am positivsten wird dabei noch die Minderung der vorgelagerten Netzkosten bewertet. Insgesamt wird die Hypothese, dass Demand Response die Kosten des Netzbetriebs signifikant senken kann, jedoch nicht bestätigt.

3.3.7. Anreizregulierung und Demand Response

Im Rahmen dieser Arbeit wurde bereits mehrfach die Hypothese aufgestellt, dass die aktuellen regulatorischen Rahmenbedingungen hinderlich für die Umsetzung von Demand Response sind. Um dies zu beurteilen, wurden die befragten Netzbetreiber um ihre Einschätzung zu dieser Thematik gebeten. Zudem konnten in einer offen gestellten Frage Vorschläge für Anpassungen der Anreizregulierung zur Steigerung der Attraktivität von Investitionen in Demand Response Systeme festgehalten werden. Die Ergebnisse werden im Folgenden diskutiert.

Abbildung 22: Wirkung der Anreizregulierung auf die Attraktivität von Investitionen in Demand Response Systeme, N=23 (Eigene Darstellung).

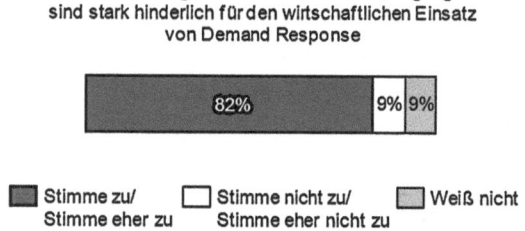

Abbildung 22 verdeutlicht, dass die überwiegende Mehrheit der befragten Netzbetreiber die Anreizregulierung in ihrer aktuellen Form als zentrales Hindernis für die Umsetzung von Demand Response bewertet. Als möglicher Lösungsansatz wurde von den Umfrageteilnehmern die volle Anerkennung der Kosten von Demand Response Systemen bei der Berechnung der Netzkosten ohne den üblichen Zeitversatz von mehreren Jahren genannt. Dabei müssen neben den Investitionskosten auch die zusätzlichen Personalkosten sowie die Kosten für die Vergütung der teilnehmenden Verbraucher ausdrücklich von der Bundesnetzagentur anerkannt werden. Eine weitere genannte Möglichkeit zur Schaffung von Anreizen für Investitionen in Demand Response ist ein Bonus auf die garantierte Eigenkapitalverzinsung von Demand Response Investitionen oder sogar generell von Investitionen in intelligente Netztechnik. Insgesamt kann festgestellt werden, dass die eingangs formulierten Erwartungen bezüglich der hemmenden Wirkung der Anreizregulierung klar bestätigt werden.

4. Fazit

Der zunehmende Ausbau der volatilen Stromerzeugung aus Wind- und Solarenergie verursacht einen steigenden Bedarf an Flexibilität im Stromversorgungssystem, der durch den konventionellen Kraftwerkspark und durch Stromspeicher abgedeckt werden muss. Zudem erfordern die veränderten Lastflüsse Ausbaumaßnahmen bei den Stromnetzen. Um die Integration der erneuerbaren Energien in das Stromversorgungssystem zu erleichtern, wird auch die Erschließung von Flexibilitätspotential bei den Stromverbrauchern angestrebt. Maßnahmen, die dies umsetzen, werden unter dem Begriff Demand Response zusammengefasst. Der so flexibilisierte Stromverbrauch kann genutzt werden, um Investitionen in Spitzenlastkraftwerke und Stromspeicher zu vermeiden oder um die Verteilnetze zu entlasten. Im Rahmen dieser Arbeit wurde das Potential von Demand Response in Deutschland aus technischer, energiewirtschaftlicher und betriebswirtschaftlicher Perspektive analysiert. Darauf aufbauend wurde im Rahmen einer Unternehmensbefragung die praktische Bedeutung von Demand Response untersucht.

Das gesamte theoretische Potential, das sich für Demand Response in Deutschland ergibt, beträgt etwa 50 GW für die Zuschaltung und 15 GW für die Abschaltung von Lasten. Den größten Anteil haben dabei die Haushalte, die jeweils etwa die Hälfte der genannten Werte ausmachen. Dabei muss jedoch beachtet werden, dass die durchschnittlich nutzbare Leistung eines einzelnen Haushalts klein ist. Um eine hohe variable Last zu erschließen, müssen somit viele Haushalte mit Mess- und Steuerungstechnik ausgestattet werden, sodass die Investitionskosten hoch sind. Die Nutzung des Potentials in Gewerbe und Industrie sollte dementsprechend Priorität haben, da die spezifischen Investitionskosten hier wesentlich geringer sind.

Das in Gewerbe und Industrie realisierbare Demand Response Potential beträgt etwa 9 GW für die Abschaltung und 19 GW für die Zuschaltung von Lasten. Im Rahmen dieser Arbeit wurde gezeigt, dass sich auf Basis dieses Potentials der Spitzenlastbedarf um bis zu 1,5 GW reduzieren lässt. Der Bedarf an Stromspeichern kann sogar um bis zu 3,5 GW verringert werden. Zur Umsetzung dieses Potentials sind profitable Geschäftsmodelle erforderlich. Aus diesem Grund wurden verschiedene Vermarktungs- und Nutzungsmöglichkeiten von Demand Response vorgestellt und bewertet. Es wurde gezeigt, dass aus

Vertriebsperspektive vor allem die Teilnahme am Markt für Minutenreserve attraktiv ist. Netzbetreiber können Demand Response nutzen, um den Investitionsbedarf in ihrem Netz zu reduzieren. Insgesamt konnte dabei bestätigt werden, dass diese Anwendungen von Demand Response ausschließlich mit Gewerbe- und Industrieverbrauchern wirtschaftlich realisierbar sind.

Die beschriebenen Ergebnisse wurden auf Basis einer Befragung von 33 Entscheidungsträgern bei deutschen Energieversorgungsunternehmen und Netzbetreibern vertieft. Die überwiegende Mehrheit geht dabei vom kommerziellen Einsatz von Demand Response bis 2020 aus, wobei die Befragten eher mit einer vereinzelten und regionalen Umsetzung rechnen. Den zentralen Nutzen von Demand Response sehen die Befragten in der Entlastung der Verteilnetze. Das Hauptproblem bei der Umsetzung wird in der Entwicklung von geeigneten Geschäftsmodellen gesehen. Sowohl die Vermarktung von Demand Response als Minutenreserve als auch die Nutzung zur Kostensenkung im Netzbetrieb werden eher kritisch bewertet. Das nutzbare Demand Response Potential schätzen die Befragten bei Industrie- und Gewerbekunden deutlich höher als bei Haushaltskunden ein. Insgesamt wird somit der Nutzen von Demand Response bestätigt. Die Umsetzung von Demand Response bei Haushalten wird auch von den Umfrageteilnehmern kritisch bewertet.

Bewertet man die Ergebnisse der Arbeit vor dem Hintergrund der aktuellen medialen Diskussionen um Smart Metering und Demand Response in Haushalten, zeigt sich eine deutliche Diskrepanz zwischen der öffentlichen Wahrnehmung und dem praktischen Potential dieser Ansätze. Die Ergebnisse zeigen, dass der Fokus der Diskussionen in Zukunft stärker auf das Flexibilitätspotential bei Gewerbe- und Industrieverbrauchern gerichtet werden sollte. Von entscheidender Bedeutung für die erfolgreiche Umsetzung von Demand Response ist dabei die Schaffung geeigneter Rahmenbedingungen für Netzbetreiber und Energieversorger. Nur unter diesen Voraussetzungen kann das gesamte Potential von Demand Response erschlossen und von den Marktakteuren in profitable Geschäftsmodelle umgesetzt werden. Wird dies umgesetzt, kann Demand Response mit Gewerbe- und Industrieverbrauchern zu einem entscheidenden Baustein der Energiewende werden.

5. Literaturverzeichnis

Agricola, Annegret (2012): Demand Side Management (DSM) in Deutschland – Potenziale und Märkte, Dialogforum Demand Side Management auf dem Strommarkt, Deutsche Energie-Agentur GmbH, Berlin.

Berndt, Holger; Hermann, Mike; Kreye, Horst; Reinisch, Rüdiger; Scherer, Ulrich; Vanzetta, Joachim (2007): TransmissionCode 2007, Netz- und Systemregeln der deutschen Übertragungsnetzbetreiber, Verband der Netzbetreiber e.V., Online verfügbar unter http://www.bdew.de/internet.nsf/id/ A2A0475F2FAE8F44C12578300047C92F/$file/TransmissionCode2007 .pdf, zuletzt geprüft am 07.09.2012.

Beyer, Sven; Keller, Günther (2010): Bewertung von Energieversorgungsunternehmen, in: Drukarczyk, Jochen; Ernst, Dietmar (Hrsg.): Branchenorientierte Unternehmensbewertung, 3. Aufl., Vahlen Verlag, München, S. 401–445.

Brealey, Richard A.; Myers, Stewart C. (2003): Principles of corporate finance, 7. Auflage, McGraw-Hill/Irwin, Boston.

BNetzA (Bundesnetzagentur) (2010): Wettbewerbliche Entwicklungen und Handlungsoptionen im Bereich Zähl- und Messwesen und bei variablen Tarifen, Bonn, Online verfügbar unter http://www.bundesnetzagentur.de/ SharedDocs/Downloads/DE/BNetzA/Sachgebiete/Energie/ Sonderthemen/ BerichtZaehlMesswesen/BerichtZaehlMesswesenpdf.pdf?__blob= publicationFile, zuletzt geprüft am 18.09.2012.

BNetzA (Bundesnetzagentur) (2011): Beschluss BK6-10-099, Bonn, Online verfügbar unter http://www.bundesnetzagentur.de/cln_1912/DE/Die Bundesnetzagentur /Beschlusskammern/1BK-Geschaeftszeichen-Datenbank/BK6/ 2010/BK6-10-000bis100/BK6-10-097bis-099/BK6-10-099_Beschluss.htm, zuletzt geprüft am 13.09.2012.

BDEW (Bundesverband der Energie und Wasserwirtschaft e.V.) (2011): Abschätzung des Ausbaubedarfs in deutschen Verteilnetzen aufgrund von Photovoltaik- und Windeinspeisung bis 2020, Online verfügbar unter http://www.bdew.de/internet.nsf/id/C8713E8E3C658D44C1257864002DD A06/$file/2011-03-30_BDEW-Gutachten%20EEG-bedingter% 20Netzausbaubedarf%20VN.pdf, zuletzt geprüft am 16.09.2012.

dena (Deutsche Energie-Agentur GmbH) (2010): dena-Netzstudie II, Integration erneuerbarer Energien in die deutsche Stromversorgung im Zeitraum 2015-2020 mit Ausblick auf 2025, Berlin, Online verfügbar unter http://www.dena.de/fileadmin/user_upload/Publikationen/Erneuerbare/Dok

umente/Endbericht_dena-Netzstudie_II.PDF, zuletzt geprüft am 11.06.2012.

DoE (U.S. Department of Energy) (2006): Benefits of Demand Response in Electricity Markets and Recommendations for Achieving Them, Online verfügbar unter http://energy.gov/sites/prod/files/oeprod/Documents andMedia/DOE_Benefits_of_Demand_Response_in_Electricity_Markets _and_Recommendations_for_Achieving_Them_Report_to_Congress.pdf, zuletzt geprüft am 11.09.2012.

Elberg, Christina; Growitsch Christian; Höffler, Felix; Richter, Jan; Wambach, Achim (2012): Untersuchungen zu einem zukunftsfähigen Strommarktdesign, Endbericht, Energiewirtschaftliches Institut an der Universität zu Köln, Köln, Online verfügbar unter http://www.bmwi.de/BMWi/Redaktion /PDF/Publikationen/endbericht-untersuchungen-zu-einem-zukunftsfaehigen -strommarktdesign.pdf, zuletzt geprüft am 22.09.2012.

ENTSO-E (European Network of Transmission System Operators for Electricity) (2011): Indicative values for Net Transfer Capacities (NTC) in Continental Europe, Online verfügbar unter https://www.entsoe.eu/ fileadmin/user_upload/_library/ntc/archive/NTC-Values-Winter-2010-2011.pdf, zuletzt geprüft am 15.09.2012.

Franz, Oliver; Wissner, Matthias; Büllingen, Franz; Gries, Christin-Isabel; Cremer, Clemens; Klobasa, Marian; Sensfuß, Frank; Kimpeler, Simone; Baier, Elisabeth; Lindner, Tobias; Schäffler, Harald; Roth, Werner; Thoma, Malte (2006): Potenziale der Informations- und Kommunikations-Technologien zur Optimierung der Energieversorgung und des Energieverbrauchs (eEnergy), Studie für das Bundesministerium für Wirtschaft und Technologie, Bad Honnef, Online verfügbar unter http://www.bmwi.de/ BMWi/Redaktion/PDF/Publikationen/Studien/e-energy-studie,property= pdf,bereich=bmwi2012,sprache=de,rwb=true.pdf, zuletzt geprüft am 12.09.2012.

Frey, Günther; Leprich, Uwe; Bauknecht, Dierk; Schrader, Knut; Peter, Stefan; Bokelmann, Heiko (2008): Optimierungsstrategien Aktiver Netzbetreiber beim weiteren Ausbau erneuerbarer Energien zur Stromerzeugung (OPTAN), Institut für Zukunftsenergiesysteme gGmbH, Saarbrücken, Online verfügbar unter http://www.bmu.de/files/pdfs/allgemein/application /pdf/optan_end.pdf, zuletzt geprüft am 16.09.2012.

Gnilka, Andreas; Meyer-Spasche, Jonna (2009): Handlungsempfehlungen für einen wirtschaftlichen Messstellenbetrieb, Anforderungen an Energieversorger aus Regulierung und Markt, LBD-Beratungsgesellschaft mbH.

goetzpartners Management Consultants (2011): Kraftwerksinvestitionen in Deutschland – ein Pokerspiel, Strategien zur Ermittlung des optimalen Kraftwerksportfolios in 2025, München.

Höflich, Bernd; Noster, Rafael; Peinl, Hannes; Richard, Philipp; Völker, Jakob; Echternacht, David; Grote, Fabian; Schäfer, Andreas; Schuster, Henning (2012): Integration der erneuerbaren Energien in den deutsch-europäischen Strommarkt, Endbericht, Deutsche Energie-Agentur GmbH, Berlin, Online verfügbar unter http://www.dena.de/fileadmin/user_upload/Presse/ Meldungen/2012/Endbericht_Integration_EE.pdf, zuletzt geprüft am 12.09.2012.

Jötten, Gerrit; Weidlich, Anke; Filipova-Neumann, Lilia; Schuller, Alexander (2011): Assessment of Flexible Demand Response Business Cases in the Smart Grid, CIRED 21st International Conference on Electricity Distribution, Frankfurt a.M.

Kim, Jin-Ho; Shcherbakova, Anastasia (2011): Common failures of demand response, In: Energy, Jg. 36, Nr. 2, S. 873–880.

Klobasa, Marian (2009): Dynamische Simulation eines Lastmanagements und Integration von Windenergie in ein Elektrizitätsnetz, Fraunhofer IRB Verlag, Stuttgart.

Klobasa, Marian; Erge, Thomas; Wille-Haussmann, Bernhard (2009): Integration von Windenergie in ein zukünftiges Energiesystem unterstützt durch Lastmanagement, Endbericht, Fraunhofer-Institut für System- und Innovationsforschung und Fraunhofer-Institut für Solare Energiesysteme, Karlsruhe.

Leprich, Uwe; Frey, Günther; Hauser, Eva; Hell, Christoph; Junker, Andy; Rosen, Ulrich (2010): Der Marktplatz E-Energy aus elektrizitätswirtschaftlicher Perspektive, In: Zeitschrift für Energiewirtschaft, Jg. 34, Nr. 2, S. 79–89.

Nabe, Christian; Beyer, Catharina; Brodersen, Nils; Schäffler, Harald; Adam, Dietmar; Heinemann, Christoph; Tusch, Tobias; Eder, Jost; Wyl, Christian de; Vom Wege, Jan-Hendrik; Mühe, Simone (2009): Ökonomische und technische Aspekte eines flächendeckenden Rollouts inteligenter Zähler, Im Auftrag der Bundesnetzagentur, EnCT, BBH, Ecofys, Online verfügbar unter http://www.bundesnetzagentur.de/SharedDocs/Downloads/DE/BNetzA /Sachgebiete/Energie/Sonderthemen/GutachteStandardlastprofile/Gutachten HeizstrommarktII_Id17130pdf.pdf?__blob=publicationFile, zuletzt geprüft am 18.09.2012.

Nestle, David; Ringelstein, Jan (2009): Energie- und Engpassmanagement im photovoltaisch geprägten elektrischen Verteilnetz mit dem ISET-BEMI, 24. Symposium Photovoltaische Solarenergie, Bad Staffelstein.

Neubarth, Jürgen (2011): Integration erneuerbarer Energien in das Stromversorgungssystem, in: Weltenergierat – Deutschland e.V. (Hrsg.): Energie für Deutschland 2011, Fakten, Perspektiven und Positionen im globalen Kontext, Berlin.

Niehörster, Christof (2012): Intelligente Verteilnetze, Die Aufgaben der Netzbetreiber und notwendige regulatorische Randbedingungen, BET-Energieforum, Aachen.

Paulus, Moritz; Borggrefe, Frieder (2011): The potential of demand-side management in energy-intensive industries for electricity markets in Germany, In: Applied Energy, Jg. 88, Nr. 2, S. 432–441.

Poppe, Timo (2012): Der lange Weg zu intelligenten Netzen, in: Servatius, Hans-Gerd; Schneidewind, Uwe; Rohlfing, Dirk (Hrsg.): Smart Energy, Wandel zu einem nachhaltigen Energiesystem, Springer, Berlin, Heidelberg, S. 303–316.

PwC Österreich (PricewaterhouseCoopers Österreich AG WPG) (2010): Studie zur Analyse der Kosten-Nutzen einer österreichweiten Einführung von Smart Metering, Online verfügbar unter http://www.e-control.at/portal/page/portal/medienbibliothek/strom/dokumente/pdfs/pwc-austria-smart-metering-e-control-06-2010.pdf, zuletzt geprüft am 18.09.2012.

Roon, Serafin von; Gobmaier, Thomas (2010): Demand Response in der Industrie, Status und Potenziale in Deutschland, Forschungsstelle für Energiewirtschaft e.V., München, Online verfügbar unter http://www.ffe.de/download/langberichte/353_Demand_Response_Industrie/von_Roon_Gobmaier_FfE_Demand_Response.pdf, zuletzt geprüft am 11.09.2012.

Sonnenschein, Michael; Rapp, Barbara; Bremer, Jörg (2010): Demand Side Management und Demand Response, in: Beck, Hans-Peter; Buddenburg, Jörg; Meller, Eberhard; Salander, Carsten (Hrsg.): Handbuch Energiemanagement, EW Medien, Frankfurt am Main.

Stadler, Ingo (2005): Demand Response, Nichtelektrische Speicher für Elektrizitätsversorgungssysteme mit hohem Anteil erneuerbarer Energien, Habilitation Universität Kassel, Kassel.

Strauß, Karl (2009): Kraftwerkstechnik, 6. Auflage, Springer, Berlin, Heidelberg.

Tiedemann, Albrecht; Srikandam, Chantira; Kreutzkamp, Paul; Roth, Hans; Gohla-Neudecker, Bodo; Kuhn, Philipp (2008): Untersuchung der elektrizitätswirtschaftlichen energiepolitischen Auswirkungen der Erhebung von Netznutzungsentgelten für den Speicherstrombezug von Pumpspeicherwerken, Abschlussbericht, Deutsche Energie-Agentur GmbH, Berlin, Online verfügbar unter http://www.dena.de/fileadmin/user_upload/Publikationen/

Energiedienstleistungen/Dokumente/Pumpspeicherstudie.pdf, zuletzt geprüft am 26.08.2012.

Wiechmann, Holger (2008): Neue Betriebsführungsstrategien für unterbrechbare Verbrauchseinrichtungen. Ein Modell für eine markt- und erzeugungsorientierte Regelung der Stromnachfrage über ein zentrales Lastmanagement, Universitätsverlag Karlsruhe, Karlsruhe.

Zahoransky, Richard; Allelein, Hans-Josef; Bollin, Elmar; Oehler, Helmut; Schelling, Udo (2010): Energietechnik, Systeme zur Energieumwandlung. Kompaktwissen für Studium und Beruf, 5. Auflage, Vieweg + Teubner, Wiesbaden.

Zur Attraktivität der Energiegewinnung aus Abwasser

Martin Steiner

1. Einleitung

In den letzten Jahren haben in Deutschland sowohl das öffentliche Interesse an als auch die wirtschaftliche Bedeutung von erneuerbaren Energien stark zugenommen. Beispielsweise erhöhte sich zwischen 1991 und 2008 der Anteil des mithilfe erneuerbarer Energien erzeugten Stroms am gesamten Bruttostromverbrauch Deutschlands von 3 auf 15 Prozent; dies entsprach im Jahre 2008 einer Stromerzeugung aus erneuerbaren Energiequellen von 92,8 Terawattstunden (TWh).[1]

Das Wissen um die verschiedenen Möglichkeiten, Strom aus erneuerbaren Energien zu erzeugen, ist in Deutschland weit verbreitet, weit weniger bekannt dürfte in der Bevölkerung die Möglichkeit sein, Wärme mithilfe von erneuerbaren Energien zu erzeugen, obwohl etwa im Jahr 2008 diese Wärmeerzeugung mit 109 TWh sogar höher lag als die Stromerzeugung aus erneuerbaren Energien. Allerdings betrug der Anteil dieser nachhaltig erzeugten Wärme am gesamten deutschen Wärmeenergieverbrauch lediglich 3 Prozent.[2]

Diese Werte zeigen jedoch bereits, dass die Wärmeerzeugung, bezogen auf den gesamten Energiemarkt, eine größere Rolle spielt als die Stromerzeugung. Dies wird bei einer näheren Betrachtung des Energieverbrauchs der privaten Haushalte besonders deutlich. Im Jahr 2010 entfielen über 70 Prozent des Gesamtenergieverbrauchs der privaten Haushalte auf die Erzeugung von Raumwärme; der kumulierte Anteil am Gesamtenergieverbrauch, der auf die Raumwärme- und Warmwassererzeugung entfiel, betrug sogar über 80 Prozent.[3]

Im Fokus dieser Arbeit steht mit der Abwasserwärmenutzung eine in Deutschland noch nicht sonderlich bekannte und infolgedessen auch noch nicht sehr stark verbreitete nachhaltige Technologie zur Wärmeerzeugung. Die Grundidee dieser Technologie besteht darin, dem Abwasser die in ihm enthaltene Wärme zu entziehen, um sie anschließend zur Raumheizung und / oder zur Warmwasserbereitung nutzen zu können.[4] Der Vorteil des Abwassers ist, dass es ganzjährig zur Verfügung steht und auch im Winter ein vergleichsweise hohes Temperaturniveau aufweist; schließlich finden häusliche Vorgänge, durch die warmes Abwasser produziert wird, ganzjährig statt, beispielsweise das Duschen und Baden, das Kochen oder auch das Betreiben von Spül- oder Waschmaschinen.

---

1   Vgl. Beyer (2009), S. 34.
2   Vgl. Beyer (2009), S. 35.
3   Vgl. Statistisches Bundesamt (Kein Datum a).
4   Vgl. Buri & Kobel (2005), S. 1.

Wird die Abwasserwärme nicht zurückgewonnen, wird sie ungenutzt als Abwärme an die Umwelt abgegeben, während das Abwasser die Kanalisation durchfließt. Die Abgabe von ungenutzter Abwasserwärme kann als eines der letzten vorhandenen „Wärmelecks" moderner Gebäude angesehen werden.

Im Folgenden wird zunächst die Technik der Abwasserwärmenutzung an sich dargestellt und erläutert, wobei sowohl auf die wichtigsten Komponenten von Abwasserwärmenutzungsanlagen als auch auf die verschiedenen möglichen Standorte sowie die unterschiedlichen realisierbaren Varianten solcher Anlagen eingegangen wird.

Im Anschluss daran werden einige rechtliche Grundlagen bezüglich der Abwasserwärmenutzung dargestellt. Unter anderem wird untersucht, ob die Rückgewinnung der im Abwasser gespeicherten Wärme vor dem Gesetz als eine Form der erneuerbaren Energien angesehen wird. Desweiteren wird der Frage nachgegangen, wem Abwasser gehört und wer somit auch über die Nutzungsrechte bezüglich der im Abwasser gespeicherten Wärme verfügt.

Anschließend wird eine Investitionsanalyse durchgeführt, in der untersucht wird, welche Faktoren entscheidend für einen wirtschaftlichen Betrieb von Abwasserwärmenutzungsanlagen sind und welche Risiken bei der Planung und beim Betrieb solcher Anlagen bestehen.

Die vorliegende Arbeit wird abgeschlossen mit einem Fazit und einem Ausblick auf Fragen, denen in weiterführenden Untersuchungen nachgegangen werden könnte.

2. Die Technik der Abwasserwärmenutzung

2.1. Die grundlegende Funktionsweise von Abwasserwärmenutzungsanlagen

Die Grundidee der Abwasserwärmenutzung besteht darin, die im Abwasser enthaltene Wärme zunächst zurückzugewinnen und aufzubereiten, um sie anschließend zur Raumheizung und zur Warmwasserbereitung nutzen zu können.

Hierzu sind zwei grundlegende Anlagen erforderlich. Einerseits wird eine Wärmegewinnungsanlage benötigt, mit der dem Abwasser die in ihm gespeicherte Wärme entzogen werden kann; das wichtigste Element einer solchen Anlage ist ein Wärmetauscher. Andererseits ist eine Wärmenutzungsanlage erforderlich, in der die dem Abwasser entzogene Wärme aufbereitet werden kann, um anschließend in nutzbarer Form für Raumheizung und Wassererwärmung zur Verfügung zu stehen; die wichtigsten Elemente von Wärmenutzungsanlagen sind Wärmepumpen, mit deren Hilfe unter Zufuhr von externer Energie die im

Abwasser gespeicherte Wärme von ihrem relativ niedrigen auf ein höheres und somit für die vorgesehenen Zwecke nutzbares Niveau angehoben werden kann.

In diesem Kapitel werden die einzelnen Elemente von Abwasserwärmenutzungsanlagen näher erläutert. Desweiteren wird auch auf verschiedene Ausführungsformen eingegangen.

2.2. Die Wärmegewinnungsanlage

2.2.1. Der Wärmetauscher

Wärmetauscher dienen dazu, Wärmemengen von einem Fluid auf ein anderes zu übertragen.[5] Im Falle der Abwasserwärmenutzung erfüllt ein Wärmetauscher also die Funktion, dem Abwasser die in ihm gespeicherte Wärme zu entziehen und auf ein anderes Fluid zu übertragen. Dieses andere, durch das Abwasser erwärmte Fluid kann anschließend zu einer Wärmepumpe geleitet werden, wo ein weiterer Wärmetausch stattfindet und die Wärme nutzbar gemacht wird.

Es gibt verschiedene Bauformen von Wärmetauschern, jedoch werden Wärmetauscher für die Abwasserwärmenutzung hauptsächlich als Rekuperatoren ausgeführt. Bei diesem Wärmetauschertyp berühren sich die beiden Fluidströme niemals, sie sind stets durch eine dünne, aber wärmeleitfähige Wand (etwa durch die Wand eines Rohres oder eines Kanals) getrennt, wobei jeweils einer der Stoffströme an je einer Seite dieser Wand entlang strömt. Der Wärmeaustausch von einem auf den anderen Fluidstrom erfolgt bei Rekuperatoren somit verzögerungsfrei.[6]

2.2.2. Mögliche Standorte von Wärmegewinnungsanlagen

Als mögliche Standorte für eine Wärmegewinnungsanlage, mit deren Hilfe dem anfallenden Abwasser die Wärme entzogen werden soll, kommen grundsätzlich drei Varianten infrage.[7]

Die erste Möglichkeit ist die Wärmerückgewinnung direkt am Ort der Abwasserentstehung, die durchgeführt wird, bevor das Abwasser in die öffentliche Kanalisation gelangt. Die Wärmerückgewinnung findet also unmittelbar in dem Gebäude bzw. auf dem Grundstück statt, in bzw. auf dem das Abwasser, welchem Wärme entzogen werden soll, anfällt. Bei dieser Ausführungsform wird folglich noch nicht gereinigtem Rohabwasser Wärme entzogen.

Beim zweiten möglichen Standort wird das zur Wärmerückgewinnung nötige Abwasser direkt aus dem öffentlichen Entwässerungssystem bezogen. Auch

---

5   Vgl. Windisch (2008), S. 316.
6   Vgl. Windisch (2008), S. 318.
7   Vgl. DWA (06/2009), S. 14.

in diesem Fall wird dem noch nicht gereinigten Rohabwasser Wärme entzogen.
Da Abwasser aus der öffentlichen Kanalisation genutzt wird, dürfte die zur Verfügung stehende Abwassermenge deutlich größer sein als bei der zuvor beschriebenen Möglichkeit, außerdem stammt das Abwasser bei dieser Ausführungsform von mehreren Einleitern.

Drittens ist es auch möglich, Wärmerückgewinnungsanlagen so zu errichten,
dass sie einer Kläranlage nachgeschaltet werden. Bei dieser Variante wird dementsprechend dem bereits gereinigten Abwasser die Wärme entzogen. Desweiteren dürfte bei dieser dritten Möglichkeit die zur Verfügung stehende Abwassermenge nochmals höher sein als bei den beiden zuvor genannten Ausführungsformen.

2.2.3. Anordnungsmöglichkeiten von Wärmegewinnungs-anlagen

Neben den drei oben genannten grundsätzlichen Möglichkeiten zur Standortwahl für Wärmegewinnungsanlagen sind in der Praxis zwei Varianten anzutref-
fen, wie das Abwasser zu einer solchen Anlage und somit auch zu einem Wärmetauscher gelangen kann: Dies ist einerseits die Wärmegewinnung aus dem
Hauptstrom, andererseits die Entnahme von Wärme aus einem Nebenstrom des
Abwassers.[8] Bei letzterer Variante spricht man auch von einer „Bypass-
Lösung".

Von Wärmegewinnung aus dem Hauptstrom spricht man, wenn die Wärmegewinnungsanlage bzw. der Wärmetauscher direkt auf der Sohle eines Abwas-
serkanals installiert ist. Das Abwasser fließt auf seiner normalen Fließstrecke
über den Wärmetauscher, die Wärme kann dem Abwasser sozusagen „im Vor-
beigehen" entzogen werden. Bei dieser Variante ist es einerseits möglich, bei
Kanalneubauten oder grundlegenden Kanalsanierungen die Installation eines
Wärmetauschers direkt mit einzuplanen, andererseits können Wärmetauscher
aber auch nachträglich in bestehende Kanäle eingebaut werden, ohne dass hierzu
bauliche Veränderungen des Kanals nötig sind. Abwasserkanäle können verschiedene Formen aufweisen, mittlerweile sind jedoch passende Wärmetauscher
für die unterschiedlichsten Kanalformen erhältlich. Desweiteren sind für Kanalneubauten und -sanierungen auch vorgefertigte Kanalelemente auf dem Markt,
in denen bereits Wärmetauscherelemente integriert sind.[9]

Im Falle der Bypass-Lösung wird dem Hauptabwasserstrom hingegen ein
Teilstrom entnommen und in eine „Heizzentrale" umgeleitet, in der sich der

---

8   Vgl. DWA (06/2009), S. 15.
9   Vgl. Buri & Kobel (2005), S. 16.

Wärmetauscher und üblicherweise auch die Wärmepumpe befinden. Anders als für die Wärmegewinnung aus dem Hauptstrom ist für diese Variante also zusätzlich die Installation von Rohren und Pumpen erforderlich, um dem Wärmetauscher zunächst den Abwasserteilstrom zuführen zu können und diesen nach erfolgtem Wärmeentzug auch wieder zurück in die Kanalisation zu pumpen. Dafür ist diese Ausführungsform auch dann realisierbar, wenn es unmöglich oder unzulässig ist, einen Wärmetauscher direkt auf der Sohle eines Kanals zu installieren; desweiteren ist der Wärmetauscher hier deutlich einfacher zugänglich.

2.3. Die Wärmenutzungsanlage

2.3.1. Die Wärmepumpe

Unter einer Wärmepumpe versteht man eine Maschine, die mithilfe einer mechanisch oder elektrisch angetriebenen Pumpe aus einer Niedertemperaturwärmequelle Heizwärme erzeugt.[10] Niedertemperaturquellen sind dadurch gekennzeichnet, dass sie zwar einerseits ein potenziell nutzbares Wärmeangebot zur Verfügung stellen, andererseits die Temperaturen dieser Quellen aber nicht hoch genug ausfallen, um direkt damit heizen oder Wasser erwärmen zu können. Neben der im Fokus dieser Arbeit stehenden Nutzung von Abwasser als Niedertemperaturquelle kommen hierzu auch Grund- und Oberflächenwasser, Erdwärme bzw. Geothermie, die Umgebungsluft sowie ganz allgemein Abwärme (z. B. aus Industrieprozessen) in Frage.[11]

Zur Nutzbarmachung des Wärmeangebots des Abwassers ist also eine Wärmepumpe nötig, um die vorhandene Wärme auf ein höheres Temperaturniveau zu heben. Wärmepumpen weisen im Wesentlichen vier Komponenten auf: einen Verdampfer, einen Verdichter, einen Verflüssiger sowie ein Expansionsventil.[12] Diese Komponenten sind in einem Kreislauf angeordnet, in welchem ein Arbeitsmittel zirkuliert.

Um die Nutzung von Niedertemperaturquellen zu ermöglichen, kommen Arbeitsmittel zum Einsatz, deren Siedetemperaturen im negativen Celsiusbereich liegen.[13] Als gängige Arbeitsmittel sind hauptsächlich Fluorkohlenwasserstoffe (FKWs) und Kohlenwasserstoffe (etwa Propan, Butan und Propen), aber auch Kohlendioxid und Ammoniak zu nennen, wobei zurzeit FKWs dominieren.[14]

---

10 Vgl. Quaschning (2009), S. 319.
11 Vgl. Quaschning (2009), S. 323.
12 Vgl. DWA (06/2009), S. 15.
13 Vgl. Quaschning (2006).
14 Vgl. Quaschning (2006).

Der Kreislauf beginnt beim Verdampfer, in dem das Arbeitsmittel zunächst in flüssiger Form und bei niedrigem Druck vorliegt. Ihm wird Wärme mit einem niedrigen Temperaturniveau zugeführt, die aus der Niedertemperaturquelle gewonnen wurde. Diese Wärmezufuhr bewirkt, dass das Arbeitsmittel verdampft und in gasförmigem Zustand zum Verdichter strömen kann. Der Verdampfer ist also ebenfalls ein Wärmetauscher, wobei der beschriebene Wärmeaustausch nur funktionieren kann, wenn die Siedetemperatur des Arbeitsmittels deutlich niedriger liegt als die Temperatur der Niedertemperaturquelle.

Der Verdichter ist die Stelle im Kreislauf einer Wärmepumpe, an der dem Kreislauf externe Energie zugeführt werden muss. Mithilfe dieser externen Energie wird das gasförmige Arbeitsmittel stark komprimiert, wobei sich seine Temperatur nochmals erhöht und durch die Verdichtung ein Niveau erreicht, das Heiz- und Wassererwärmungsvorgänge ermöglicht.

Um diese Wärmenutzung realisieren zu können, strömt das Arbeitsmittel zu einem Verflüssiger, in welchem ein weiterer Wärmetauschprozess durchgeführt wird. Hier wird dem unter starkem Druck stehenden gasförmigen Arbeitsmittel Wärme entzogen und auf ein Heizmedium (bei dem es sich im Normalfall um Wasser handelt) übertragen. In Form dieses erhitzten Heizmediums steht nun nutzbare Wärme zur Verfügung. Der beschriebene Wärmeaustausch im Verflüssiger wiederum ist nur möglich, wenn die ursprüngliche Temperatur des Heizmediums niedriger liegt als die Siedetemperatur des Arbeitsmittels.

Durch die Wärmeabgabe an das Heizmedium im Verflüssiger kühlt das Arbeitsmittel ab, verflüssigt sich wieder und strömt weiter zu einem Expansionsventil. Hier entspannt sich das zuvor unter Druck stehende Arbeitsmittel und kühlt solange ab, bis Anfangsdruck und -temperatur wieder erreicht sind. Anschließend kann es erneut zum Verdampfer strömen, womit der Kreislauf der Wärmepumpe geschlossen ist und von Neuem beginnen kann.

2.3.2. Kombination der Wärmepumpe mit Heizkessel oder Blockheizkraftwerk

Ein weiteres Unterscheidungsmerkmal verschiedener Abwasserwärmenutzungsanlagen ist der mithilfe einer solchen Anlage abgedeckte Anteil am gesamten Wärmebedarf eines Wärmeabnehmers. Insofern werden drei Varianten unterschieden: monovalente, bivalente und multivalente Abwasserwärmenutzungsanlagen.[15]

Ist eine Anlage zur Abwasserwärmenutzung allein für die Wärmeversorgung zuständig, wird sie als „monovalente Anlage" bezeichnet. Wird nur ein Teil der

---

15   Vgl. Deutsche Bundesstiftung Umwelt et al. (2009), S. 26.

insgesamt benötigten Wärme mithilfe der Wärmerückgewinnung aus Abwasser erzeugt, der Rest hingegen beispielsweise mithilfe eines Öl- oder Gasheizkessels, wird von einer „bivalenten Anlage" gesprochen. In diesem Fall ist also neben der Abwasserwärmenutzungsanlage noch eine zweite Anlage zur Wärmeerzeugung vorhanden, wobei Öl- und Gasheizkessel Wärme durch die Verbrennung des entsprechenden Brennstoffs erzeugen und ihre Funktionsweise somit der von herkömmlichen Öl- und Gasheizungen entspricht.

Die dritte der genannten Varianten, eine „multivalente Anlage", liegt dann vor, wenn zusätzlich zur Abwasserwärmenutzungsanlage noch mehr als eine weitere Anlage zur Wärmeerzeugung vorhanden ist; beispielsweise, wenn neben einem Heizkessel noch ein Blockheizkraftwerk vorhanden ist. Der Begriff „Blockheizkraftwerk" wird für Anlagen verwendet, die das Prinzip der Kraft-Wärme-Kopplung nutzen.[16]

Blockheizkraftwerke nutzen genau wie Öl- oder Gasheizkessel Brennstoffe, um Energie zu erzeugen. Der Unterschied besteht darin, dass Blockheizkraftwerke nicht nur Wärme erzeugen, sondern auch mechanische Arbeit, welche wiederum zur Stromerzeugung verwendet werden kann. Blockheizkraftwerken liegt folgendes Grundprinzip zugrunde: durch die Verbrennung des Brennstoffs wird zunächst Bewegungs- bzw. mechanische Energie erzeugt; dies kann beispielsweise mithilfe eines Verbrennungsmotors oder einer Gasturbine geschehen. Die so erzeugte mechanische Energie wird anschließend dazu verwendet, einen Generator anzutreiben, der hieraus wiederum Strom erzeugt. Parallel dazu werden die Abgase aus dem Verbrennungsprozess zu Heizzwecken verwendet.

Durch dieses gleichzeitige Erzeugen von einerseits Strom und andererseits Wärme können Blockheizkraftwerke neben der anteiligen Bereitstellung von Heizwärme in multivalenten Anlagen noch eine weitere Aufgabe bezüglich der Abwasserwärmenutzung übernehmen: die Bereitstellung des für den Betrieb einer Wärmepumpe (bzw. für den Betrieb des Verdichters einer Wärmepumpe) nötigen Stroms.

2.3.3. Anordnungsmöglichkeiten von Wärmenutzungsanlagen

Neben der Entscheidung darüber, ob eine Abwasserwärmenutzungsanlage den Wärmebedarf vollständig alleine bereitstellen oder aber mit einem Heizkessel und / oder einem Blockheizkraftwerk gekoppelt werden soll, ist bei der Planung einer solchen Anlage ebenfalls zu überlegen, ob mit der erzeugten Wärme ledig-

---

16 Vgl. Stephan, Schaber, Stephan & Mayinger (2007), S. 348.

lich ein Wärmeabnehmer versorgt werden soll, oder ob mehrere Abnehmer die zurückgewonnene Wärme anteilig nutzen können.

Sollen mehrere Abnehmer an der Abwasserwärmenutzung partizipieren, so ist hierzu ein Netz zur Verteilung der Wärme notwendig. Auch hier gibt es mit den Varianten „Kaltes Fernwärmenetz" sowie „Warmes Fernwärmenetz" erneut zwei verschiedene Ausführungsformen.

Charakteristisch für kalte Fernwärme ist, dass die Wärme, nachdem sie per Wärmetauscher dem Abwasser entzogen wurde, auf einem relativ niedrigen Temperaturniveau (etwa zwischen 7 und 17 °C) auf die verschiedenen Wärmeabnehmer verteilt wird, bevor sie mithilfe von Wärmepumpen auf ein höheres und somit nutzbares Temperaturniveau gebracht wird. Hierdurch ist es allerdings unerlässlich, dass jeder Wärmeabnehmer über eine eigene Wärmenutzungsanlage verfügt, um die erhaltene kalte Fernwärme überhaupt nutzen zu können. Bei kalter Fernwärme wird daher auch von einer „dezentralen Wärmebereitstellung" gesprochen.[17]

Im Falle von warmer Fernwärme wird die Wärme direkt, nachdem sie dem Abwasser entzogen wurde, durch den Einsatz von Wärmepumpen auf ein höheres Temperaturniveau gebracht und anschließend auf die verschiedenen Wärmeabnehmer verteilt. Somit existiert bei dieser Variante lediglich eine einzige Heizzentrale, die Wärme auf einem nutzbaren Temperaturniveau für alle Abnehmer bereitstellt. Hierdurch werden jedoch die Anforderungen an das Wärmenetz zwischen der Heizzentrale und den Abnehmern erhöht: Damit die Wärme während des Transportes nicht ihr hohes Temperaturniveau (bis zu 80 °C) verliert, müssen die der Heizzentrale nachgelagerten Leitungen wärmegedämmt werden. Für warme Fernwärme wird aufgrund der Tatsache, dass die Wärmeverteilung von einer einzigen Heizzentrale aus erfolgt, auch der Begriff „zentrale Wärmebereitstellung" verwendet.[18]

3. Rechtliche Grundlagen zur Abwasserwärmenutzung

In diesem Kapitel werden einige thematisch relevante rechtliche Grundlagen präsentiert. Zunächst wird untersucht, ob die im vorherigen Kapitel beschriebene Technik der Abwasserwärmenutzung rechtlich zu den erneuerbaren Energien gezählt wird. Anschließend werden die Eigentumsverhältnisse bezüglich des Abwassers und damit auch die Frage analysiert, welche Personen oder Instituti-

---

17 Vgl. Deutsche Bundesstiftung Umwelt et al. (2009), S. 27.
18 Vgl. Deutsche Bundesstiftung Umwelt et al. (2009), S. 27.

onen das Recht haben, die im Abwasser gespeicherte Wärme wirtschaftlich zu nutzen. Schließlich wird das sogenannte „Contracting" vorgestellt, wobei es sich um eine im Bereich der Wärmeversorgung häufig anzutreffende Form privatrechtlicher Verträge handelt.

3.1. Zählt die Abwasserwärmenutzung zu den erneuerbaren Energien?

Der deutsche Gesetzgeber fördert erneuerbare Energien. Während im allgemeinen Sprachgebrauch oftmals alle Formen der Energieerzeugung, die nicht auf der Verbrennung fossiler Brennstoffe oder der Kernspaltung basieren, den „Erneuerbaren Energien" zugeordnet werden, wird in verschiedenen Gesetzen explizit geregelt, welche Formen der Energieerzeugung für die jeweiligen Gesetze als „Erneuerbare Energien" gelten.

Da es sich bei der Abwasserwärmenutzung um eine Technologie zur Wärmerückgewinnung handelt, ist das „Gesetz zur Förderung Erneuerbarer Energien im Wärmebereich", kurz „Erneuerbare-Energien-Wärmegesetz" (EEWärmeG), die hier relevante Rechtsnorm. Dieses Gesetz verfolgt das Ziel, „den Anteil erneuerbarer Energien am Endenergieverbrauch für Wärme und Kälte bis zum Jahr 2020 auf 14 Prozent zu erhöhen".[19] Es trat am 1.1.2009 in Kraft. Um dieses Ziel zu erreichen, schreibt das EEWärmeG vor, dass der Wärme- und Kältebedarf von Gebäuden, die neu errichtet werden, grundsätzlich zu einem gewissen Anteil mithilfe von erneuerbaren Energien gedeckt werden muss.[20] Bezogen auf Gebäude der öffentlichen Hand gilt diese Nutzungspflicht erneuerbarer Energien sogar für bereits bestehende Gebäude, die grundlegend renoviert werden.[21]

Nach dem EEWärmeG gilt unter anderem „die der Luft oder dem Wasser entnommene und technisch nutzbar gemachte Wärme mit Ausnahme von Abwärme" als eine Form der erneuerbaren Energien.[22] Der Begriff „Abwärme" wiederum wird vom EEWärmeG als „die Wärme, die aus technischen Prozessen und baulichen Anlagen stammende Abluft- und Abwasserströmen entnommen wird", definiert.[23]

Folglich ist die Abwasserwärmenutzung zwar eine Technologie zur Wärmegewinnung, aber sie wird vom EEWärmeG nicht zu den erneuerbaren Energien gezählt. Allerdings gelten „Anlagen zur Nutzung von Abwärme", also auch Anlagen zur Abwasserwärmenutzung, unter bestimmten, ebenfalls im EEWärmeG

---

19   § 1 Abs. 2 EEWärmeG.
20   Vgl. § 3 Abs. 1 EEWärmeG.
21   Vgl. § 3 Abs. 2 EEWärmeG.
22   § 2 Abs. 1 Nr. 2 EEWärmeG.
23   § 2 Abs. 2 Nr. 1 EEWärmeG.

geregelten Voraussetzungen als „Ersatzmaßnahmen".[24] Somit definiert das EEWärmeG interessanterweise Wärmegewinnung aus Trinkwasser als eine Form der erneuerbaren Energien, Wärmegewinnung aus Abwasser hingegen lediglich als Ersatzmaßnahme.[25] Dennoch können die Vorgaben des EEWärmeG mithilfe der Abwasserwärmenutzung erfüllt werden; hierzu muss der Wärme- und Kältebedarf eines Gebäudes mindestens zu 50 Prozent mithilfe dieser Technologie gedeckt werden.[26]

3.2. Die Eigentumsverhältnisse bezüglich des Abwassers

Die Frage nach den Eigentumsverhältnissen bezüglich des Abwassers scheint so lange von untergeordneter Bedeutung zu sein, wie das Einleiten von Abwasser in die Kanalisation eher eine „Erleichterung" für den Einleiter darstellt und diesen von einer Belastung befreit. Vor dem Hintergrund der Nutzbarmachung der im Abwasser gespeicherten Wärme und der damit verbundenen Möglichkeit, Kosten sparen oder sogar Gewinne erzielen zu können, erhält diese Frage aber eine ganz neue Relevanz.

Regelungen hierzu sind im „Gesetz zur Ordnung des Wasserhaushalts", kurz Wasserhaushaltsgesetz (WHG), enthalten. Unter anderem begründet das WHG die Abwasserbeseitigungspflicht der öffentlichen Hand und überträgt den Ländern die Aufgabe, sogenannte „Abwasserbeseitigungspflichtige" zu bestimmen.[27] Hierfür kommen grundsätzlich „juristische Personen des öffentlichen Rechts" infrage, wobei es den Ländern aber ebenfalls gestattet ist, hiervon abweichende Regelungen zu treffen. Gleichzeitig eröffnet das WHG aber auch die Möglichkeit, dass sich die Abwasserbeseitigungspflichtigen zur Erfüllung ihrer Aufgabe Dritter bedienen können. Die Abwasserbeseitigung muss also nicht zwingend durch Staatsbetriebe erfolgen, auch private Unternehmen können hiermit beauftragt werden.

Auf Landesebene gibt es weitere Gesetze, die die Inhalte des WHG konkretisieren. In Hessen gilt beispielsweise das „Hessische Wassergesetz" (HWG), in Baden-Württemberg das „Wassergesetz für Baden-Württemberg" (WG). Das HWG legt fest, dass die Abwasserbeseitigung grundsätzlich „den Gemeinden, in denen das Abwasser anfällt", obliegt.[28] Durch diese Regelung werden die Kom-

---

24 Vgl. § 7 Abs. 1 Nr. 1a EEWärmeG.
25 Vgl. Gelhaus (2009), S. 21 & Berg (2009), S. 51.
26 Vgl. § 7 Abs. 1 Nr. 1a EEWärmeG.
27 Vgl. § 56 WHG.
28 § 37 Abs. 1 HWG.

munen zu Abwasserbeseitigungspflichtigen erklärt, denen es ihrerseits wiederum möglich ist, die Rechtslage zur Abwasserbeseitigung durch den Erlass von öffentlich-rechtlichen Satzungen weiter zu konkretisieren.

Desweiteren schreibt das HWG vor, dass angefallenes Abwasser den Beseitigungspflichtigen zu überlassen ist.[29] Diese Überlassungspflicht führt dazu, dass jeder Abwasserproduzent dazu verpflichtet ist, das Eigentum am von ihm verursachten Abwasser aufzugeben; neuer Eigentümer des Abwassers wird der jeweilige Beseitigungspflichtige.

Ebenfalls von Interesse ist die Frage, wo genau der Zuständigkeitsbereich des Einleiters für das Abwasser (und somit auch das Eigentum am Abwasser) endet und der des Beseitigungspflichtigen beginnt. Hierzu muss zunächst zwischen den verschiedenen Anlagen unterschieden werden, die zur Beseitigung des Abwassers eines Grundstückes nötig sind. Hier sind vor allem die Grundstücksentwässerungsanlage, der Anschlusskanal und der öffentliche Sammelkanal zu nennen. Die Grundstücksentwässerungsanlage befindet sich immer vollständig auf dem zu entwässernden Grundstück, wohingegen sich der öffentliche Sammelkanal grundsätzlich im öffentlichen Raum befindet. Entsprechend ist für die Grundstücksentwässerungsanlage grundsätzlich der Eigentümer des betreffenden Grundstücks zuständig, für den öffentlichen Sammelkanal hingegen der Abwasserbeseitigungspflichtige, im Normalfall also die Kommune.[30]

Die gesetzlichen Regelungen für den Anschlusskanal sind jedoch nicht einheitlich. Die Funktion des Anschlusskanals ist es, die Grundstücksentwässerungsanlage mit dem öffentlichen Sammelkanal zu verbinden, wobei die Grenze zwischen dem Grundstück und dem öffentlichen Raum überquert wird. Nun gibt es prinzipiell drei Möglichkeiten, die Zuständigkeit für den Anschlusskanal zu regeln: die „Kommunalregie", die „Anliegerregie" sowie die „Zuständigkeit bis zur Grundstücksgrenze".[31]

Im Falle der Kommunalregie ist die Kommune umfassend für den Anschluss der Grundstücksentwässerungsanlage an die öffentliche Kanalisation verantwortlich, also auch für den Teil des Anschlusskanals, der nicht mehr im öffentlichen Raum verläuft. Liegt Anliegerregie vor, ist hingegen der Abwassereinleiter für den kompletten Anschlusskanal zuständig, also auch für den Teil, der nicht mehr unterhalb des zu entwässernden Grundstücks verläuft. Die Variante „Zuständigkeit bis zur Grundstücksgrenze" stellt schließlich eine Kombination der beiden erstgenannten Ausführungsmöglichkeiten dar, bei dem der Einleiter den Teil des Anschlusskanals verantwortet, der noch unter seinem Grund-

29   Vgl. § 37 Abs. 3 HWG.
30   Vgl. DWA (09/2009), S. 7.
31   Vgl. Bayrisches Landesamt für Umwelt (2011), S. 2 & 3.

stück verläuft, die Kommune hingegen jenen Teil, der sich im öffentlichen Raum befindet.

Welche der drei genannten Varianten zu verwirklichen ist, wird von den Kommunen in öffentlich-rechtlichen Satzungen geregelt. Durch solche Regelungen ist dann auch der Punkt des Übergangs des Eigentums am Abwasser vom Einleiter auf den Abwasserbeseitigungspflichtigen definiert.

3.3. Privatrechtliche Verträge und „Contracting"

In diesem Abschnitt soll mit dem sogenannten „Contracting" (zurückzuführen auf das englische Wort für „Vertrag": „contract") eine im Bereich der Wärmeversorgung von Gebäuden häufig anzutreffende Form von privatrechtlichen Verträgen vorgestellt werden.

Der Begriff „Contracting" ist definiert als die „zeitlich und räumlich abgegrenzte Übertragung von Aufgaben der Energiebereitstellung und Energielieferung auf einen Dritten, der im eigenen Namen und auf eigene Rechnung handelt".[32] Grundsätzlich werden von dieser Definition alle denkbaren Energieformen erfasst, die vorliegende Arbeit konzentriert sich jedoch auf das Wärme-Contracting. Beim Contracting gibt es mit dem „Contractor" (ein „Unternehmen, das eigenständig gewerbliche Contractingprojekte durchführt"[33]) und dem „Contracting-Nehmer" (ein „Auftraggeber von Contractingleistungen"[34]) zwei Parteien, die einen „Contracting-Vertrag"[35] miteinander abschließen.

Wärme-Contracting kann in verschiedenen Varianten auftreten, wobei dem sogenannten „Energieliefer-Contracting" die mit Abstand größte Bedeutung zukommt. So ergab etwa eine Mitgliederbefragung des „Verbandes für Wärmelieferung e.V." (VFW) im Jahr 2007, dass 84% aller realisierten Contracting-Projekte dem Energieliefer-Contracting zugeordnet werden können.[36] Aus diesem Grund konzentrieren sich die weiteren Betrachtungen auf diese Contracting-Variante.

Klassischerweise würde die Errichtung einer Abwasserwärmenutzungsanlage von einem Bauherrn in Eigenregie durchgeführt werden. In diesem Fall würde der Bauherr die Verantwortung und somit auch das Risiko für alle Phasen der Realisierung und der Nutzung tragen: für die Planung der Anlage und ihren Bau an sich, für die Finanzierung des gesamten Projektes, für den Betrieb der fertigen Anlage sowie für ihre Wartung und eventuell anfallende Reparaturen.

---

32   DIN 8930-5, S. 2, Nr. 3.1.
33   DIN 8930-5, S. 3, Nr. 3.2.
34   DIN 8930-5, S. 3, Nr. 3.3.
35   Vgl. Deutsche Bundesstiftung Umwelt et al. (2009), S. 32.
36   Vgl. Verband für Wärmelieferung (Kein Datum).

Würde dieselbe Abwasserwärmenutzungsanlage mithilfe eines Contracting-Projekts realisiert werden, so würde diese Verantwortung und das damit verbundene Risiko auf einen Contractor übertragen werden. Der vorherige Bauherr würde hingegen zum Contracting-Nehmer und wäre lediglich an der Wärmeabnahme interessiert.

Bei einem Contracting-Nehmer handelt es sich üblicherweise um einen Grundstücks- bzw. Hauseigentümer, der aus dem Abwasser zurückgewonnene Wärme nutzen möchte, aber nicht gewillt ist, eine Abwasserwärmenutzungsanlage eigenverantwortlich zu planen, zu errichten und zu betreiben. Diese und weitere Aufgaben übernimmt vollständig der Contractor. Kurz gesagt, der Contractor ergreift alle Maßnahmen, die nötig sind, um dem Contracting-Nehmer über einen im Contracting-Vertrag festgelegten Zeitraum aus Abwasser zurückgewonnene Wärme zur Verfügung zu stellen. Der Contracting-Nehmer hingegen verpflichtet sich dazu, diese Wärme abzunehmen und hierfür regelmäßige Zahlungen zu leisten. Zur Bezeichnung dieser Zahlungen hat sich der Begriff „Wärmegebühr" etabliert.

Während der Contracting-Nehmer also lediglich regelmäßig Wärmegebühren zu entrichten hat und im Gegenzug mit Wärme versorgt wird, spielen diese Gebühren aus Sicht des Contractors eine deutlich vielschichtigere Rolle, da sie in dieser Vertragskonstellation die einzige Einnahmequelle darstellen, um die Finanzierung vielfältiger Aufgaben sicherzustellen. Es ist daher von entscheidender Bedeutung, dass zur Bestimmung der Höhe der Wärmegebühr wirklich alle bei der Umsetzung der vertraglichen Bestimmungen anfallenden Kosten berücksichtigt und während der vereinbarten Laufzeit des Vertrages durch die Gebührenzahlungen abgedeckt werden.

Contracting vereinfacht die Situation für den Contracting-Nehmer bezüglich der Nutzung von Abwasserwärme erheblich. Mit dem Contractor gibt es lediglich einen Ansprechpartner für alle eventuell auftauchenden Fragen und Probleme rund um die Abwasserwärmenutzung, die Höhe der zu entrichtenden Wärmegebühren ist vorher bekannt und die zu leistenden Zahlungen sind desweiteren gleichmäßig auf die gesamte Nutzungsdauer verteilt, was auch die Planungssicherheit erhöht.

Das bisher beschriebene Vorgehen beim Contracting basiert auf dem Fall, dass ein Bauherr die im Abwasser enthaltene Wärme nutzen möchte und, um dies zu realisieren, einen Contractor auswählt, der an seiner Stelle alle hierzu nötigen Maßnahmen ergreift.

Mindestens ebenso bedeutsam ist aber auch der umgekehrte Fall, bei dem Contractoren aus Abwasser zurückgewonnene Wärme bereitstellen möchten und diesbezüglich potenzielle Contracting-Nehmer suchen, die diese Wärme dann abnehmen. Oftmals initiieren Kommunen oder Kanalnetz- und Kläranlagenbetreiber eine regionale Erschließung des Abwasserwärmenutzungspotenzials[37] und treten somit gleichzeitig auch als Contractoren auf.

4. Investitionsanalyse

4.1. Vorgehen und Zielsetzung

In diesem Teil der Arbeit wird eine Investitionsanalyse von Abwasserwärmenutzungsanlagen durchgeführt. Diese Analyse wird in Anlehnung an das Vorgehen durchgeführt, das die „Deutsche Vereinigung für Wasserwirtschaft, Abwasser und Abfall e.V." (DWA) für Machbarkeitsstudien bezogen auf konkrete Projekte vorschlägt.[38]

In der vorliegenden Arbeit wird allerdings keine Analyse eines konkreten Projektes vorgenommen. Stattdessen verfolgt die durchgeführte Investitionsanalyse das Ziel, die wesentlichen Faktoren zu identifizieren und zu bewerten, die generell Einfluss auf die Planung, die Realisierung und den Betrieb von Abwasserwärmenutzungsanlagen haben; ferner wird jeweils auch eine Risikobetrachtung dieser Faktoren vorgenommen.

4.2. Rahmenbedingungen

Als wichtigste Rahmenbedingungen, die an potenziellen Standorten für Anlagen zur Abwasserwärmenutzung gegeben sein müssen, sind einerseits ein ausreichendes, im Abwasser enthaltenes Wärmeangebot und andererseits ein entsprechender Wärmebedarf potenzieller Wärmeabnehmer zu nennen. Diese Aspekte werden im Folgenden untersucht.

4.2.1. Das Wärmeangebot

Ein grundlegendes Kriterium bei der Analyse von Abwasserwärmenutzungsanlagen ist das Vorhandensein eines ausreichenden Wärmeangebots. Dabei kommt es im Wesentlichen auf zwei Faktoren an, die das Wärmeangebot des Abwassers bestimmen: die Abwassermenge und die Abwassertemperatur.

Um eine Abwasserwärmenutzungsanlage wirtschaftlich betreiben zu können, muss an einem potenziellen Standort eine bestimmte Mindestabwassermenge bzw. ein bestimmter Mindestabwasserdurchfluss vorhanden sein. In der Literatur wird diesbezüglich oftmals ein Tagesmittelwert von 15 Litern pro Se-

---

37 Vgl. DWA (06/2009), S. 40.
38 Vgl. DWA (06/2009), S. 41.

kunde (l/s) genannt (bei Trockenwetter).[39] An anderer Stelle findet sich allerdings auch der etwas niedrigere Wert 10 l/s.[40] Dies entspricht in etwa der Abwassereinleitung einer Kommune mit 5.000 bis 10.000 Einwohnern. Großeinleiter (etwa aus Gewerbe und Industrie) können die eingeleitete Abwassermenge jedoch positiv beeinflussen, sodass der geforderte Mindestabwasserdurchfluss auch in kleineren Gemeinden erreicht werden kann.[41]

Die alleinige Betrachtung des Tagesmittelwertes reicht allerdings nicht aus, da der Abfluss im Laufe eines Tages starken Schwankungen unterliegen kann; beispielsweise dürfte die Abflussmenge in den meisten Fällen nachts deutlich geringer ausfallen als am Tag. Diese Schwankungen fallen umso geringer aus, je mehr Einleiter betrachtet werden, wohingegen es, betrachtet man lediglich den Extremfall eines einzigen Einleiters, sogar Tageszeiten geben dürfte, zu denen überhaupt kein Abwasser anfällt. Außerdem werden sich durch die Berücksichtigung einer höheren Zahl von Einleitern auch die Verläufe der Abflussmengen verschiedener Tage weniger stark unterscheiden.

Die Kombination dieser Erkenntnisse mit dem Umstand, dass bei einem einzigen Einleiter auch der Tagesmittelwert sehr viel niedriger liegen wird, führt zu der Schlussfolgerung, dass Abwasserwärmenutzungsanlagen, welche dem Abwasser die Wärme entziehen, bevor es das Grundstück verlässt, wohl nur in Ausnahmefällen wirtschaftlich betrieben werden können. Für die Abwasserwärmenutzung vor Einleitung in die Kanalisation gilt bezüglich der für einen wirtschaftlichen Betrieb minimal nötigen Abwassermenge ein Richtwert von 8.000 bis 10.000 Litern Abwasser pro Tag.[42] Rein rechnerisch müssten also bei einem statistischen Pro-Kopf-Verbrauch von 122 Litern[43] mindestens 65 Personen auf demselben Grundstück Abwasser produzieren, um den genannten Wert zu erreichen. Sinnvoll erscheint diese Realisierungsform also allenfalls für Großeinleiter, wie Unternehmen, Verwaltungs- und Regierungsgebäude oder große Wohnblöcke.

Die beiden anderen in Kapitel 2.2.2 genannten Varianten zur Positionierung von Wärmetauschern (Wärmerückgewinnung aus Rohabwasser im öffentlichen Abwasserkanal oder aus gereinigtem Abwasser nach der Kläranlage) sollten hingegen bei sinnvoller Standortwahl aufgrund des bei diesen Realisierungsformen höheren Abwasseraufkommens wirtschaftlich betrieben werden können.

---

39 Vgl. DWA (06/2009), S. 23; Bundesverband Wärmepumpe et al. (2005), S. 24; Rometsch (2005), S. 7.
40 Vgl. Baudirektion Zürich und AWEL (2010), S. 6.
41 Vgl. DWA (06/2009), S. 23.
42 Vgl. Baudirektion Zürich und AWEL (2010), S. 19.
43 Vgl. Statistisches Bundesamt (Kein Datum b).

Abwasserwärmenutzungsanlagen machen sich erstens die Tatsache zu Nutze, dass die Schwankungen der Abwassertemperatur im Verlauf eines Jahres deutlich geringer ausfallen als die der Außentemperatur. Als Richtwert kann angenommen werden, dass sich die Abwassertemperatur im Jahresverlauf zwischen 10°C und 20°C bewegt.[44] Da selbst im Winter von Abwassertemperaturen zwischen 10°C und 15°C ausgegangen werden kann[45] und somit in der Heizperiode eine große positive Temperaturdifferenz zwischen Abwasser- und Außentemperatur besteht, eignet sich Abwasser gerade dann sehr gut als Wärmequelle für Wärmerückgewinnungsanlagen. Bei der Untersuchung potenzieller Standorte sind allerdings über diese Richtwerte hinausgehende Daten bezüglich der dort konkret vorherrschenden Abwassertemperaturen unerlässlich.

Desweiteren sind bezüglich der drei möglichen Standorte für Wärmetauscher einige Differenzierungen in der Bewertung hinsichtlich des Faktors „Abwassertemperatur" vorzunehmen.

Wärmetauscher, die dem Abwasser Wärme entziehen, bevor es in die öffentliche Kanalisation gelangt, können mit Abwasser auf einem relativ hohen Temperaturniveau arbeiten.[46] Bei häuslichem Abwasser kann im Schnitt mit einer Temperatur von etwa 23°C kalkuliert werden;[47] handelt es sich bei dem Einzeleinleiter um einen Industriebetrieb, sind sogar noch höhere Abwassertemperaturen möglich, da industrielles Abwasser oftmals deutlich wärmer ist als kommunales Abwasser.[48]

Die Einleitung von industriellem Abwasser kann auch das Temperaturniveau des Abwassers in der öffentlichen Kanalisation im Sinne der Wärmerückgewinnung positiv beeinflussen. Soll dem Abwasser im öffentlichen Abwasserkanal Wärme entzogen werden, ist aber grundsätzlich von einem etwas geringeren Temperaturniveau auszugehen, für das der bereits genannte Richtwert von 10°C bis 20°C angelegt werden kann. Dies ist auch darauf zurückzuführen, dass die Kanalisationsrohre nicht isoliert sind und somit ein gewisser Wärmeverlust des Abwassers auftreten wird.

Bei der Wärmerückgewinnung aus gereinigtem Abwasser in bzw. nach einer Kläranlage sind hingegen zwei Effekte zu beobachten, die sich günstig auf das Temperaturniveau auswirken. Erstens wird dem Abwasser durch die in einer Kläranlage ablaufenden Reinigungsprozesse Wärme zugeführt, was zu einer Erhöhung der Ablauftemperatur von etwa 0,5°C führt. Zweitens werden in einer

---

44 Vgl. Deutsche Bundesstiftung Umwelt et al. (2009), S. 4.
45 Vgl. DWA (06/2009), S. 3.
46 Vgl. Deutsche Bundesstiftung Umwelt et al. (2009), S. 24.
47 Vgl. Baudirektion Zürich und AWEL (2010), S. 19.
48 Vgl. Deutsche Bundesstiftung Umwelt et al. (2009), S. 11.

Kläranlage Tagesschwankungen der Abwassertemperatur abgemildert; das geklärte Abwasser im Kläranlagenablauf weist daher ein deutlich konstanteres Temperaturniveau auf.[49]

4.2.2. Der Wärmebedarf

Für den wirtschaftlichen Betrieb einer Abwasserwärmenutzungsanlage muss schließlich dem vorhandenen Wärmeangebot an einem potenziellen Standort für eine solche Anlage auch ein entsprechender Wärmebedarf gegenüberstehen.

Dieser Wärmebedarf muss unter zwei Gesichtspunkten betrachtet werden: einerseits ist die Abnahme einer gewissen Mindestwärmemenge zu gewährleisten, andererseits müssen sich der oder die potenziellen Wärmeabnehmer in einer gewissen örtlichen Nähe zur Wärmequelle befinden.

Als Richtwert für einen mindestens erforderlichen Wärmebedarf wird in der Literatur oftmals der Wert 100 Kilowatt (kW) genannt.[50] Zum Vergleich: zum Heizen eines Einfamilien-Niedrigenergiehauses mit 150 Quadratmetern Wohnfläche ist am kältesten Tag des Jahres eine Heizleistung von 6 kW bis 7,5 kW erforderlich.[51] Hieraus wird ersichtlich, dass für den wirtschaftlichen Betrieb von Abwasserwärmenutzungsanlagen entweder größere Wärmeabnehmer wie Krankenhäuser, Schulen oder größere Wohnblocks vorhanden sein müssen oder aber viele kleine Wärmeabnehmer mithilfe eines Fernwärmenetzes zusammen für das Zustandekommen des erforderlichen Mindestwärmebedarfs sorgen sollten.

Die maximal mögliche Distanz zwischen Wärmequelle und Wärmeabnehmer hängt davon ab, auf welchem Temperaturniveau die Wärme transportiert werden soll. Soll die Wärme auf dem ursprünglichen Temperaturniveau transportiert werden (vgl. Konzept der kalten Fernwärme in Kapitel 2.3.3), so sind Distanzen von über einem Kilometer überbrückbar. Soll die Wärme hingegen auf einem höheren, nutzbaren Temperaturniveau transportiert werden (vgl. Konzept der warmen Fernwärme in Kapitel 2.3.3), so können idealerweise Distanzen von bis zu 100 m, unter Umständen auch geringfügig größere Entfernungen überbrückt werden.[52]

Die realisierbaren Distanzen haben für die drei möglichen Stellen der Wärmeentnahme unterschiedliche Implikationen. Bei einer Wärmeentnahme im Gebäude oder bei einer Wärmeentnahme aus dem öffentlichen Kanal sollten potenzielle Wärmeabnehmer innerhalb der genannten Entfernungen vorhanden sein. Bei einer Wärmeentnahme in bzw. nach der Kläranlage hingegen könnte dies

---

49 Vgl. Buri & Kobel (2005), S. 11.
50 Vgl. Deutsche Bundesstiftung Umwelt et al. (2009), S. 8 & DWA (06/2009), S. 24.
51 Vgl. Burger & Rogatty (2003), S. 44.
52 Vgl. Buri & Kobel (2005), S. 2.

problematisch werden, da Kläranlagen oftmals außerhalb von besiedelten Gebieten und somit auch in zu großer Entfernung von potenziellen Wärmeabnehmern gelegen sind.

4.2.3. Risikobetrachtung

Soll eine Abwasserwärmenutzungsanlage realisiert werden, ist für potenzielle Standorte nicht nur der Status Quo der Parameter „Wärmeangebot" und „Wärmebedarf" zu bestimmen; darüber hinaus müssen Prognosen über deren zukünftige Entwicklung erstellt sowie Risikofaktoren identifiziert und bewertet werden, die diese Parameter zukünftig beeinflussen könnten. Dies ist besonders wichtig aufgrund der langen Lebensdauer der Komponenten von Abwasserwärmenutzungsanlagen. Beispielsweise kann für Wärmepumpen eine Lebensdauer von 15 bis 25 Jahren angenommen werden, für Wärmetauscher sogar eine Lebensdauer von 30 bis 50 Jahren.[53]

Das Wärmeangebot wird determiniert durch die Faktoren „Abwassermenge" und „Abwassertemperatur". Bezüglich der Abwassermenge ist zu konstatieren, dass der Wasserverbrauch pro Kopf in Deutschland in den letzten Jahren stark zurückgegangen ist. Im Jahre 1991 wurden noch 144 Liter Wasser pro Kopf und pro Tag verbraucht, wohingegen der Pro-Kopf-Verbrauch bis zum Jahr 2007 auf nur noch 122 Liter pro Tag sank.[54] Diese Entwicklungen könnten sich fortsetzen, weshalb für die Zukunft durchaus das Risiko einer weiter zurückgehenden Abwassermenge besteht.

Ein weiterer Faktor, der sowohl auf die zur Verfügung stehende Abwassermenge als auch auf den vorhandenen Wärmebedarf an einem potenziellen Standort Einfluss haben kann, ist der demografische Wandel.[55] In Deutschland ist diesbezüglich generell ein negatives Bevölkerungswachstum zu beobachten, noch wichtiger dürfte es bei der Planung von Abwasserwärmenutzungsanlagen allerdings sein, regionale Wanderungsprozesse zu berücksichtigen. In Gebieten, die von starker Abwanderung betroffen sind, besteht das Risiko, dass in der Zukunft möglicherweise nur noch eine zu geringe Abwassermenge zur Verfügung steht, wenn die Zahl der Einleiter immer weiter zurückgeht. Desweiteren besteht durch eine starke Abwanderung auch mit Blick auf den Wärmebedarf an einem potenziellen Standort das Risiko einer immer geringeren Abnahmemenge in der Zukunft; dieser Punkt ist besonders relevant im Falle von Fernwärmenetzen, die mehrere Wärmeabnehmer versorgen.

---

53 Vgl. Buri & Kobel (2005), S. 27.
54 Vgl. Statistisches Bundesamt (Kein Datum b).
55 Vgl. DWA (06/2009), S. 26.

Schließlich sind noch die Risiken zu beachten, die sich daraus ergeben, wenn Abwassermenge, Abwassertemperatur oder Wärmebedarf an einem potenziellen Standort lediglich von sehr wenigen Großeinleitern bzw. -abnehmern dominiert werden. Hierbei spielen vor allem Unternehmen oder Industriebetriebe eine Rolle, bei denen es möglich ist, dass sie Standortwechsel oder Betriebsschließungen vornehmen. Erstens kann die Abwanderung eines solchen Großeinleiters, verbunden mit dem Wegfall seiner vormals eingeleiteten Abwassermenge, dazu führen, dass nicht mehr die zum wirtschaftlichen Betrieb einer Abwasserwärmenutzungsanlage erforderliche Mindestabwassermenge zur Verfügung steht. Zweitens könnte der Wegfall eines großen industriellen Einleiters dazu führen, dass die Temperatur des Abwassers im Kanal aufgrund der fehlenden Einleitung hochtemperierten industriellen Abwassers deutlich absinkt und hierdurch möglicherweise nicht mehr für den wirtschaftlichen Betrieb der Anlage ausreicht. Drittens könnte die Abwanderung eines großen Wärmeabnehmers durch die hierdurch verringerte Gesamtwärmeabnahme die Auslastung der Anlage deutlich absinken lassen und ihren weiteren Betrieb somit unter Umständen unwirtschaftlich werden lassen.

Wie groß die tatsächliche Relevanz der genannten Risiken bzw. wie hoch ihre tatsächliche Eintrittswahrscheinlichkeit bezogen auf einen konkreten Standort ist, muss immer im Einzelfall abgeschätzt werden. Da regionale Gegebenheiten hierbei eine große Rolle spielen und auch für die Abwasserwärmenutzungsanlage an sich je nach gewählter Realisierungsform unterschiedliche Implikationen gelten, können allgemeingültige Aussagen bezüglich der Bewertung dieser Risiken kaum getroffen werden. Es kann lediglich die Wichtigkeit betont werden, die Betrachtung dieser Risiken auf jeden Fall in die Analyse potenzieller Standorte mit aufzunehmen.

4.3. Dimensionierung und Auslegung von Abwasserwärmenutzungsanlagen

4.3.1. Analyse verschiedener Dimensionierungs- und Auslegungsvarianten

Sobald Daten bezüglich Abwassermenge, Abwassertemperatur und Wärmebedarf an einem potenziellen Standort zur Verfügung stehen, ist es möglich, eine Abwasserwärmenutzungsanlage zu dimensionieren und eine Entscheidung über die zu realisierende Ausführungsform zu treffen. Diese beiden Punkte hängen miteinander zusammen.

Zur Auslegung der Abwasserwärmenutzungsanlage muss der Wärmebedarf an einem potenziellen Standort zunächst detaillierter betrachtet werden. Häufig dürfte man hierbei den Fall antreffen, dass einerseits hohe Wärmeleistungsbedarfe nur an sehr wenigen Tagen pro Jahr bestehen und es andererseits Tage geben kann, an denen lediglich ein sehr geringer bzw. überhaupt kein Wärmeleistungsbedarf zu verzeichnen ist.

Grundsätzlich gilt, dass Heizungsanlagen (und somit auch Abwasserwärmenutzungsanlagen) so auszulegen sind, dass sie nicht nur in der Lage sind, den Normalfall bzw. durchschnittliche Wärmeleistungsbedarfe zu bewältigen, sondern dass sie ebenfalls den seltener auftretenden sehr hohen Wärmeleistungsbedarfen gewachsen sind. Der Unterschied zwischen einer herkömmlichen Heizungsanlage und einer Abwasserwärmenutzungsanlage hinsichtlich ihrer Auslegung besteht darin, dass im letztgenannten Fall verschiedene Möglichkeiten bestehen, wie den genannten Extremfällen begegnet werden kann. Hierzu kommen einerseits monovalente, andererseits bi- oder sogar multivalente Anlagen infrage (siehe Kapitel 2.3.2.).

Der Auslegung einer monovalenten Abwasserwärmenutzungsanlage liegen ähnliche Voraussetzungen zugrunde wie der Auslegung einer herkömmlichen Heizungsanlage, da beide Anlagen die vorliegenden Wärmebedarfe mithilfe einer einzigen Wärmequelle decken (mit der Rückgewinnung der Abwasserwärme einerseits und der Wärmeerzeugung durch Verbrennung eines Energieträgers andererseits). Um neben dem durchschnittlichen Wärmebedarf auch zu erwartende Spitzenlasten bewältigen zu können, ist bei monovalenten Anlagen eine gewisse Überdimensionierung (bezogen auf den Normalfall) zwingend erforderlich.

Wird eine Abwasserwärmenutzungsanlage in bivalenter (oder sogar multivalenter) Form realisiert, ist es hingegen möglich, den Teil der Anlage, der Wärme aus dem Abwasser zurückgewinnt, deutlich kleiner zu dimensionieren, da hier lediglich ein Teil des gesamten Wärmebedarfs mithilfe der im Abwasser gespeicherten Wärme gedeckt wird. Der Rest der benötigten Wärme wird dagegen mithilfe anderer Technologien erzeugt, wozu besonders herkömmliche Öl- oder Gasheizkessel sowie Blockheizkraftwerke infrage kommen. Es ist eine Leistungsverteilung auf die verschiedenen Komponenten der Heizungsanlage vorzunehmen. Diesbezüglich wird empfohlen, die Wärmepumpe auf 30 bis 40% des maximal auftretenden Wärmeleistungsbedarfs auszulegen und die restlichen 60 bis 70% mithilfe einer herkömmlichen Heizungsanlage zu erzeugen.[56] Mit dieser Leistungsverteilung ist es möglich, etwa 70 bis 80% des Gesamtwärmebedarfes eines Jahres mithilfe der Wärmerückgewinnung aus Abwasser zu erzeugen, wohingegen lediglich die verbleibenden 20 bis 30% des jährlichen Gesamtwärmebedarfs durch einen Heizkessel oder ein Blockheizkraftwerk bereit-

---

56   Vgl. Buri & Kobel (2005), S. 21.

zustellen sind. Hierdurch kann die Wärmepumpe deutlich kleiner dimensioniert und somit auch wirtschaftlicher betrieben werden.

4.3.2. Risikobetrachtung

Die Daten, die zur Auslegung von Abwasserwärmenutzungsanlagen benötigt werden, müssen größtenteils geschätzt oder ausgehend von in der Vergangenheit gemessenen Werten für die Zukunft prognostiziert werden. Hierin liegt ein gewisses Risiko, das bei der Auslegung zu realisierender Anlagen zu berücksichtigen ist, damit diese auch bei sehr ungünstigen Bedingungen den Wärmeleistungsbedarf zu jeder Zeit decken können.

Diese Problematik betrifft monovalente Anlagen deutlich stärker, da diesen nur das Abwasser als Wärmequelle zur Verfügung steht. Und so dürfte bei diesen Anlagen neben einer ohnehin bereits bestehenden gewissen Überdimensionierung (bezogen auf Tage, an denen keine Spitzenlast vorliegt) oftmals eine weitere Überdimensionierung einzuplanen sein, gewissermaßen als „Puffer", um auch sehr ungünstigen Rahmenbedingungen (sehr wenig Abwasser mit sehr niedriger Temperatur bei gleichzeitigem hohen Wärmebedarf) begegnen zu können. Als Richtwert gilt, dass Wärmepumpen in monovalenten Anlagen etwa 5- bis 10-mal größer dimensioniert werden müssen als Wärmepumpen in bi- oder multivalenten Anlagen.[57] Dies führt erstens zu höheren Kosten bei der Realisierung der Anlage und zweitens dazu, dass die Abwasserwärmenutzungsanlage oftmals in einem Bereich betrieben werden muss, in dem sie nicht ausgelastet wird.

Bi- oder multivalente Anlagen sind von dieser Problematik weniger stark betroffen bzw. können ihr mithilfe eines Heizkessels oder Blockheizkraftwerks begegnen, sodass die Wärmepumpe nicht nur deshalb noch größer dimensioniert werden muss, um die Wirkung sehr ungünstiger Rahmenbedingungen abzuschwächen. Insgesamt können Wärmepumpen bei dieser Variante deutlich kleiner dimensioniert und außerdem gleichmäßiger be- und somit auch besser ausgelastet werden. Ein weiterer Vorteil gegenüber einer monovalenten Anlage ist die höhere Betriebssicherheit, da etwa beim Ausfall der Wärmepumpe immer noch Heizkessel oder Blockheizkraftwerk zur Verfügung stehen, um zumindest einen Teil der benötigten Heizwärme bereitzustellen.

Zusammengefasst scheinen Abwasserwärmenutzungsanlagen, die bi- oder multivalent realisiert werden, monovalenten Anlagen in den meisten Fällen überlegen zu sein.

---

57 Vgl. DWA (06/2009), S. 28.

4.4. Kosten und Wirtschaftlichkeit

4.4.1. Kosten- und Wirtschaftlichkeitsanalyse von Anlagen zur Abwasserwärmenutzung

Grundsätzlich ist zur Realisierung einer Abwasserwärmenutzungsanlage eine deutlich höhere Investition nötig als zur Realisierung einer herkömmlichen Heizungsanlage. Im letztgenannten Fall müssen im Wesentlichen die Heizungsanlage an sich sowie ein Brennstofftank oder ein Anschluss an die Gasversorgung installiert werden. Dagegen muss im Fall einer Abwasserwärmenutzungsanlage erstens ein Wärmetauscher installiert werden, wozu entweder umfangreiche Arbeiten direkt im Abwasserkanal (bei einer Wärmeentnahme im Kanal) oder die Installation eines Pumpsystems und der Bau einer Heizzentrale (bei einer Bypass Lösung) nötig sind. Zweitens muss eine Wärmepumpe installiert werden und drittens muss die erzeugte Wärme oftmals noch zu den Wärmeabnehmern transportiert werden (besonders bei der Wärmeentnahme aus dem öffentlichen Kanal oder nach der Kläranlage), wozu ein Fernwärmenetz errichtet werden muss. Die Investitionskosten können sich außerdem weiter erhöhen, wenn eine Abwasserwärmenutzungsanlage bi- oder multivalent ausgeführt wird und keine Komponenten einer bereits zuvor existierenden Heizungsanlage vorhanden sind, die weiterverwendet werden können (etwa ein Heizkessel oder ein Blockheizkraftwerk).

Die Höhe der notwendigen Investitionen kann nur sehr schwer verallgemeinert werden, da diese stark von den vorliegenden Rahmenbedingungen abhängen, die einerseits einen großen Einfluss auf die Dimensionierung der zu installierenden Komponenten haben und andererseits sehr unterschiedliche bauliche Maßnahmen erforderlich machen.[58]

Die wenigen vorliegenden Studien, die sich mit der Wirtschaftlichkeit von Abwasserwärmenutzungsanlagen befassen, beziehen sich wiederum auf konkrete Fälle, weshalb ihre Erkenntnisse auch nur bedingt verallgemeinerbar sind. Allerdings vermögen sie zumindest einige Tendenzen aufzuzeigen. Im Folgenden werden zunächst einige Kernaussagen von drei öffentlich zugänglichen Studien zur Wirtschaftlichkeit von Abwasserwärmenutzungsanlagen dargestellt und anschließend kritisch geprüft.

---

58   Vgl. DWA (06/2009), S. 38.

4.4.1.1. Studie Bremerhaven

In einer Studie aus dem Jahr 2004 wird das Nutzungspotenzial der Abwasser-wärmenutzung in Bremerhaven anhand von drei Beispielen untersucht.[59] Hierbei handelt es sich um ein Museum, eine Schule und ein Schwimmbad. In den ersten beiden Fällen wird eine Abwasserwärmenutzungsanlage mit einer herkömmlichen Gasheizung verglichen, im letztgenannten Fall mit einem Fernwärmeanschluss. In allen drei Fällen wird eine monovalente Anlage zugrunde gelegt. Desweiteren wird davon ausgegangen, dass die zuvor installierten Heizsysteme in jedem Fall ersetzt werden müssen; folglich wird jeweils der Fall einer notwendigen Sanierung betrachtet.[60]

Die Studie geht im Fall des Museums für eine Abwasserwärmenutzungsanlage von Anschaffungs- und Installationskosten in Höhe von knapp 39.000 Euro aus; die Kosten für eine vergleichbare Gasheizung werden mit etwa 18.400 Euro weniger als halb so hoch eingeschätzt.[61] Auch im Fall der Schule übersteigen die veranschlagten Kosten für eine Abwasserwärmenutzungsanlage (etwa 119.000 Euro) die Kosten für eine Gasheizung (etwa 64.900 Euro) beinahe um das Doppelte.[62] Im Fall des Schwimmbades liegen die Kosten für eine Abwassernutzungsanlage mit 23.400 Euro sogar etwa um den Faktor acht höher als die Kosten für den in die Betrachtung einbezogenen Fernwärmeanschluss (etwa 2.800 Euro).[63] Würden also lediglich die Anschaffungs- und Installationskosten betrachtet, würde eine Abwasserwärmenutzungsanlage in keinem der betrachteten Fälle den Zuschlag erhalten. Werden aber die Kosten für die gesamte Lebensdauer der zu installierenden Anlagen betrachtet, wie es auch andere Quellen empfehlen,[64] gelangt man in allen Fällen zum gegenteiligen Ergebnis.

Wird eine Abwasserwärmenutzungsanlage installiert, fallen die Betriebskosten gemäß den Angaben der Studie um jährlich etwa 2.800 Euro (Beispiel Museum), 7.100 Euro (Beispiel Schule) und 6.600 Euro (Beispiel Schwimmbad) geringer aus als bei den betrachteten Alternativen. Darüber hinaus wird die Lebensdauer von Wärmepumpen in der Studie mit 20 bis 25 Jahren angenommen.[65] Mithilfe dieser Werte ist es möglich, Kapitalwertberechnungen durchzuführen. Hierzu können die genannten Beträge, um die die Betriebskosten der

---

59 Vgl. Kruse, Litzka, Piller & Steffan (2004), S. 3 & 4.
60 Vgl. Kruse, Litzka, Piller & Steffan (2004), S. 26.
61 Vgl. Kruse, Litzka, Piller & Steffan (2004), S. 32.
62 Vgl. Kruse, Litzka, Piller & Steffan (2004), S. 37.
63 Vgl. Kruse, Litzka, Piller & Steffan (2004), S. 42.
64 Vgl. DWA (06/2009), S. 37 & Gutzwiller, Rigassi & Eicher (2008), S. 25.
65 Vgl. Kruse, Litzka, Piller & Steffan (2004), S. 32 & 38.

Abwasserwärmenutzungsanlagen jeweils niedriger ausfallen, als jährliche positive Zahlungsströme interpretiert werden, die im Zuge der Kapitalwertberechnungen entsprechend abzuzinsen sind. Legt man einen Kalkulationszinssatz von 6% an, belaufen sich die Kapitalwerte der Abwasserwärmenutzungsanlagen bei einer Lebensdauer von jeweils 20 Jahren auf etwa -6.500 Euro (Beispiel Museum), -37.400 Euro (Beispiel Schule) und 52.200 Euro (Beispiel Schwimmbad). Die Kapitalwerte der alternativen Heizungsanlagen belaufen sich hingegen, den jeweiligen Anfangsinvestitionen entsprechend, auf etwa -18.400 Euro (Beispiel Museum), -64.900 Euro (Beispiel Schule) und -2.800 Euro (Beispiel Schwimmbad).

Zu beachten ist hierbei, dass durch den Betrieb von Heizungsanlagen grundsätzlich keine Gewinne generiert werden; vielmehr ist das Ziel, die Betriebskosten möglichst gering zu halten. Aus diesem Grund stellen in diesem Fall auch Anlagen mit negativen Kapitalwerten sinnvolle Investitionen dar, sofern sie den vorhandenen Alternativen im direkten Vergleich überlegen sind. Dies ist bei allen drei Beispielen der Fall, wobei sich diese Überlegenheit besonders deutlich am Beispiel des Schwimmbads zeigt: hier bewegt sich der errechnete Kapitalwert sogar im fünfstelligen positiven Bereich. Noch deutlicher wird die Überlegenheit der Abwasserwärmenutzungsanlagen, wenn von einer noch längeren Lebensdauer ausgegangen wird: da sich die Anlagen bereits nach 12 Jahren (Beispiel Museum), 13 Jahren (Beispiel Schule) und sogar lediglich 4 Jahren (Beispiel Schwimmbad) vollständig amortisieren, verbessert jedes weiter Jahr der Nutzung ihre Wirtschaftlichkeit und somit auch ihre Kapitalwerte.

In der Gesamtschau kommt die Studie zu dem klaren Ergebnis, dass Abwasserwärmenutzungsanlagen in Bremerhaven wirtschaftlich einsetzbar sind.[66]

4.4.1.2. Studie Schweiz

In einer weiteren Studie aus dem Jahr 2008 wurden 15 Abwasserwärmenutzungsanlagen in der Schweiz hinsichtlich ihrer Wirtschaftlichkeit analysiert. Hiervon wurden zwölf Anlagen entweder bereits realisiert oder ihre Realisierung wurde zumindest beschlossen; drei der betrachteten Anlagen wurden dagegen nicht oder noch nicht realisiert. Bis auf eine Ausnahme sind alle betrachteten Anlagen in bivalenter Form ausgeführt.[67]

Um die Wirtschaftlichkeit der betrachteten Anlagen bewerten zu können, wurden ihre jeweiligen Wärmegestehungskosten mit denen einer konventionellen Ölheizung der gleichen Leistungsstärke verglichen. Auch in dieser Studie wurde hierzu der Life-Cycle-Ansatz gewählt; es wurden also sämtliche Kosten

---

66 Vgl. Kruse, Litzka, Piller & Steffan (2004), S. 53.
67 Vgl. Gutzwiller, Rigassi & Eicher (2008), S. 30.

herangezogen, die während der gesamten Lebensdauer der installierten Anlagen anfallen.[68]

Die Studie kommt zu dem Schluss, dass lediglich drei der analysierten Anlagen als rentabel angesehen werden können und somit vergleichbaren Ölheizungen überlegen sind. Bei einer weiteren Anlage liegen die Wärmeerzeugungskosten genauso hoch wie bei einer vergleichbaren Ölheizung und bei zwei weiteren Anlagen wird der Punkt, ab dem sie wirtschaftlich betrieben werden könnten, nur sehr knapp verfehlt. Im Umkehrschluss bedeutet dies, dass gemäß den Ergebnissen dieser Studie 60 Prozent der untersuchten Anlagen nicht wirtschaftlich betrieben werden können. Interessanterweise wurden dennoch sechs dieser unrentablen Anlagen realisiert und die Realisierung einer weiteren Anlage, die gemäß den Ergebnissen dieser Untersuchung als unwirtschaftlich angesehen werden muss, wurde bereits beschlossen.[69]

Darüber hinaus nennt diese Studie allerdings weder absolute Zahlen hinsichtlich der Höhe der nötigen Investitionskosten der verschiedenen untersuchten Abwasserwärmenutzungsanlagen noch hinsichtlich der Amortisationszeiten und monatlichen Ersparnisse bezüglich der rentablen Anlagen.

4.4.1.3. Studie Freiburg

Im Jahr 2007 wurde eine Studie veröffentlicht, in der versucht wurde, das Gesamtpotenzial der Abwasserwärmenutzung in Freiburg im Breisgau zu bestimmen. Der Projektträger dieser Studie war mit der badenova AG & Co. KG ein kommunales Energieversorgungsunternehmen. Die Intention der Untersuchung war, die Technik der Abwasserwärmenutzung an sich kritisch zu analysieren, und zu prüfen, ob es sinnvoll ist, sie in das bereits bestehende Portfolio von Wärmeerzeugungstechnologien der badenova mit aufzunehmen.

In dieser Studie wurden keine bereits existierenden oder vollständig geplanten Anlagen untersucht, da im Operationsgebiet der badenova bisher noch keine entsprechenden Anlagen realisiert worden waren. Stattdessen wurde einerseits das in Freiburg vorhandene Kanalnetz hinsichtlich seines potenziellen Wärmeangebots analysiert, andererseits wurden größere Gebäudekomplexe in unmittelbarer Nähe der Kanäle gesucht, die grundsätzlich als Wärmeabnehmer infrage kommen könnten.[70] Insgesamt konnten 29 potenzielle Standorte identifiziert werden, deren tatsächlicher Wärmebedarf anschließend ermittelt wurde.[71] Mithilfe all dieser Daten wurden Wirtschaftlichkeitsberechnungen bezüglich einer

---

68 Vgl. Gutzwiller, Rigassi & Eicher (2008), S. 25.
69 Vgl. Gutzwiller, Rigassi & Eicher (2008), S. 33.
70 Vgl. Hagspiel (2007), S. 2.
71 Vgl. Hagspiel (2007), S. 26.

möglichen Realisierung von Abwasserwärmenutzungsanlagen an den identifizierten Standorten angestellt, wobei die jeweiligen Investitions-, Betriebs- und Verbrauchskosten nach einem einheitlichen Maßstab abgeschätzt wurden.

Die Studie kommt abschließend zu dem Ergebnis, dass der Nachweis noch nicht erbracht ist, dass Abwasserwärmenutzungsanlagen wirtschaftlich betrieben werden können; dies sei erst nach einem weiteren Anstieg der Energiepreise zu erwarten.[72] Dennoch wird die Rückgewinnung der Wärme aus dem Abwasser prinzipiell als „sinnvolle Angelegenheit"[73] und die Technologie der Abwasserwärmenutzung an sich als „sinnvolle Ergänzung"[74] zu den bereits etablierten Wärmetechnologien angesehen und es wird die Realisierung einer Pilotanlage empfohlen.[75]

4.4.1.4. Kritische Betrachtung der Ergebnisse der präsentierten Studien

Zusammenfassend kann festgestellt werden, dass alle drei dargestellten Studien es für grundsätzlich möglich halten, dass Abwasserwärmenutzungsanlagen wirtschaftlich betrieben werden können.

Die Bremerhavener Studie formuliert dies am deutlichsten. Hier werden drei potenzielle Standorte analysiert und an allen könnten Abwasserwärmenutzungsanlagen wirtschaftlich betrieben werden und sich nach annehmbarer Zeit amortisieren. In der Gesamtschau stellt diese Studie die Abwasserwärmenutzung aber etwas zu positiv dar. Schon die Ausgangslage der Studie wurde mit Blick auf diese Technologie bestmöglich gewählt, da mit einem Schwimmbad, einer Schule und einem Museum lediglich Gebäude betrachtet wurden, die sowohl große Abwassereinleiter als auch potenziell große Wärmeabnehmer sind. Desweiteren wurde angenommen, dass alle Gebäude ohnehin eine neue Heizungsanlage benötigten. Wenn Abwasserwärmenutzungsanlagen im Zuge einer ohnehin notwendigen Sanierung installiert werden, können sich hierdurch Synergieeffekte ergeben. Schließlich setzt die Studie die Lebensdauer von Wärmepumpen mit 20 bis 25 Jahren eher am oberen Ende des in der Literatur genannten Bereichs von 15 bis 25 Jahren an, weshalb die errechneten Amortisationszeiten in noch positiverem Licht erscheinen.

Trotz aller genannten Kritikpunkte können einige allgemeingültige Erkenntnisse aus dieser Studie gewonnen werden. Erstens wird anhand der präsentierten Zahlen veranschaulicht, dass die Investitionskosten für eine Abwasserwärme-

---

72   Vgl. Hagspiel (2007), S. 44.
73   Hagspiel (2007), S. 45.
74   Hagspiel (2007), S. 32.
75   Vgl. Hagspiel (2007), S. 45.

nutzungsanlage gewöhnlich deutlich über denen einer vergleichbaren herkömmlichen Heizungsanlage liegen und diese Mehrkosten durch geringere Kosten während des Betriebes der Anlage ausgeglichen werden müssen. Am Beispiel der in dieser Studie betrachteten Schule wird deutlich, dass je nach Objekt durchaus auch mit Investitionskosten von über 100.000 Euro zu rechnen sein kann.

Zweitens wird in der Bremerhavener Studie impliziert, dass Anlagen zur Abwasserwärmenutzung tatsächlich wirtschaftlich betrieben werden können, sofern sie an Standorten realisiert werden, an denen die Rahmenbedingungen hierfür sehr günstig ausfallen. Dies wird auch durch die Schweizer Studie bestätigt, in der den Anlagen, die als rentabel oder zumindest nahezu rentabel eingestuft werden, bescheinigt wird, dass sie über „sehr günstige Voraussetzungen" verfügen.[76] Insgesamt fällt letztgenannte Studie jedoch ein deutlich kritischeres Urteil über die Technik der Abwasserwärmenutzung, da der Mehrheit der untersuchten Anlagen bescheinigt wird, nicht wirtschaftlich betrieben werden zu können.

Zu dem kritischsten Ergebnis kommt die Freiburger Studie, die es zum Zeitpunkt ihrer Veröffentlichung noch nicht als erwiesen ansah, dass sich Abwasserwärmenutzungsanlagen wirtschaftlich betreiben lassen. Allerdings wurde in dieser Studie lediglich der Freiburger Raum analysiert, für den diese Schlussfolgerung auch durchaus zutreffen mag. Dass dieser Aussage dagegen allgemeine Gültigkeit zukommt, kann als widerlegt betrachtet werden, da in der Schweizer Studie bereits tatsächlich realisierte Abwasserwärmenutzungsanlagen identifiziert wurden, die sich wirtschaftlich betreiben lassen.

4.4.2. Risikobetrachtung

Als tatsächliche Risiken bei der Planung und Realisierung von Abwasserwärmenutzungsanlagen sind hauptsächlich Fehlplanungen und unvorhergesehene Preisentwicklungen bezüglich der Energiekosten zu nennen.

Alle genannten Studien kommen zu dem Ergebnis, dass ein wirtschaftlicher Betrieb von Anlagen zur Wärmerückgewinnung aus Abwasser möglich ist oder zumindest in naher Zukunft möglich sein wird, sofern diese Anlagen an Standorten realisiert werden, an denen diesbezüglich günstige Rahmenbedingungen herrschen. Zusammenfassend ist festzustellen, dass sich die meisten Risiken, die mit diesen Rahmenbedingungen in Verbindung stehen, durch sorgfältige Standortanalysen und Anlagenplanungen beherrschen lassen, was dazu führen sollte,

---

76 Vgl. Gutzwiller, Rigassi & Eicher (2008), S. 33.

dass Abwasserwärmenutzungsanlagen nur an tatsächlich sinnvollen Standorten realisiert werden. Eine weitere Unwägbarkeit stellt die Entwicklung der Energiekosten in der Zukunft dar. Wie bereits dargelegt, fallen die Investitionskosten für Anlagen zur Abwasserwärmenutzung gewöhnlich höher, ihre Betriebs- und Verbrauchskosten dagegen im Normalfall niedriger aus als bei herkömmlichen Heizungsanlagen mit vergleichbarer Leistung. Dies ist auf den deutlich geringeren Bedarf an Primärenergie zurückzuführen, da lediglich die Wärmepumpe die Zufuhr externer Energie benötigt. Der überwiegende Teil der von Abwasserwärmenutzungsanlagen insgesamt bereitgestellten Wärme wird dagegen mithilfe eines Wärmetauschers aus dem Abwasser zurückgewonnen.

Ausgehend von in Zukunft steigenden Energiepreisen muss zwar insgesamt ebenfalls mit höheren Kosten für den Betrieb solcher Anlagen gerechnet werden, im Vergleich zu herkömmlichen Heizungsanlagen, deren Wärmeerzeugung vollständig auf dem Verbrauch von Primärenergie basiert, hat dies hier aber viel geringere Auswirkungen. Auf diesen Zusammenhang weist auch die Freiburger Studie hin, die Anlagen zur Abwasserwärmenutzung bei weiter steigenden Energiepreisen in naher Zukunft ebenfalls für wirtschaftlich hält.

4.5. Ökologische Aspekte

4.5.1. Energie- und CO_2-Einsparungen

Die Technik der Abwasserwärmenutzung recycelt bereits erzeugte Wärme und hebt sie unter Zufuhr externer Energie erneut auf ein nutzbares Niveau an. Hierbei verursacht lediglich diese Zufuhr externer Energie zur Wärmepumpe einen Primärenergieverbrauch, wohingegen herkömmliche Öl- oder Gasheizungen vollständig auf den Verbrauch von Primärenergie (beispielsweise durch das Verbrennen von Heizöl oder Gas) zurückgreifen müssen. Dies verursacht einen entsprechend höheren Ausstoß von CO_2.

Vergleicht man beispielsweise eine bivalente Abwasserwärmenutzungsanlage mit Gas-Spitzenkessel mit einer herkömmlichen Ölheizung, so liegen die CO_2-Emissionen hier um etwa 45 Prozent niedriger; im Falle einer multivalenten Anlage, bei der neben einer Abwasserwärmenutzungsanlage und einem Gas-Spitzenkessel auch ein Blockheizkraftwerk vorhanden ist, das einerseits den Strom zum Betreiben der Wärmepumpe und andererseits auch einen Teil der benötigten Wärme bereitstellt, kann sogar mit einer Reduktion der CO_2-Emissionen um etwa 60 Prozent gerechnet werden. Verglichen mit modernen Gasheizungen mit Brennwertnutzung fällt dieser Emissionsvorteil der Abwasserwärmenutzungsanlagen zwar nur noch gering aus, ist aber nach wie vor vorhanden.[77] Auch in der bereits zitierten Bremerhavener Studie schneiden die betrachteten Abwasserwärmenutzungsanlagen auch in ökologischer Hinsicht jeweils besser ab. Bei den beiden Beispielen, bei denen Gasheizungen als Vergleichsobjekte dienen, kann der Primärenergieeinsatz durch die Wärmerückgewinnung um etwa 34 bzw. 35 Prozent und der CO_2-Ausstoß um etwa 22 bzw. 23 Prozent gesenkt werden.[78] Noch deutlicher zeigen sich die ökologischen Vorteile im dritten in der Studie genannten Beispiel, in dem eine Abwasserwärmenutzungsanlage mit einem Fernwärmeanschluss verglichen wird: hier fällt der Primärenergiebedarf sogar um etwa 64 Prozent geringer aus, der CO_2-Ausstoß um etwa 59 Prozent.[79]

Auch die Freiburger Studie, die gegenüber der Abwasserwärmenutzung eine etwas kritischer Haltung einnimmt, bestätigt diese Einschätzung, indem sie untersucht, welchen CO_2-Ausstoß verschiedene Heizungstypen verursachen, wenn sie im gleichen Zeitraum die gleiche Menge Heizenergie erzeugen müssen. Im Vergleich zu Abwasserwärmenutzungsanlagen mit Elektrowärmepumpen verursachen Gasheizungen mit Brennwertnutzung gemäß den Ergebnissen dieser Studie einen um etwa 30% und Öl-Niedertemperatur-Heizungen einen um etwa 81% höheren CO_2-Ausstoß, während die CO_2-Emissionen von Elektroheizungen sogar um etwa 231% höher ausfallen. Abwasserwärmenutzungsanlangen, deren Wärmepumpen mit Gas betrieben werden, schneiden bei diesem Vergleich sogar noch besser ab.[80] Auch beim Vergleich der Primärenergiebedarfe der verschiedenen Heizungstypen fallen die Ergebnisse ähnlich aus, die Anlagen zur Abwasserwärmenutzung sind auch hier im Vorteil.

Abwasserwärmenutzungsanlagen sind also bereits grundsätzlich dazu geeignet, verglichen mit gewöhnlichen Heizungsanlagen den Primärenergiebedarf sowie den CO_2-Ausstoß zu senken. Nochmals deutlich verbessert werden kann die CO_2-Bilanz solcher Anlagen allerdings, wenn zum Betreiben der Wärmepumpen erneuerbare Energien eingesetzt werden.[81]

77 Vgl. Deutsche Bundesstiftung Umwelt et al. (2009), S. 21.
78 Vgl. Kruse, Litzka, Piller & Steffan (2004), S. 33 & 38.
79 Vgl. Kruse, Litzka, Piller & Steffan (2004), S. 44.
80 Vgl. Hagspiel (2007), S. 23.
81 Vgl. DWA (06/2009), S. 35.

4.5.2. Reinigungsleistung von Kläranlagen und Gewässerschutz

Grundsätzlich gilt: Wird dem Abwasser Wärme entzogen, sinkt seine Temperatur. Findet dieser Wärmeentzug statt, bevor das Abwasser in einer Kläranlage gereinigt wurde, ist zu beachten, dass zur Abwasserklärung eine gewisse Mindesttemperatur vorhanden sein muss, weswegen ein zuvor erfolgter Wärmeentzug hier negative Auswirkungen auf die Reinigungsleistung der Kläranlagen haben kann. Ist eine Abwasserwärmenutzungsanlage hingegen einer Kläranlage nachgeschaltet, wirkt sich die durch den Wärmeentzug gesenkte Temperatur des geklärten Abwassers aus ökologischer Sicht jedoch positiv aus, da das geklärte Abwasser anschließend üblicherweise in Gewässer eingeleitet wird, bei denen es gilt, ihre natürliche Temperatur möglichst nicht zu verändern. Durch den Einfluss des Menschen haben sich die Temperaturen vieler Gewässer ohnehin bereits erhöht, was beispielsweise die Fischfauna beeinträchtigt.[82] Die Abkühlung des einzuleitenden Abwassers stellt hier also einen erwünschten Effekt dar.

4.5.3. Risikobetrachtung

Bezüglich des Primärenergieverbrauchs und des CO_2-Ausstoßes sind keine Risiken ersichtlich. Eine sinnvolle Standortwahl und eine sorgfältige Auslegung der Anlage vorausgesetzt, liegt es in der Natur der Abwasserwärmenutzungstechnologie, dass durch das Recycling der Wärme verglichen mit herkömmlichen Heizungsanlagen weniger Primärenergie verbraucht werden muss, um die gleiche Wärmemenge zu erzeugen. Aus demselben Grund fallen die CO_2-Emissionen im Vergleich ebenfalls niedriger aus.

Bezogen auf die Veränderung der Abwassertemperatur durch das Entziehen von Wärme ist zu beachten, dass es Vorschriften und Richtlinien darüber gibt, welche Mindesttemperatur Abwasser besitzen muss, damit die Reinigungsprozesse in den Kläranlagen funktionieren können. Grundsätzlich ist dies unproblematisch, da die Abwassertemperatur auch ohne den Einfluss der Abwasserwärmenutzung schwankt und Kläranlagen ohnehin so ausgelegt sind, dass die Reinigung des Abwassers auch bei extremen Bedingungen erfolgen kann. Wird die Tatsache mit einbezogen, dass es durch die Wärmeentnahme grundsätzlich nicht zu sonderlich großen Temperaturänderungen des Abwassers insgesamt kommt, sind diesbezüglich gegenwärtig keine Probleme zu erwarten. Immerhin ist es aber möglich, dass die genannten Grenzwerte in der Zukunft strenger gefasst werden könnten. Im Extremfall könnte es dann dazu kommen, dass Abwasserwärmenutzungsanlagen aufgrund der von ihnen bewirkten Temperatur-

---

82 Vgl. Baudirektion Zürich und AWEL (2010), S. 9.

veränderungen des Abwassers nicht mehr betrieben werden dürfen. Dieses Risiko erscheint in der Gesamtschau allerdings recht gering zu sein.

5. Fazit und Ausblick

In der vorliegenden Arbeit wurden sowohl technische als auch rechtliche Grundlagen bezüglich der Technik der Abwasserwärmenutzung dargestellt. Desweiteren wurde bezüglich dieser Technologie eine Investitionsanalyse durchgeführt. Die Technik der Abwasserwärmenutzung kann grundsätzlich als ausgereift und etabliert angesehen werden. Sowohl die Wärmetauscher- als auch die Wärmepumpentechnik gelten als bewährte Verfahren und entsprechende Anlagen weisen eine lange Lebensdauer auf. Desweiteren wurden verschiedene Möglichkeiten aufgezeigt, Abwasserwärmenutzungsanlagen zu realisieren. Hier sind besonders die unterschiedlichen Wärmeentnahmestellen sowie die Möglichkeit zu nennen, solche Anlagen entweder in monovalenter oder aber in bi- oder gar multivalenter Form auszuführen.

Eine allgemeingültige „beste Lösung" bei der Standortwahl für Anlagen zur Abwasserwärmenutzung gibt es nicht. Jeder der drei benannten Standorttypen weist sowohl Vor- als auch Nachteile auf. Wird dem Abwasser direkt auf dem Grundstück eines Abwassereinleiters die Wärme entzogen, kann grundsätzlich von einer hohen Abwassertemperatur und einer geringen Entfernung zum Wärmeabnehmer ausgegangen werden. Allerdings besitzt diese Variante den Nachteil, dass die zur Verfügung stehende Abwassermenge oft zu gering ausfällt und starken Schwankungen unterliegt. Wird der öffentliche Abwasserkanal als Wärmeentnahmestelle gewählt, kann mit einer deutlich höheren Abwassermenge gerechnet werden, die auch weniger starken Schwankungen unterworfen ist. Auch die Entfernungen zu potenziellen Wärmeabnehmern sollten hier relativ gering ausfallen. Negativ auswirken kann sich allerdings die niedrigere Temperatur des Abwassers im nicht isolierten öffentlichen Kanal. Bei der Wärmerückgewinnung aus geklärtem Abwasser steht gewöhnlich die größte Abwassermenge zur Verfügung, die außerdem ein relativ hohes Temperaturniveau aufweist. Sowohl Menge als auch Temperatur des gereinigten Abwassers unterliegen lediglich geringen Schwankungen. Dagegen wirken sich die üblicherweise große Entfernung zwischen Wärmeentnahmestelle und potenziellen Wärmeabnehmern nachteilig aus.

In der Gesamtschau tendiert der Autor dieser Arbeit dazu, die Wärmeentnahme aus dem Rohabwasser des öffentlichen Kanals als die ausgewogenste Alternative anzusehen, da sich sowohl die vorhandene Abwassermenge als auch die Entfernung zu potenziellen Wärmeabnehmern auf einem akzeptablem Niveau bewegen und die im Vergleich mit den anderen Varianten niedrigste Abwassertemperatur immer noch ausreicht, um eine Abwasserwärmenutzungsanlage wirtschaftlich betreiben zu können. Diese allgemeine Einschätzung ersetzt aber natürlich keine sorgfältige Standortanalyse.

Bi- oder multivalente Anlagen erweisen sich im Vergleich mit monovalenten Anlagen als überlegen. Da monovalente Anlagen den gesamten Wärmebedarf auch an Tagen mit Spitzenlast ausschließlich über die Wärmerückgewinnung aus Abwasser abdecken müssen, werden sie an normalen Tagen nicht ausgelastet und sind somit meistens überdimensioniert. Bi- und multivalente Anlagen begegnen diesem Problem damit, dass nur die Grundlast mithilfe der zurückgewonnenen Abwasserwärme abgedeckt wird, Spitzenlasten dagegen mithilfe eines herkömmlichen Heizkessels oder Blockheizkraftwerkes. Hierdurch kann die Anlage kleiner dimensioniert und eine bessere Auslastung erzielt werden.

Außerdem ist es sinnvoll, Synergieeffekte zu nutzen, also die Realisierung von Abwasserwärmenutzungsanlagen entweder bei anstehenden Neubauten direkt mit einzuplanen oder dann durchzuführen, wenn ohnehin Renovierungen oder Sanierungen anstehen. Werden solche Anlagen bi- oder multivalent ausgeführt, können ferner bereits bestehende Heizkessel oder Blockheizkraftwerke weiterverwendet und in die Anlage zur Abwasserwärmenutzung integriert werden. Das EEWärmeG fordert ohnehin, dass der Wärmebedarf von Neubauten (und im Falle öffentlicher Gebäude auch von Gebäuden, die umfassend renoviert werden müssen) anteilig mithilfe erneuerbarer Energien oder bestimmter Ersatzmaßnahmen, zu denen auch die Technik der Abwasserwärmenutzung gehört, zu decken ist.

Aus ökologischer Sicht können Abwasserwärmenutzungsanlagen äußerst sinnvoll sein. Dadurch, dass die im Abwasser enthaltene Wärme „recycelt" wird, muss, verglichen mit herkömmlichen Heizungsanlagen, deutlich weniger Primärenergie eingesetzt werden, um dieselbe Gesamtwärmemenge zu erzeugen. Hierdurch können CO_2-Emissionen spürbar vermindert werden. Ein weiterer, aus ökologischer Sicht positiver Aspekt dieser Technologie ist, dass sich die Temperatur des Abwassers durch den Wärmeentzug verringert, was eine unnatürliche Erwärmung der Gewässer verhindert oder zumindest beschränkt, in die das Abwasser nach erfolgter Klärung eingeleitet wird. Dieser Effekt ist natürlich besonders stark ausgeprägt, wenn dem Abwasser die Wärme erst nach erfolgter Klärung entzogen wird.

Es ist grundsätzlich möglich, Abwasserwärmenutzungsanlagen so zu realisieren, dass sie Öl- oder Gasheizungen nicht nur in ökologischer, sondern auch in wirtschaftlicher Hinsicht überlegen sind. Hierzu müssen allerdings entsprechende Rahmenbedingungen an einem potenziellen Standort gegeben sein. Die Bedeutung einer sorgfältigen Standortauswahl, Planung und Auslegung kann somit gar nicht genug hervorgehoben werden, da die Realisierung solcher Anlagen immer mit vergleichsweise hohen Investitionskosten verbunden ist, die unter Umständen nicht amortisiert werden können, sollten sich gewählte Standorte erst im Rückblick als ungeeignet erweisen.

Durch die hohen Anforderungen an potenzielle Standorte scheint die in der Einleitung dieser Arbeit genannte Hochrechnung, nach der theoretisch der Wärmebedarf von 10 Prozent aller Gebäude in Deutschland mithilfe der Abwasserwärmenutzung gedeckt werden könnte, nicht realistisch zu sein. Dennoch stellt die Technik der Abwasserwärmenutzung eine interessante Ergänzung im Portfolio der Wärmeerzeugungstechnologien dar und hat somit ihre Daseinsberechtigung.

Um der Abwasserwärmenutzung zu einer größeren Bekanntheit zu verhelfen, wäre es sinnvoll, wenn möglichst viele Kommunen prüfen würden, ob es in ihren Zuständigkeitsbereichen potenzielle Standorte gibt, an denen Anlagen zur Abwasserwärmenutzung wirtschaftlich betrieben werden könnten. Sollte dies der Fall sein, könnten die Kommunen solche Anlagen über Contracting-Modelle realisieren, wobei sie selbst als Contractor auftreten würden. Dies wäre von Vorteil, da die Kommunen im Normalfall sowohl über das Wissen bezüglich der wichtigsten Standortfaktoren als auch über das Eigentum am Abwasser nach erfolgter Einleitung in die öffentliche Kanalisation verfügen. Außerdem könnte so auch dem Problem begegnet werden, dass auf lange Sicht sinnvolle Anlagen eventuell nur deshalb nicht realisiert werden, weil potenzielle Investoren die notwendigen hohen Anfangsinvestitionen scheuen. Nicht hilfreich wäre es hingegen, Abwasserwärmenutzungsanlagen aus politischen Gründen mehr oder weniger „blind" zu realisieren, um dieser Technologie zu größerer Bekanntheit zu verhelfen. Sollten sich solche Anlagen schließlich als nicht wirtschaftlich erweisen, könnte sich die Meinung manifestieren, dass die Abwasserwärmenutzung grundsätzlich keine wirtschaftliche Technologie darstelle und ohne politische Unterstützung keine Daseinsberechtigung besäße.

Am meisten dürfte der Abwasserwärmenutzung dadurch gedient sein, dass mit ihr positive Ergebnisse erzielt und auch publik gemacht werden. Aus diesem Grund wäre es wünschenswert, wenn in der Zukunft diesbezüglich mehr Studien durchgeführt und veröffentlicht würden. Dies betrifft sowohl das Sammeln von Daten bezüglich bereits realisierter Anlagen als auch das Erstellen weiterer, möglichst breit angelegter Potenzialstudien.

6. Literaturverzeichnis

Baudirektion Kanton Zürich & Amt für Abfall, Wasser, Energie und Luft [AWEL] des Kantons Zürich. (09/2010). *Heizen und Kühlen mit Abwasser Leitfaden für die Planung, Bewilligung und Realisierung von Anlagen zur Abwasserenergienutzung* [Broschüre]. Zuletzt abgerufen am 18.11.2012 von der Website des AWEL: http://www.awel.zh.ch/internet/baudirektion /awel/de/wasserwirtschaft/veroeffentlichungen/_jcr_content/contentPar/pub lication_8/publicationitems/heizen_und_k_hlen_mi/download.spooler.dow nload.1306133093310.pdf/Heizen_Kuehlen_Abwasser.pdf.

Bayrisches Landesamt für Umwelt (LfU). (05/2011). *Private Abwasserleitungen prüfen und sanieren* [Broschüre]. Zuletzt abgerufen am 18.11.2012 von der Website des LfU: http://www.lfu.bayern.de/umweltwissen/doc/uw_110_ private_abwasserleitungen_pruefen_sanieren.pdf.

Berg, H. (03/2009). *Wärmegewinnung aus Abwasser und Grundwasser* [Vortrag]. Zuletzt abgerufen am 18.11.2012 von der Website des Ingenieurbüros H. Berg und Partner: http://www.bueroberg.de/pdf/Vortrag_Waermegewin nung.pdf

Beyer, W. (11/2009). *Energie auf einen Blick.* Zuletzt abgerufen am 18.11.2012, von der Website des Statistischen Bundesamtest: https://www.destatis.de /DE/Publikationen/Thematisch/Energie/Struktur/BroschuereEnergieBlick.h tml.

Bundesverband Wärmepumpe, Deutsche Bundesstiftung Umwelt, Arbeitsgemeinschaft für sparsame Energie- und Wasserverwendung (ASEW) im Verband kommunaler Unternehmen & Institut Energie in Infrastrukturanlagen. (10/2005). *Heizen und Kühlen mit Abwasser, Ratgeber für Bauherren und Kommunen* [Broschüre]. Zuletzt abgerufen am 18.11.2012 von der Website www.eco-s.net: http://www.eco-s.net/ECOS_Broschuere_AbwWP .pdf.

Burger, H. & Rogatty, W. (2003). *Anpassung der Kesselleistung an die Heizlast.* Enthalten im BHKS-Almanach 2003, S. 41 – 47.

Buri, R. & Kobel, B. (11/2005). *Energie aus Kanalabwasser, Leitfaden für Ingenieure und Planer.* Zuletzt abgerufen am 18.11.2012 von der Website der Deutschen Bundesstiftung Umwelt: http://www.dbu.de/phpTemplates/publi kationen/pdf/10110609025715.pdf.

Deutsche Bundesstiftung Umwelt, Bundesverband Wärmepumpe & Institut Energie in Infrastrukturanlagen. (01/2009). *Heizen und Kühlen mit Abwasser, Ratgeber für Bauträger und Kommunen* [Broschüre]. Zuletzt abgerufen am 18.11.2012 von der Website des Bundesamtes für Energie der Schweiz:

144

http://www.bfe.admin.ch/php/modules/publikationen/stream.php?extlang=d e&name=de_127513458.pdf.

Deutsche Vereinigung für Wasserwirtschaft, Abwasser und Abfall e.V. (DWA). (06/2009). *Merkblatt DWA-M 114 Energie aus Abwasser – Wärme- und Lageenergie* [Broschüre].

Deutsche Vereinigung für Wasserwirtschaft, Abwasser und Abfall e.V. (DWA). (09/2009). *DWA-Information Und was macht Ihr Hausanschluss?* [Broschüre]. Zuletzt abgerufen am 18.11.2012 von der Website der DWA: http://www.dwa.de/portale/dwa_master/dwa_master.nsf/C3785AA3F0D20 AD0C1257625003E844A/$FILE/DWA-Information_Und-was-macht-Ihr-Hausanschluss.pdf.

DIN 8930-5. *Kälteanlagen und Wärmepumpen – Terminologie – Teil5: Contracting*. (11/2003).

Gelhaus, C. (07/2009). *Wärmerückgewinnung aus Abwasser* [Vortrag]. Zuletzt abgerufen am 18.11.2012 von der Website http://www.ipse-service.de: http://www.ipse-service.de/service/symposium2/Vortrag%20Gelhaus_ip se_2009.

Gesetz zur Förderung Erneuerbarer Energien im Wärmebereich (Erneuerbare-Energien-Wärmegesetz – EEWärmeG). (2009).

Gesetz zur Ordnung des Wasserhaushalts (Wasserhaushaltsgesetz – WHG). (2009).

Gutzwiller, S., Rigassi, R. & Eicher, H. (2008). *Abwasserwärmenutzung – Potenzial, Wirtschaftlichkeit und Förderung*. Zuletzt abgerufen am 18.11.2012, von der Website www.news-service.admin.ch: http://www.news-service.admin.ch/NSBSubscriber/message/attachments/1 3220.pdf.

Hagspiel, B. (08/2007). *Wärme aus Abwasser, Evaluation von Technik, Betrieb und Randbedingungen, Potenzial der Kanalwärmenutzung in Freiburg im Breisgau*. Zuletzt abgerufen am 18.11.2012 von der Website der badenova: https://www.badenova.de/mediapool/media/dokumente/unternehmensberei che_1/stab_1/innovationsfonds/abschlussberichte/2002_1/2002-6_Kanal waermeAbschlussbericht.pdf.

Hessisches Wassergesetz (HWG). (2010).

Kruse, M., Litzka, V., Piller, S. & Steffan, T. (01/2004). *Potenzialstudie zur Abwasserabwärmenutzung in Bremerhaven*. Zuletzt abgerufen am 18.11.2012 von der Website www.energiekonsens.de: http://www.energie konsens.de/cms/upload/Downloads/Projekte/Potenzialstudie_Abwasser.pdf.

Quaschning, V. (2006). *Renaissance der Wärmepumpe*. Sonne Wind & Wärme, 09/2006, 28 – 31. Zitiert nach Quaschning, V. (kein Datum). *Renaissance der Wärmepumpe.* Zuletzt abgerufen am 18.11.2012 von Volker Quaschnings Website: http://www.volker-quaschning.de/artikel/waerme pumpe/index.php.

Quaschning, V. (2009). *Regenerative Energiesysteme* (6. Auflage). München: Carl Hanser Verlag.

Rometsch, L. (01/2005). *Wärmegewinnung aus Abwasserkanälen – Kurzbericht.* Zuletzt abgerufen am 18.11.2012 von der Website des Institutes für Unterirdische Infrastruktur (IKT): www.ikt.de/down.php?f=11.

Statistisches Bundesamt. (Kein Datum a). *Energie, Rohstoffe, Emissionen, Energieverbrauch der privaten Haushalte für Wohnen (temperaturbereinigt).* Zuletzt abgerufen am 18.11.2012, von der Website des Statistischen Bundesamtes: https://www.destatis.de/DE/ZahlenFakten/Gesamtwirtschaft Umwelt/Umwelt/UmweltoekonomischeGesamtrechnungen/EnergieRohstof feEmissionen/Tabellen/EnergieverbrauchHaushalte.html.

Statistisches Bundesamt. (Kein Datum b). *Öffentliche Wasserversorgung und Abwasserbeseitigung 2007 – Entwicklung des täglichen Pro-Kopf-Verbrauchs.* Zuletzt abgerufen am 11.03.2012 von der Website des Statistischen Bundesamtes: http://www.destatis.de/jetspeed/portal/cms/Sites/desta tis/Internet/DE/Grafiken/Umwelt/UmweltstatistischeErhebungen/Diagram me/Wasserverbrauch,templateId=renderPrint.psml.

Stephan, P., Schaber, K., Stephan, K. & Mayinger, F. (2007). *Thermodynamik Band 1: Einstoffsysteme* (17. Auflage). Berlin, Heidelberg, New York: Springer Verlag.

Verband für Wärmelieferung (VfW). (Kein Datum). *Contracting-Formen.* Zuletzt abgerufen am 18.11.2012 von der Website des VfW: http://www.ene rgiecontracting.de/1-definition-info/contracting-formen/index.php.

Windisch, H. (2008). *Thermodynamik Ein Lehrbuch für Ingenieure* (3. Auflage). München: Oldenbourg Wissenschaftsverlag.

Effizienzperspektiven aus der Rekommunalisierung der deutschen Energieversorgung

Philipp Meyer-Gohde und Dirk Schiereck

148

1. Einleitung

Spätestens mit der offenen Diskussion um eine (Zwangs-)Privatisierung der kommunalen Wasserversorgung innerhalb der Europäischen Union ist die Frage nach der Effizienz öffentlich-rechtlicher Eigentümerstrukturen für die regionale deutsche Energieversorgung in den Blickpunkt der breiten Öffentlichkeit gerückt. Dabei ist die Debatte um die Frage, ob netzgebundene Infrastrukturen der Daseinsvorsorge von öffentlicher oder privater Hand bereitgestellt werden sollten, nicht neu. Befürworter öffentlicher Bereitstellung verweisen regelmäßig auf die notwendige Einflussnahme des Staates bei natürlichen Monopolen im Sinne der Reduzierung privater Profite zum Wohle der Gesellschaft, Gegner hingegen unterstellen mangelnde Effizienz und fehlendes Know-how innerhalb der öffentlichen Betriebe. In der aktuellen öffentlichen Debatte wird gegenwärtig eine Tendenz deutlich, die auf eine zukünftig zunehmende Rekommunalisierung vormals privater Infrastrukturen hindeutet. Beispielhaft hierfür ist der Wunsch der Städte Hamburg und Berlin, die örtlichen Stromnetze zurückzukaufen. Auch zahlreiche andere Kommunen stellen ähnliche Überlegungen an.

Zwischen 2011 und 2015 laufen ca. 7.800 der geschätzten 14.300 Stromkonzessionen mit privaten Netzbetreibern aus, und eine nennenswerte Zahl der betroffenen Gebietskörperschaften strebt trotz unverändert vornehmlich angespannter Haushalte eine Rekommunalisierung der Verteilnetze an (Becker, 2011). Diese Untersuchung konzentriert sich nachfolgend auf Infrastrukturen des netzgebundenen Stromsektors, da hier das größte Potential für Rekommunalisierungen liegt. Die Stromversorgung erscheint wirtschaftlich lukrativ, und es gab in der Vergangenheit eine erhebliche Zunahme privater Beteiligungen und vollständiger Privatisierungen, sodass nun umgekehrt ein großes Rekommunalisierungspotential besteht und ein dementsprechendes Interesse vielerorts vorhanden ist.

Nachfolgend erläutert Abschnitt 2 einige Grundlagen der kommunalen Energieversorgung sowie der Rekommunalisierung. Abschnitt 3 skizziert die Grundzüge des deutschen Elektrizitätssektors, während Abschnitt 4 auf Verfahren der Kaufpreisfindung eingeht. In Abschnitt 5 werden zwei empirische Beispiele für Rekommunalisierungen vorgestellt. Abschnitt 6 erläutert die Kostenstrukturen von Energieversorgern, die in Abschnitt 7 anhand einer empirischen Stichprobe überprüft werden. Abschnitt 8 fasst die zentralen Ergebnisse zusammen und gibt einen kurzen Ausblick.

2. Öffentliche Daseinsvorsorge, Konzessionsvergaben und Rekommunalisierung

„Die Aufgabe einer ordentlichen, gesicherten und auch umweltverträglichen Energieversorgung fällt als Teil der öffentlichen Daseinsvorsorge in den gem. Art. 28 Abs. 2 GG verfassungsrechtlich gewährleisteten Aufgabenbestand der Gemeinden" (Westermann & Cronauge, 2006, S. 188). Die Gemeinde kann aber die Erfüllungskompetenz delegieren, wenn sie im Rahmen ihrer Organisationshoheit und des gemeindlichen Selbstverwaltungsrechts eine Konzessionsvergabe an einen Erfüllungsgehilfen vornimmt (Westermann & Cronauge, 2006). Die in diesem Zusammenhang mit privaten Partnern vereinbarten Konzessionsverträge stellen in erster Linie sogenannte Wegenutzungsverträge dar (Säcker et al., 2011), da die Netzbetreiber zur Verlegung und zum Betrieb der in der Energieversorgung notwendigen fest installierten Leitungen zur Versorgung der Endverbraucher auf die Nutzung öffentlicher Verkehrswege angewiesen sind. Der Konzessionsnehmer schuldet der Gemeinde für die Wegenutzung die Zahlung der Konzessionsabgabe. Die Laufzeit der Konzessionsverträge ist gesetzlich auf 20 Jahre begrenzt. In aller Regel wurde in der Vergangenheit mit der Konzessionsvergabe an einen privaten Versorger eine Vermögensprivatisierung durchgeführt, so dass die Konzessionsnehmer, also Netzbetreiber, gleichzeitig die Eigentümer der Netze sind. Entscheidet sich eine Kommune, netzgebundene Infrastrukturen, die zuvor an ein privates Unternehmen übertragen worden waren, zurückzukaufen, so spricht man von einer Rekommunalisierung.

Eine Studie von Rottmann & Grotowski (2011) zeigt Motivation und Zielsetzungen der kommunalen Entscheidungsträger. Von den Kommunen mit relativ entspannter Haushaltslage planen demnach über 90% keine Gesellschaftsstrukturveränderung. Von den Kommunen, die unter Haushaltsdefiziten leiden, gaben hingegen 49% an, eine Rekommunalisierung zu planen. Diese Zahlen deuten darauf hin, dass Kommunen mit der Rekommunalisierung in großer Zahl eine Einnahmemöglichkeit verbinden, was auch deshalb bemerkenswert ist, weil Einspar- und Einnahmemöglichkeiten auch ein häufiger Grund für Privatisierungen waren. Wohl deshalb verbinden über 80% der Antwortenden mit einer Privatisierung ebenso die Möglichkeit der Kommunalhaushaltssanierung.

Die öffentlich kommunizierten Gründe für intendierte Rekommunalisierungen sind vielfältig, wie Abbildung 1 illustriert. Die Erfüllung der Aufgaben der Daseinsvorsorge erscheint den Kommunen offensichtlich wichtig, dies wurde von 21% der Befragten als ein Grund für Rekommunalisierungsabsichten angegeben. Als meistgenannter Grund taucht jedoch die Wahrung des kommunalen Einflusses auf netzgebundene Infrastrukturen auf (35% der Befragten). Eine nicht zufriedenstellende Leistungserbringung von privater Seite spielt als Grund für Umgestaltungen de facto keine Rolle (knapp 2%) (alle Zahlen: Rottmann & Grotowski 2011).

Abbildung 1: Gründe für Rekommunalisierungsabsicht in der Energieversorgung. (Eigene Darstellung der Daten von Rottmann & Grotowski (2011, S.17)).

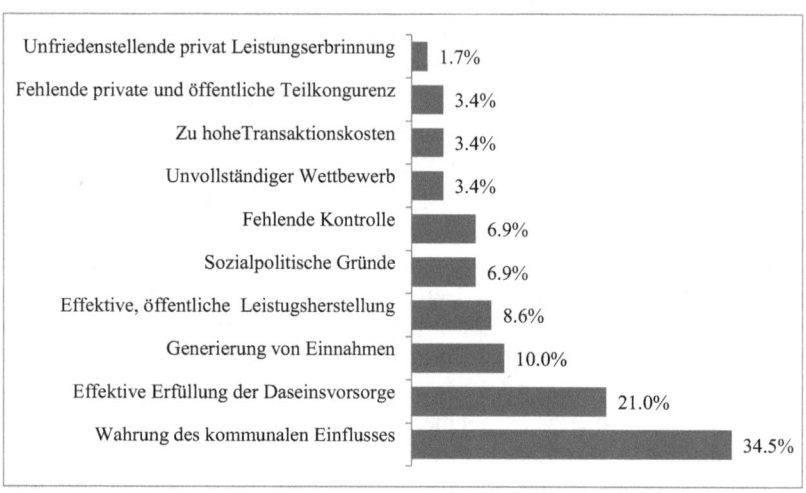

Neben der Fremdversorgung ist die Eigenversorgung die zweite Möglichkeit der Gemeinden, ihre Bewohner mit Elektrizität zu beliefern. Kleine Kommunen unter 20.000 Einwohnern werden meist durch private Unternehmen oder freie Träger mit Strom versorgt. Insbesondere größere Städte und Gemeinden unterhalten dagegen häufiger eine Eigenversorgung in Form von Stadtwerken. Bereits in Gemeinden mit bis zu 50.000 Einwohnern sind in zwei Dritteln der Fälle kommunale Unternehmen (Stadtwerke) in diesem Sektor tätig (Bremeier et al., 2006). In den 36 größten deutschen Städten sind 42 Unternehmen im Energiesektor aktiv (Trapp, 2006), was hier auf ein eher geringes Rekommunalisierungspotential hindeutet.

Bei Auslaufen von Konzessionsverträgen und einer geplanten Übernahme durch eigene Stadtwerke enthält § 46 des EnWG von 2005 für das auf die Bekanntmachung folgende Verfahren weder Vorschriften noch Kriterien für die Auswahlentscheidung bei der Neuvergabe. Gleiches gilt für die vergaberechtlichen Bestimmungen des Gesetzes gegen Wettbewerbsbeschränkung. Wenn eine Gemeinde glaubt, sie könne mit ihren Stadtwerken insbesondere infrastrukturpolitische Planungen, Entscheidungen und Umsetzungen am besten vornehmen, auch weil eine interne Abstimmung wesentlich leichter ist und keine aufwendigen Verträge und Kompromisslösungen zu vereinbaren sind, kann sie die Netzkonzession an eine eigene kommunale Gesellschaft vergeben. Eventuelle Gewinne aus dem Netzbetrieb verbleiben dann bei der Gemeinde, und es lassen sich Steuervorteile durch Querverbundlösungen realisieren.

3. Die Elektrizitätsversorgung in Deutschland und die Anreizregulierung der Netzbetreiber

Die öffentliche Elektrizitätsversorgung kann in ein System mit den Bereichen Erzeugung, Transport und Verteilung untergliedert werden. Seit der Strommarktliberalisierung wurde diese Wertschöpfungskette aufgespalten und um die Elemente des Großhandels und des reinen Stromvertriebs erweitert. Der Handel von Spitzenlastkapazitäten wurde über die Schaffung von Strombörsen ermöglicht, der ausschließliche Vertrieb durch das Aufbrechen der Gebietsmonopole. Die vor der Liberalisierung in allen klassischen Wertschöpfungsstufen bestehenden Monopole wurden auf das natürliche Monopol des Stromtransports (Übertragung und Verteilung) reduziert (Ridder, 2007).

Die gesetzliche Grundlage des liberalisierten Strommarktes in Deutschland ist das Energiewirtschaftsgesetz (EnWG). Ziel des Gesetzes ist es, eine „möglichst sichere, preisgünstige, verbraucherfreundliche, effiziente und umweltverträgliche leitungsgebundene Versorgung der Allgemeinheit mit Elektrizität" (§ 1 Abs. 1 EnWG, 2005) sicherzustellen. Da Netzbetreiber als Engpass für den Wettbewerb im Strommarkt über eine starke Diskriminierungsmöglichkeit verfügen, bedürfen Netznutzungsentgelte (NNE) nach § 23a EnWG (2005) der Genehmigung durch die Bundesnetzagentur. Die Entgelte müssen angemessen, diskriminierungsfrei und transparent sein und dürfen nicht ungünstiger ausfallen, als sie für Leistungen innerhalb des eigenen Unternehmens kalkulatorisch oder tatsächlich in Rechnung gestellt werden (§ 21 Abs. 1 EnWG, 2005).

Das aktuelle Anreizregulierungssystem setzt sich aus zwei Regulierungsperioden zusammen, während derer Netzbetreiber ihre Ineffizienzen sukzessive abbauen müssen (vgl. Abbildung 2). Aktuell erfolgt die Genehmigung der Netznutzungsentgelte durch ein Vergleichsverfahren auf Grundlage der Kosten der Betriebsführung eines effizienten und strukturell vergleichbaren Unternehmens. Die Kosten der Betriebsführung enthalten hierbei sowohl Kapital- als auch Betriebskosten, der deutsche Gesetzgeber verfolgt damit den Ansatz der Gesamtkostenregulierung (sogenannter TOTEX-Ansatz). Die Genehmigung wird für eine fünfjährige Regulierungsperiode befristet erteilt, die erste Regulierungsperiode begann am 01. Januar 2009 (Konstantin, 2009).

152

Das Ausgangsniveau der Erlösobergrenze der ersten Regulierungsperiode wird durch eine vorgeschaltete Kostenprüfung bei den Netzbetreibern ermittelt. Während der Regulierungsperiode sind die zulässigen Jahresgesamterlöse unabhängig von den tatsächlichen Kosten entlang eines Erlöspfades festgelegt, dessen jährliche Reduktion die zu erreichenden Effizienzsteigerungen widerspiegelt (Agne et al., 2011). Eine zusätzliche Reduktion des zulässigen Erlöses von 1,25-1,50% p.a. erfolgt für alle Netzbetreiber auf Grundlage des allgemeinen Produktivitätsfortschritts (Zander et al., 2008). Nach Ablauf einer Regulierungsperiode gibt es eine erneute regulatorische Kostenprüfung, die einen neuen Startpunkt ergeben kann. Nach Ablauf von zwei Perioden müssen vorhandene, beeinflussbare Ineffizienzen abgebaut worden sein.

Abbildung 2: Prinzip der Anreizregulierung. (Eigene Darstellung nach Agne et al. (2011)).

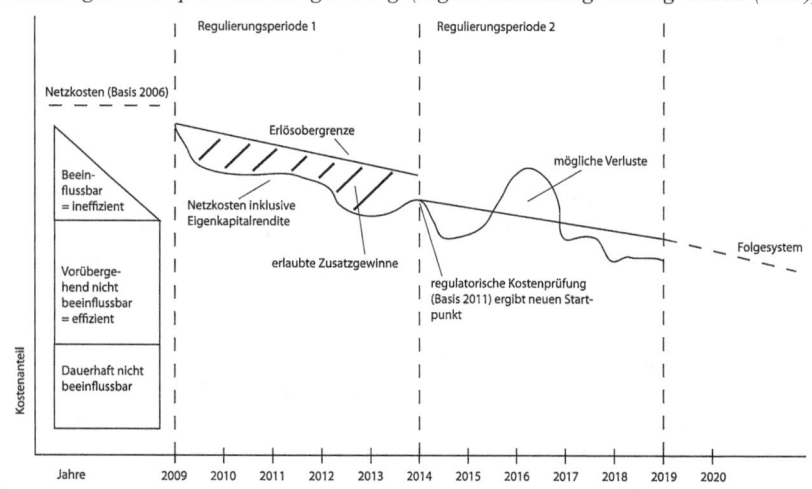

Berücksichtigung bei den vorgeschriebenen Effizienzsteigerungen finden die sogenannten dauerhaft nicht-beeinflussbaren Kosten (dnbK), der Verbraucherpreisindex für die Inflationsrate, Erweiterungen und unvorhergesehene Ereignisse sowie ein Qualitätselement (§§ 8, 9, 10, 11 ARegV 2007). Die darüber hinausgehenden Kosten gelten als vorübergehend nicht-beeinflussbar oder beeinflussbar. Erstere entsprechen den Kosten des effizientesten Unternehmens der Referenzgruppe (Effizienzwert von 100%). Kleine Netzbetreiber mit bis zu 30.000 angeschlossenen Kunden können nach Maßgabe des § 24 ARegV 2007 ein vereinfachtes Verfahren zur Effizienzwertermittlung nutzen. In diesem Verfahren beträgt der Effizienzwert pauschal 87,5%, was dem vermuteten durchschnittlichen bundesdeutschen Effizienzwert entspricht (Zander et al., 2008).

Gemäß dem grundsätzlichen Prinzip der Anreizregulierung dürfen Unternehmen zusätzliche Renditen, die aus Kostensenkungen entstehen und die über die regulatorischen Vorgaben hinausgehen, einbehalten. Erst mit der Anpassung der zulässigen Erlöse zu Beginn einer neuen Regulierungsphase werden die erreichten Effizienzsteigerungen verzögert, aber dauerhaft an den Endverbraucher weitergegeben. Gelingt eine Kostenreduktion nicht oder nicht in ausreichendem Maße, sinkt die Rendite (Pielow, 2011).

Wenn im Rahmen von Rekommunalisierungsüberlegungen Stromnetze durch öffentliche Träger übernommen werden sollen, ist ein kritischer Erfolgsfaktor der zu zahlende Kaufpreis.

4. Verfahren zur Kaufpreisfindung

Grundsätzlich besteht bei der Vergabe der Konzession an einen neuen Netzbetreiber ein Überlassungsanspruch gegenüber dem bisherigen Konzessionsnehmer. Dafür ist nach § 46 Abs. 2 EnWG (2005) eine „wirtschaftlich angemessene Vergütung" zu zahlen. Darüber hinaus können in einem Konzessionsvertrag in Endschaftsbestimmungen Regelungen zur Ermittlung des Wertes der Netze getroffen werden. Zur Zeit des Abschlusses der heute auslaufenden Konzessionsverträge, die zu Beginn der 1990er-Jahre geschlossen wurden, wurde häufig der Sachzeitwert vereinbart (Zander et al., 2008).

Mit dem sog. „Kaufering-Urteil" vom 16.11.1999 wird eine Endschaftsbestimmung, „die für die Übertragung des örtlichen Versorgungsnetzes auf die Gemeinde ein Entgelt in Höhe des Sachzeitwertes vorsieht [für unwirksam erklärt], wenn der Sachzeitwert den Ertragswert des Netzes nicht unerheblich übersteigt [...]" (BGH, 1999). Damit ist der Ertragswert, der in der Regel niedriger ausfällt als der Sachzeitwert und dann maßgeblich für die Kaufpreisbestimmung wird, das heute entscheidendere Bewertungsmaß. Begründet wird die Bedeutung des Ertragswertes als Messlatte damit, dass ein höherer Sachzeitwert ansonsten eine „prohibitive Wirkung" auf einen Eigentümerwechsel entfalten könne, so dass das der Gemeinde zugestandene Recht einer Neuvergabe der Konzession alle 20 Jahre untergraben würde (Büdenbender et al., 2006).

Auf Grundlage des Kaufering-Urteils kann davon ausgegangen werden, dass der maßgebliche Wert der objektive Ertragswert ist, also ein Wert, „der für alle denkbaren Erwerber [nach] objektiven Kriterien zu ermitteln ist" (Zander et al., 2008, S. 42). Auf diesen konzentriert sich auch die weitere Betrachtung bezüglich der Kaufpreisbestimmung. Probleme bei der Ermittlung der Ertrags- bzw. Sachzeitwerte entstehen häufig durch die hierfür notwendige Fülle von Daten, die in der Regel nur der abgebende Altkonzessionär besitzt. Zu diesen Daten gehören nach Bundesnetzagentur und Bundeskartellamt (2010) Art, Umfang und

Alter der verschiedenen Komponenten des Elektrizitätsnetzes, die originären Anschaffungs- und Herstellungskosten, kalkulatorische Restwerte und kalkulatorische Nutzungsdauern und Bilanz- sowie Gewinn- und Verlustwerte des Konzessionsgebietes. Wenn die Gemeinde keine vertraglichen Bestimmungen zur Informationsherausgabe gegen den Altkonzessionär geltend machen kann, besteht kein Anspruch auf Herausgabe. Zwar ist die Gemeinde verpflichtet, „die ihr zur Verfügung stehenden Informationen allen Interessenten gleichermaßen zur Verfügung zu stellen" (Bundesnetzagentur & Bundeskartellamt, 2010, S. 18), daraus lässt sich allerdings kein Anspruch gegenüber dem Altkonzessionär ableiten. Grundlegende Informationen über Umfang, Struktur, Alter, Zahl der Entnahmestellen etc. besitzt die Gemeinde allerdings in der Regel. Darüber hinaus sind die Netzbetreiber nach § 27 Abs. 2 StromNEV 2005 verpflichtet, Informationen über Stromkreislänge und die jeweilige Spannungsebene, die installierte Leistung der Umspannebene, die entnommene Jahresarbeit, die Anzahl der Entnahmestellen, die Einwohnerzahl im Netzgebiet sowie die versorgte und die geographische Fläche des Netzgebietes im Internet zu veröffentlichen.

Erst vor dem Abschluss des Überlassungsvertrags zwischen dem Alt- und dem Neukonzessionär kann der neue Netzbetreiber erstmals die Kostenstruktur des zu übernehmenden Netzes ermitteln, die einen großen Einfluss auf die zukünftige Kostenstruktur und damit auf die erzielbaren Erlöse, unter Berücksichtigung der durch die Regulierungsbehörde festgelegten Erlösobergrenze, hat (Bundesnetzagentur & Bundeskartellamt, 2010). Mit den Daten des Sachanlagevermögens, aus welchen sich „die Kapitalkosten in Form von Abschreibungen, Eigen- und Fremdkapitalverzinsung und Gewerbesteuern" (ebd., S. 19) ergeben, in Verbindung mit der eigenen Kosten- und Kapitalstruktur kann der Neukonzessionär die eigenen zu erwartenden Erlöse bestimmen. Für neu zu gründende Stadtwerke ohne Erfahrung ist dies eine schwierige Aufgabe.

Unter dem Regime der Anreizregulierung müssen die Netzbetreiber die von ihnen erhobenen Netzentgelte von der Bundesnetzagentur genehmigen lassen. Die Ermittlung der zulässigen Umsatzerlöse erfolgt auf Basis einer Kostenkalkulation der Netzbetreiber. Durch stochastische Verfahren wird die Effizienz der Netzbetreiber zu einer Referenzgruppe zugeordnet. Je ineffizienter ein Unternehmen ist, desto höher fallen die vorgegebenen jährlichen Erlösreduktionen aus. Ausgenommen von den Kostensenkungen ist der Anteil der dauerhaft nicht-beeinflussbaren Kosten, zu denen Konzessionsabgaben, Steuern und Kosten vorgelagerter Netze gehören. Nicht zu den dauerhaft nicht-beeinflussbaren Kosten gehören die Kapitalkosten für die Netze. Effizienzsteigerungen bei Ersatz- und Erweiterungsinvestitionen wirken sich aufgrund der langen Abschreibungsdauern eher gering auf die Kosten aus (Zander et al., 2008).

Die Konsequenzen eines überhöhten Kaufpreises sind beträchtlich. Da Effizienzsteigerungen durch die Senkung von Kapitalkosten kaum möglich sind, würde der Kostendruck auf die Betriebskosten dadurch weiter erhöht und ein überhöhter Kaufpreis so zu eventuell unerreichbaren Effizienzforderungen im Betrieb führen. Im Falle der Eigentumsübertragung von Netzen gehen gemäß § 26 Abs. 1 ARegV 2007 „die Erlösobergrenzen insgesamt auf den übernehmenden Netzbetreiber über". Auf Antrag beider Netzbetreiber sind bei Übergang eines Netzes, das lediglich einen Teil des gesamten Netzes des Veräußerers ausmacht, neue Erlösobergrenzen festzulegen. Die Summe der Erlösobergrenzen darf die ursprünglich festgelegte Grenze für das gesamte Netz allerdings nicht überschreiten (§ 26 Abs. 2 ARegV 2007). Das bedeutet für kleine Netzbetreiber, die am pauschalisierten Verfahren teilnehmen, dass sie bis zur zweiten Regulierungsperiode mit Erlösobergrenzen rechnen müssen, die auf Grundlage der Kostenstruktur von größeren Unternehmen festgesetzt wurden, deren tatsächliche Effizienz vermutlich über der von neuzugründenden Stadtwerken liegt. Da der objektive Ertragswert für die Kaufpreisbestimmung maßgeblich ist, kann ein neuzugründender kommunaler Netzbetreiber diese Tatsache nicht zur Reduktion des Kaufpreises nutzen.

Der angesetzte Effizienzwert von 87,5% repräsentiert den vermuteten Durchschnitt aller Netzbetreiber und ist von kleinen Netzbetreibern mit bis zu 30.000 Anschlüssen frei „wählbar", ohne dass sie sich einer eigenen Prüfung unterziehen. Die Intention hinter diesem Vorgehen war, neben einer Entlastung der Bundesnetzagentur vom anfänglichen Aufwand der Effizienzbestimmung aller Netzbetreiber, eine Entschärfung der Vorgaben der Anreizregulierung für kleine kommunale Netzbetreiber. Effizienzsteigerungsvorgaben für diese Unternehmen sind somit auf Kostenreduktionen von maximal 12,5% begrenzt. Die Tatsache, dass kleine Unternehmen den pauschalisierten Effizienzwert von 87,5% häufig lieber wählen, als sich prüfen zu lassen, deutet darauf hin, dass sie ihre tatsächliche Effizienz eher noch niedriger einschätzen.

Der tatsächliche bundesdeutsche Durchschnitt liegt jedoch bei 92,2% und damit fast fünf Prozentpunkte höher (Kurth, 2009). Die großen Netzbetreiber mit mehr als 100.000 Anschlüssen, die häufig die abgebenden Unternehmen bei Rekommunalisierungen sind, kommen sogar auf einen durchschnittlichen Effizienzwert von 94,2%. Bei der Übernahme der Netze durch kleine Unternehmen wird der häufig höher festgesetzte Effizienzwert bzw. die Erlösobergrenze des abgebenden Unternehmens mit übernommen, so dass der vorgegebene Kostenreduktionspfad in den Folgejahren bis zur zweiten Regulierungsphase zwar relativ flach verläuft, allerdings müssen die hinsichtlich der Kostenstruktur vermeintlich weniger effizienten Unternehmen so schnell ein niedrigeres Kostenniveau erreichen, um wirtschaftlich zu agieren.

Wenn ein Neukonzessionär lediglich einen Teil eines Netzes und den Effizienzwert des Altkonzessionärs übernimmt, kann es beim übernommenen Netzbereich aufgrund einer günstigen Anlagenstruktur mit niedrigen Kapitalkosten und hoher Verdichtung (bspw. innerstädtische Netze) auch zu einem umgekehrten Effekt kommen. Wenn der neue Netzbetreiber diesen Netzbereich zu niedrigeren spezifischen Kosten betreiben kann als das abgebende Unternehmen bzw. wenn die Erlösobergrenze aufgrund des vorher kostenintensiven Gesamtnetzes sehr hoch angesetzt ist, sind auch die zulässigen Gewinne höher. Da dieser Effekt allerdings den Ertragswert des übernommenen „Filetstücks" objektiv erhöht, wird auch ein höherer Kaufpreis zu zahlen sein, zudem kann der Effekt nur bis zum Beginn der zweiten Regulierungsperiode ausgenutzt werden, da dann eine neue Kostenermittlung stattfindet (Zander et al., 2008). Beim Herauslösen eines regionalen Mittelzentrums aus einer Region mit insgesamt kleinteiliger und weitläufiger Siedlungsstruktur aus dem Netz eines Regionalversorgers dürfte dieser Effekt stark auftreten.

Auch in technischer Hinsicht müssen die Netze entflochten werden, wenn ein Teil eines Netzes oder ein ganzes Netz den Eigentümer wechselt, insbesondere um eine physische Zurechenbarkeit der Stromverbräuche zu gewährleisten. Der Umfang der Investitionen in die Entflechtungsmaßnahmen ist dabei sehr unterschiedlich und stark von regionalen Gegebenheiten bestimmt. Wenn der Konzessionsvertrag keine Regelungen darüber enthält, wer die Kosten zu tragen hat, ist davon auszugehen, dass abgebender und übernehmender Netzbetreiber jeweils die Entbindungskosten tragen, die in ihren Bereichen entstehen. Durch die Kostenteilung wird verhindert, dass große Netzbetreiber Ortsnetze so stark in ihre Netze einbinden, dass eine Entflechtung, und damit ein Wechsel des Konzessionsnehmers, durch die hohen Kosten praktisch verhindert wird (Wübbels, 2011; Menges & Spies, 2012).

5. Die Beispiele der Gemeindewerke Umkirch und Stadtwerke Landsberg

Da die Entflechtung der Stromnetze und die hierbei entstehenden Kosten in hohem Maße von regionalen und lokalen Gegebenheiten abhängen, wird beispielhaft anhand von zwei Fallstudien der Gemeindewerke Umkirch (GWU) und der Stadtwerke Landsberg auf Entflechtungskosten eingegangen.

Die Gemeinde Umkirch mit ca. 5.000 Einwohnern und ca. 3.000 Zählerstellen hat ihre Stromnetze im Januar 2010 von EnBW übernommen, nachdem das Netz nicht mehr in zeitgemäßem Zustand war und die Versorgungssicherheit als kritisch beurteilt wurde. Im bundesdeutschen Vergleich dürfte hier ein seltener Ausnahmefall vorliegen, in dem die Versorgungsqualität des privaten Energieversorgers tatsächlich schwach war. Trotz eines Angebots von EnBW, in den folgenden Jahren 750.000€ in die Netze zu investieren, entschied sich die Gemeinde zur Gründung von Gemeindewerken. Dies geschah in Kooperation mit der Freiburger Energieversorgerin badenova AG, die eine 40%ige Beteiligung an den GWU hält. Die GWU beschäftigen heute außer den zwei nebenberuflichen Geschäftsführern eine weitere Angestellte. Unterstützt wird sie durch Mitarbeiter im Rathaus, die Aufgaben im Kunden- und Verwaltungsbereich übernehmen. Sowohl die technische als auch die kaufmännische Betriebsführung werden von externen Dienstleistern erbracht.

Der Netzkaufpreis wurde nach Verhandlungen mit EnBW festgelegt. Im Zusammenhang mit der Übertragung der Erlösobergrenze waren die Verhandlungen nach Aussage des Geschäftsführers eher unkompliziert. Anhand des Beispiels Umkirch wird deutlich, dass die Entflechtungskosten gerade bei kleinen Netzen verhältnismäßig hoch sein können. Sie bewegten sich in Umkirch in einer Größenordnung, die „mehr als der Hälfte des Kaufpreises" entsprach. Aufgrund der schlechten Versorgungssicherheit investierten die GWU nach der Rekommunalisierung zusätzlich ca. 800.000€ in die neue Erschließung mit Doppelkabel und Ringschlüssen innerhalb des Netzes. Der im Verhältnis zum Kaufpreis relativ hohe Preis der Entflechtung ist zu einem wesentlichen Teil auf die geringe Größe des Netzes zurückzuführen, dennoch dürfte die Tatsache, dass diese aufgrund der gesetzlichen Bestimmungen nicht über Netznutzungsentgelte refinanziert werden können, gerade für kleine Gemeinden eine große Hürde bei der Rekommunalisierung darstellen und die Aussicht auf einen wirtschaftlichen Betrieb schrumpfen lassen. Eine Rekommunalisierung wird in derartigen Fällen aufgrund der Höhe der Transaktionskosten nur dann Sinn machen, wenn die Gemeinde den Netzbetrieb langfristig übernimmt, damit die technischen Investitionen über einen langen Zeitraum abgeschrieben werden können.

Die Stadt Landsberg in Bayern mit ca. 24.000 Einwohnern und 16.000 Anschlüssen hat ihre Stromnetze im Januar 2011 vom vorherigen Betreiber LEW Verteilnetz GmbH, dem regionalen Verteilnetzbetreiber des RWE-Konzerns in Bayerisch-Schwaben, übernommen. Die Stadtwerke Landsberg existierten schon zuvor, so dass der Stromnetzbetrieb lediglich integriert werden musste. Die Stadtwerke werden in Form eines Kommunalunternehmens in öffentlicher Rechtsform geführt, die Gemeinde ist somit zu 100% Eigentümerin des Unternehmens. Die Netzübernahme in Landsberg war in erster Linie politisch motiviert, um das Stromnetz wieder in kommunaler Hand zu haben und so auch Arbeitsplätze schaffen zu können.

Die Kaufpreisverhandlungen mit der LEW Verteilnetz GmbH auf Basis des objektiven Ertragswertverfahrens waren aufgrund der zunächst unklaren Rechtslage bezüglich der beiden Verfahren, der nicht definierten Berechnungsmethodik hinsichtlich der Ertragswertmethode, der Einigung über die anteilig übergehende Erlösobergrenze und der geringen Auskunftsbereitschaft des bisherigen Betreibers kompliziert und dauerten mehr als eineinhalb Jahre. Wirtschaftliche Schwierigkeiten im Betrieb ergeben sich insbesondere aus der gleichzeitigen Übernahme des Effizienzwertes von 100%, der niedrige zulässige Netznutzungsentgelte mit sich bringt. Allerdings wurde als Basis für die zweiten Regulierungsperiode 2011 eine neue Kostenschätzung durchgeführt, so dass ab 2014 zunächst höhere Netzentgelte zulässig sind.

Die Kosten der Netzentflechtung beziffern sich hier auf weniger als 5% des Netzkaufpreises. Die Qualität der übernommenen Netze war in Landsberg gut bis durchschnittlich. Hinsichtlich der Entflechtungskosten und Qualität der Netze wird ein klarer Unterschied zum Fall Umkirch deutlich, wobei die Umstände in Landsberg eher dem deutschen Durchschnitt entsprechen dürften. Den Netzbetrieb erbringen die Stadtwerke Landsberg als einer der seltenen Ausnahmefälle bei jüngeren Rekommunalisierungen weitestgehend selbst. Dafür sind 4,5 Stellen im kaufmännischen und 6,0 im technischen Bereich besetzt. Neben kleineren Anfangsschwierigkeiten bezüglich der Datenübernahme und Abrechnung von bzw. mit dem vorherigen Netzbetreiber war insbesondere der Aufwand bezüglich des Regulationsmanagements, des Vertragsschlusses und der Abrechnung mit Stromlieferanten groß. Die Notwendigkeit eines eigenen Vertrags für jeden Stromlieferanten, der im Netzgebiet tätig ist, sogar wenn dieser im Extremfall nur einen Kunden versorgt, und die Abrechnung von Mehr- oder Minderverbräuchen, waren mit einem hohen Aufwand verbunden.

Eine weitere Schwierigkeit bestand im Personalbereich darin, dass das fachliche Know-how der wenigen Mitarbeiter wesentlich breiter sein muss, als das bei großen Netzbetreibern der Fall ist, die für jede Fragestellung eine spezialisierte Abteilung haben. Zukünftige Herausforderungen durch den aufgrund der Anreizregulierung gesteigerten Kostendruck und technische Neuerungen im Messwesen, wie bspw. das Smart Metering, lassen die Situation weiterhin angespannt.

6. Kosten von kommunalen Netzbetreibern

Die Kostenstruktur kommunaler Netzbetreiber wird nachfolgend in Kapitalkosten und Betriebskosten untergliedert. Da die dnbK ihrer Höhe nach nicht beeinflussbar sind und vollständig durch die genehmigten Netznutzungsentgelte refinanziert werden, wird nachfolgend nicht weiter auf sie eingegangen.

Die vorübergehend nicht-beeinflussbaren und die beeinflussbaren Kosten setzen sich aus Kapitalkosten und Betriebskosten zusammen, gemeinsam bilden sie die Gesamtkosten (TOTEX). Bei einem zu 100% effizienten Netzbetreiber entspricht TOTEX den vorübergehend nicht-beeinflussbaren Kosten. Bei einem nicht zu 100% effizienten Betreiber ist TOTEX mit dem eigenen Effizienzwert zu multiplizieren, um den Kostenzielwert, der nach dem Ablauf der beiden Regulierungsperioden zu erreichen ist, zu erhalten. Die Struktur dieser unter dem gegebenen regulatorischen Umfeld äußerst relevanten Kosten wird nachfolgend genauer betrachtet.

Die Anlageintensität von netzgebundenen Infrastrukturen ist insbesondere aufgrund der Leitungsgebundenheit sehr hoch, was hohe Kapitalkosten induziert. Kapitaldienste werden als Einheit aus kalkulatorischen Zinsen und Abschreibungen betrachtet, „welche [...] die Amortisation und Verzinsung des eingesetzten Kapitals sicherzustellen haben" (Haubold, 2007, S. 86). Sowohl die Werte für die Abschreibungsdauer als auch die für Zinsen sind über die StromNEV weitestgehend vorgegeben. Erstere finden sich für verschiedene Anlagengruppen in Anlage 1 der StromNEV, für letztere macht § 14 Abs. 2 ARegV 2007 bzw. §§ 6-7 StromNEV (2005) weitere Vorgaben. Diese besagen, dass sich der Zins aus drei Teilen zusammensetzt. Der erste, mit einem Anteil von 40%, ist der vorgegebene Eigenkapitalzinssatz für Neuanlagen, derzeit 9,29%. Die restlichen 60% gelten als Fremdkapital, davon sind 25% als unverzinslich anzusehen und weitere 35% als verzinslich in der Höhe „der auf die letzten zehn abgeschlossenen Kalenderjahre bezogenen Durchschnitt der von der Deutschen Bundesbank veröffentlichten Umlaufrendite festverzinslicher Wertpapiere inländischer Emittenten." (§ 14 Abs. 2 ARegV, 2007). Konstante Reinvestitionen in Höhe der Abschreibungen vorausgesetzt, kann somit von weitestgehend konstanten Kapitalkosten ausgegangen werden. Da der Kostendruck einen kurzfristigen Anreiz bietet, Erneuerungsinvestitionen zu unterlassen und so die Gesamtkosten zu senken, existiert eine vom Gesetzgeber vorgegebene Qualitätskomponente in der Regulierung (Stender, 2008).

Eine pauschale Ermittlung der Betriebskosten von Netzbetreibern hingegen ist aufgrund verschiedener Faktoren nur unter Vorbehalt zulässig. Die Fertigungstiefe der Netzbetreiber bzw. Energieversorgungsunternehmen ist sehr unterschiedlich. Während einige Unternehmen einen Großteil der Leistungen selbst erbringen, ist die Fertigungstiefe anderer Unternehmen sehr gering, und ein Großteil der Leistungen wird durch Dritte erbracht. Dadurch ist eine Ermittlung einer typischen Verteilung der Betriebskosten nach Kostenarten nur bedingt aussagekräftig. Die Netzbetreiber verfolgen sehr unterschiedliche Strategien bezüglich der Aktivierung von Erneuerungs- und Instandhaltungsmaßnahmen der Netze (Zander et al., 2008). Dies führt nicht nur zu Schwierigkeiten bei einer Substanzwertermittlung, sondern hat auch Einflüsse auf die Kostenstruktur. Aktivierungen reduzieren einerseits zwar die Betriebskosten, erhöhen aber die Kapitalkosten. Darüber hinaus sind Substitutionen von Kapital und Arbeit auch durch die Wahl der technischen Betriebsmittel leicht möglich, Transformatoren beispielsweise können wartungsintensiv und günstig oder wartungsarm und teurer sein (Cronin & Motluk, 2011; Kremp & Radtke, 2009).

Da Netzbetreiber häufig auch in anderen Sparten des Stromsektors aktiv sind, ist anzunehmen, dass eine exakte Zuordnung der angefallenen Gemeinkosten auf die einzelnen Wertschöpfungsstufen, gerade bei kleinen Energieversorgern, nicht immer erfolgt.

Unter Berücksichtigung dieser Schwierigkeiten bieten Kremp & Radtke (2009) eine Aufschlüsselung der durchschnittlichen Prozesskosten eines Netzbetreibers mit hoher Fertigungstiefe. Eine Orientierung hinsichtlich der Verteilung der verschiedenen Kosten auf die Netzprozesse ist in Abbildung 3 gegeben. Deutlich wird insbesondere hinsichtlich der Prozesse „Planung und Projektierung" sowie „Neubau und Erneuerung", beides offensichtlich Netzanlagevermögen erhaltende Prozesse, dass eine Aktivierung der hier angefallenen Kosten eine Reduktion der Betriebskosten um knapp 20% nach sich zieht.

Abbildung 3: Anteilige Prozesskosten eines Stromnetzbetreibers. (Eigene Darstellung nach Kremp & Radtke (2009)).

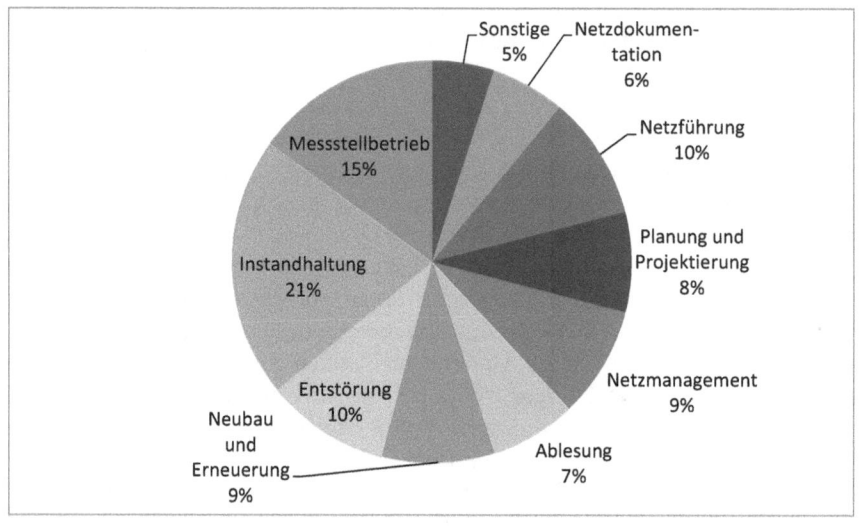

7. Die Kostenstruktur von kommunalen Netzbetreibern

Nachfolgend wird untersucht, inwieweit die Verhältnisse von Kapital- und Betriebskosten in der Praxis übereinstimmen bzw. voneinander abweichen. Mit der Auswertung der Verhältnisse von Kapital- zu Betriebskosten bzw. Gesamtkosten auf Grundlage von anonymisiert zur Verfügung gestellten reellen Unternehmensdaten von 40 kommunalen Netzbetreibern wird analysiert, ob sich Aussagen über eine „typische" Kapitalstruktur treffen lassen und inwieweit sich die Kostenstruktur kleiner Netzbetreiber von der großer unterscheidet und ob Skalenvorteile erkennbar sind.

Als Datenbasis stehen die Input-Parameter Betriebskosten und Kapitalkosten sowie eine Reihe von Output-Parametern bzw. Strukturdaten bezüglich des Netzes und des Netzgebiets zur Verfügung. Die Daten beziehen sich auf das Jahr 2006, das Jahr der letzten regulatorischen Kostenprüfung. Die Auswahl der Unternehmen erfolgte mit Blick auf die Verteilung über verschiedene Größenklassen.

Zur Analyse des Verhältnisses von Kapital- zu Betriebskosten wird der Anteil der Kapitalkosten an den Gesamtkosten untersucht. Einen Überblick über die Verteilung der Anteile der Kapitalkosten an den Gesamtkosten in den zuvor erläuterten Größenkategorien sowie die Verteilung in der gesamten Stichprobe bietet der nachfolgende Whisker Box-Plot, der in Abbildung 4 dargestellt ist.

Abbildung 4: Whisker Box-Plot der Anteile der Kapitalkosten an den Gesamtkosten. (Eigene Darstellung).

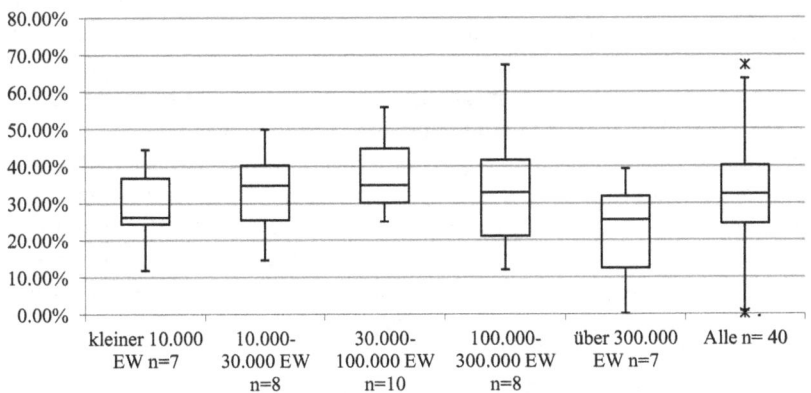

Die Median-Werte, die in der Abbildung der jeweils inneren horizontalen Linie entsprechen, liegen zwischen 25,5% und 35,0%, das untere und obere Quartil, die entsprechend durch die untere bzw. obere horizontale Linie dargestellt werden, liegen zumeist zwischen 20% und 40%. Der Median der gesamten Stichprobe liegt bei 32,5%, der Box-Plot ist relativ symmetrisch und es gibt lediglich zwei Ausreißer. Es lässt sich festhalten, dass die Kapitalkosten durchschnittlich einen Anteil von knapp über 30% an den Gesamtkosten ausmachen.

Häufig wird kleinen Netzbetreibern unterstellt, sie könnten im Wettbewerb mit großen Netzbetreibern nicht konkurrieren, da Skalenvorteile fehlten. Sofern dies zuträfe, wäre die Rekommunalisierung gerade für die Gruppe der kleinsten Gemeinden bis 10.000 Einwohner mit dem größten Potential (Anteil privater Versorger > 50%) eine vermutlich nicht empfehlenswerte Vorgehensweise. Zwar schließen sich diese Gemeinden häufig in Kooperationen zusammen, dennoch könnten potentielle positive Skaleneffekte kaum in dem Ausmaß erreicht werden wie von den großen privaten Energieversorgern. Nachfolgend soll anhand der Stichprobe deshalb untersucht werden, inwieweit bei kommunalen Versorgern kostenseitig positive Skaleneffekte erkennbar sind.

Bei einer qualitativen Analyse der Frage wird zunächst deutlich, dass ein Großteil der Kosten von Netzbetreibern fixe Kosten sind, die aufgrund der Anlageintensität und der Notwendigkeit des Anschlusses jedes einzelnen Hauses sowie der Ablesung von Zählern entstehen, die unter den gegebenen technischen Voraussetzungen kein großes Potential zur Kostensenkung erkennen lassen. Eine Beeinflussung der Gesamtkosten ist also nur in den anderen Netzprozessen möglich, allerdings erscheinen die Potentiale durch Normierungs- und Automatisierungsmaßnahmen auch hier begrenzt. Zuletzt haben Cronin und Motluk (2011) in einer Untersuchung von 19 kommunalen Netzbetreibern in der Provinz Ontario in Kanada keine positiven Skaleneffekte ermitteln können. Vorangegangene Untersuchungen zeigten ein gemischtes Bild bezüglich der Existenz von Skaleneffekten bei Verteilungsunternehmen.

Für die nachfolgenden Untersuchungen werden die vereinfachenden Annahmen getroffen, dass sich der Output eines Versorgungsunternehmens anhand der Anschlüsse (entspricht den angeschlossenen Zählern) und der Leitungslänge ausreichend erfassen lässt. Als Inputgrößen dienen die Gesamtkosten bzw. die Summe aus Kapital- und Betriebskosten. Es ist anzumerken, dass sich die lokalen Struktur- und weitere Output-Parameter, wie insbesondere die versorgte Fläche, der Zersiedelungsgrad, der Verkabelungsgrad sowie die Jahreshöchstlasten und Jahresgesamtabgaben, kostenseitig stark auswirken können.

In Abbildung 5 sind die durchschnittlichen Leitungsmeter und die durchschnittlichen Gesamtkosten pro installiertem Zähler, unterteilt nach Größenklassen der Kommunen, abgetragen. Mit der Normierung der Leitungslänge und der

Gesamtkosten auf die Anzahl der Anschlüsse sind der wichtigste Input-Parameter und zwei wichtige Output-Größen erfasst. Ein höherer Wert der Leitungsmeter pro Zähler deutet dabei auf eine geringere Siedlungsdichte hin, was im Folgenden mit einem höheren Output gleichgesetzt wird.

Abbildung 5: Kosten pro Anschluss und Meter Leitung pro Anschluss. (Eigene Darstellung).

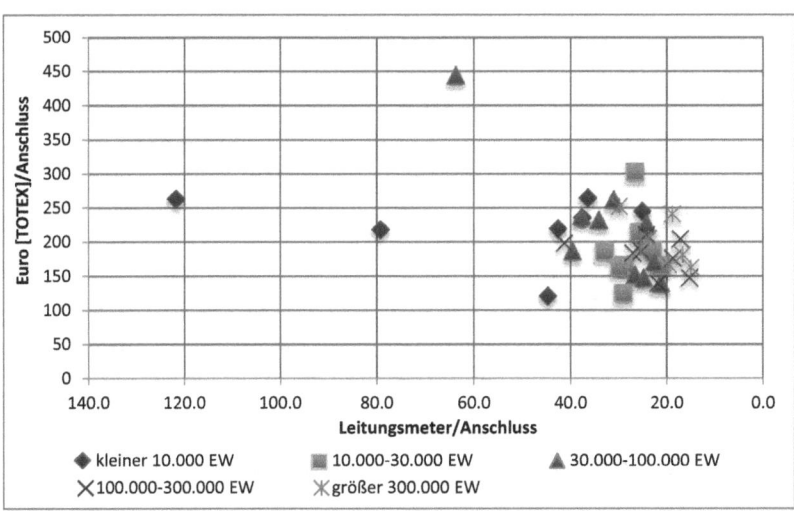

Es zeigt sich, dass der Großteil der Gemeinden durchschnittliche Leitungslängen von ca. 15m bis 40m pro Anschluss hat. Die Zählerdichte steigt erwartungsgemäß mit der Größe der Kommunen. Die Gesamtkosten, umgerechnet auf die Zähler, liegen für die große Mehrheit der Netzgebiete zwischen 150€ und 250€. Ein Kostenvorteil der großen Kommunen ist kaum zu erkennen. Trotz höherer Anschlussdichte sind die Kosten pro Zähler in (Groß-)Städten kaum niedriger als in sehr kleinen Netzgebieten. Überraschend ist in dieser Hinsicht vor allem die Tatsache, dass sogar die beiden Gemeinden aus der Gruppe mit weniger als 10.000 Einwohnern und sehr hohen Werten von 79 bzw. 122 Leitungsmetern pro Anschluss keine oder kaum höhere Kosten pro Zähler aufweisen als wesentlich größere Gemeinden mit höherer Dichte.

Eine weitere Untersuchung auf mögliche Skaleneffekte wird in Abbildung 6 anhand einer linearen Regressionsanalyse vorgenommen. Die abhängigen Variablen sind dabei die Gesamtkosten, die gegenüber der absoluten Zahl der Anschlüsse analysiert werden. Die Regressionsanalyse der Gesamtkosten in Abhängigkeit von den Anschlüssen liefert hierbei ebenfalls keine Anhaltspunkte für die Existenz von positiven Skaleneffekten. Eine separate Betrachtung der unteren drei Größenklassen bis 40.000 Anschlüsse bzw. 10 Mio. Euro Gesamt-kosten liefert qualitativ identische Resultate. Auch hier sind keine positiven Ska-leneffekte erkennbar, was unsere bisherigen Ergebnisse weiter unterstreicht.

Abbildung 6: Gesamtkosten in Abhängigkeit von der Anzahl der Anschlüsse. (Eigene Darstel-lung)

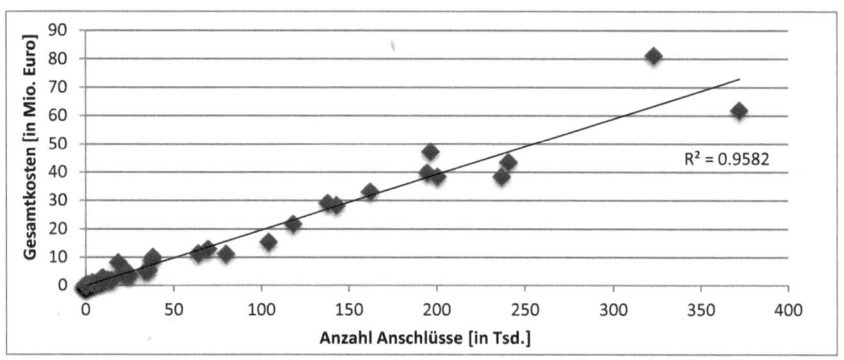

8. Zusammenfassung und Ausblick

Die Untersuchung der Rekommunalisierung von netzgebundenen Infrastruktu-ren hat eine differenzierte Analyse der häufig ideologisch geprägten Debatte in Deutschland möglich gemacht. Es zeigt sich, dass Kommunen, die sich für Re-kommunalisierungen ihrer Stromnetze entscheiden, dies meist auf Grundlage von politischen oder fiskalischen Zielen tun. Die Nachvollziehbarkeit der Moti-vation, hinsichtlich des eigenen Einflusses auf die Daseinsvorsorge, ist aller-dings schwierig und die Zulässigkeit der fiskalischen Zielsetzungen umstritten.

Fraglich ist, in welcher Hinsicht die Gemeinden beim Betrieb der Stromnet-ze und der Sicherstellung der Daseinsvorsorge ihren durch eine Rekommunali-sierung gewonnenen Einfluss nutzen wollen. Eine mangelhafte qualitative und quantitative Versorgung ist bei 98,3% der privat versorgten Kommunen nicht gegeben, denn auch für private Betreiber macht der Gesetzgeber weitreichende Vorgaben bezüglich Anschluss- und Versorgungssicherheit, was dieses häufig genannte Argument für Rekommunalisierung entkräftet.

Der kommunale Einfluss auf die Preisgestaltung und die Möglichkeit der Weitergabe von günstigen Netzentgelten an Bevölkerung und lokale Wirtschaft ist ebenfalls beschränkt, setzt er doch einen hocheffizienten Betrieb der Netze voraus. Dass ein grundsätzlich effizienter Betrieb auch von kleinen kommunalen

Unternehmen geleistet werden kann, wurde gezeigt, allerdings sind überhöhte Monopolrenditen von privaten Versorgern durch eine strikte Anreizregulierung seit einigen Jahren nicht mehr realisierbar. Widersprüchlich gegenüber dem Argument günstiger Preise für die Verbraucher ist darüber hinaus auch das Ziel der Generierung von Einnahmen für die Gemeinde.

Die größten Risiken bei einer Rekommunalisierung liegen in der Kaufpreisfindung. Es konnte gezeigt werden, dass eine fehlerhafte Preisbestimmung unter dem Regime der Anreizregulierung zu langjährigen finanziellen Belastungen für die Kommune führen kann. Wird hingegen ein angemessener Kaufpreis gezahlt, können auch kleinere, kommunale Unternehmen wirtschaftlich tätig sein und damit einen positiven Beitrag zum kommunalen Haushalt leisten. Abschließend ist festzuhalten, dass in Anbetracht der finanziellen Risiken, die mit einer Rekommunalisierung einhergehen und die in letzter Konsequenz von der Bevölkerung getragen werden, insbesondere weniger solvente Kommunen eine derart weitreichende Entscheidung nur nach äußerst sorgfältigen und von politischen Ideal- und Zielvorstellungen befreiten Abwägungen treffen sollten.

Dieser Beitrag stellt eine verkürzte Fassung von Meyer-Gohde et al. (2013) dar.

9. Literaturverzeichnis

Agne, S., Hoffjan, A., & Ufer, H.-W. (2011). Zur Interdependenz von Regulierung und interner Unternehmensrechnung – Netzübergänge im Rahmen der Anreizregulierung. *Zeitung für betriebswirtschaftliche Foschung, 63*(Mai), S. 278-302.

Becker, P. (2011). *Aufstieg und Krise der deutschen Stromkonzerne: zugleich ein Beitrag zur Entwicklung des Energierechts* (2. Aufl.). Bochum: Ponte Press.

BGH. (1999). Bundesgerichtshof: Urteil vom 16.11.1999 – KZR 12/97. Abgerufen am 12.01.2012, von http://lexetius.com/1999,1141.

Bremeier, W., Brinckmann, H., & Kilian, W. (2006). Kommunale Unternehmen in kleinen und mittelgroßen Kommunen sowie Landkreisen. In W. Killian, P. Richter & J. H. Trapp (Hrsg.), *Ausgliederung und Privatisierung in Kommunen: empirische Befunde zur Struktur kommunaler Aufgaben-wahrnehmung*. Berlin: Edition Sigma.

Büdenbender, U., Rosin, P., & Bachert, P. (2006). *Kaufpreis und Ertragswert von Stromverteilnetzen nach der Energierechtsreform 2005*. Essen: Energiewirtschaft und Technik Verlagsgesellschaft mbH.

Bundesnetzagentur, & Bundeskartellamt. (2010). *Gemeinsamer Leitfaden von Bundeskartellamt und Bundesnetzagentur zur Vergabe von Strom- und Gaskonzessionen und zum Wechsel des Konzessionsnehmers*. Abgerufen am 14.01.2012: http://www.bundeskartellamt.de/wDeutsch/download/pdf /Diskussionsbeitraege/101215_Leitfaden_Konzessionsrecht_BNetzA-BKartA.PDF.

Cronin, F. J., & Motluk, S. A. (2011). The Effects of Firm Boundary and Financing Constraints on Utility Costs: The Case of Municipally Owned Electricity Distribution Utilities. *Annals of Public and Cooperative Economics, 82*(3), S. 277-299.

Haubold, S. (2007). *Kapitalkosten regulierter Stromnetzbetreiber*. Frankfurt am Main, Berlin, Bern: Peter Lang Verlagsgruppe.

Konstantin, P. (2009). *Praxisbuch Energiewirtschaft: Energieumwandlung, -transport und -beschaffung im liberalisierten Markt* (2. Aufl.). Berlin, Heildeberg: Springer.

Kremp, R., & Radtke, O. (2009). Kostenmanagement im Rahmen der Anreizregulierung. *et – Energiewirtschaftliche Tagesfragen, 59*(1/2), S. 80-84.

Kurth, M. (2009, 02.04.2009). Bundesnetzagentur will Innovationsschub für moderne Infrastrukturen. Abgerufen am 14.01.2012, von http://www.bundesnetzagentur.de/SharedDocs/Pressemitteilungen/DE/2009 /090402Jahresbericht2008.html?nn=144146.

Meyer-Gohde, P., Meinshausen, S., Schiereck, D. & von Flotow, P. (2013). Entflechtung und Rekommunalisierung von netzgebundenen Infrastrukturen, erscheint in *Zeitschrift für öffentliche und gemeinwirtschaftliche Unternehmen* 36.

Menges R. & Spies, B. (2012). Back to the roots: Neukonzessionierung – ein kommunales Entscheidungsproblem, *η green, 4*(6), S. 6-8.

Pielow, C. (2011). Ausgewählte Wirtschaftsbereiche § 54 Kommunale Energiewirtschaft. In T. Mann & G. Püttner (Hrsg.), *Handbuch der kommunalen Wissenschaft und Praxis Band 2: Kommunale Wirtschaft* (S. 555-584). Berlin, Heidelberg: Springer.

Ridder, N. (2007). *Vom monopolistischen Stromversorger zum kundenorientierten Energiedienstleister: die strategische Neuausrichtung kommunaler Energieversorgungsunternehmen im liberalisierten deutschen Strommarkt.* Hamburg: Verlag Dr. Kovač.

Rottmann, O., & Grotowski, T. (2011). *Renaissance der Kommunalwirtschaft – Rekommunalisierung öffentlicher Dienstleistungen.* München, Leipzig: Kompetenzzentrum für öffentliche Wirtschaft und Daseinsvorsorge der Universität Leipzig & Hypo Vereinsbank.

Säcker, F. J., Mohr, J., & Wolf, M. (2011). *Konzessionsverträge im System des europäischen und deutschen Wettbewerbsrechts.* Frankfurt am Main: Peter Lang Verlagsgruppe.

Stender, A. (2008). *Netzinfrastruktur-Management: Konzepte für die Elektrizitätswirtschaft* (1. Aufl.). Wiesbaden: Gabler.

Trapp, J. H. (2006). Ausgliederung und Privatisierung in den dreißig größten deutschen Städten. In W. Killian, P. Richter & J. H. Trapp (Hrsg.), *Ausgliederung und Privatisierung in Kommunen : empirische Befunde zur Struktur kommunaler Aufgabenwahrnehmung* (S. 85-110). Berlin: Edition Sigma.

Westermann, G., & Cronauge, U. (2006). *Kommunale Unternehmen: Eigenbetriebe, Kapitalge-sellschaften, Zweckverbände* (5. Aufl.). Berlin: Schmidt.

Wübbels, M. (2011). *Konzessionsverträge – Handlungsoptionen für Kommunen und Stadtwerke.* Berlin: VKU Verband kommunaler Unternehmen e.V.

Zander, W., Steinbach, P., & Hintze, D. (2008). Berücksichtigung der Anreizregulierung bei der Ertragsbewertung von Strom- und Gasnetzen. *et – Energiewirtschaftliche Tagesfragen, 58*(4), S. 41-46.

Wertschöpfungspotentiale des Smart Grid aus Konzernsicht

Robert Fraunhoffer und Steffen Peine

1. Einleitung

Im Zuge der Liberalisierung des Strommarkts sowie der politischen Entscheidung des Ausstiegs aus der Kernenergie in Verbindung mit dem Erneuerbare-Energien-Gesetz (EEG) entstehen neue Herausforderungen für die deutschen Energiekonzerne. Nach Plänen der Bundesregierung soll der Anteil erneuerbarer Energien bezogen auf den Stromverbrauch bis zum Jahr 2020 auf mindestens 35% erhöht werden, bis 2050 sogar auf 80% ansteigen. Da jedoch schon heute einige Netzgebiete maximal ausgelastet sind, soll, um diese ambitionierten Ziele zu unterstützen, der Stromverbrauch bis 2020 um 10% , bis 2050 um 25% sinken.[1]

Weiterhin erfordert der zunehmende Einsatz erneuerbarer Energien – und die damit einhergehende Veränderung des Erzeugungsparks hin zu einer regenerativen Stromerzeugung – eine erhöhte Flexibilität der elektrischen Energieversorgung. Konventionelle Kraftwerke werden durch Windkraft- und Photovoltaikanlagen substituiert. Diese sind in hohem Maße abhängig von den Windverhältnissen bzw. von dem Stand der Sonne sowie dem Bewölkungsgrad.[2] Neben dieser schwankenden Einspeisung aus erneuerbaren Energiequellen und dem Ziel, den Stromverbrauch zu senken, wird zukünftig die Integration der Elektromobilität in das bestehende Versorgungsnetz ein zentrales Thema in der Energieversorgung darstellen. Dazu wird es erforderlich sein, Veränderungen auf der Angebots- und Nachfrageseite effizient und intelligent durch Informations- und Kommunikationstechnologie zu koordinieren, da es zunehmend schwieriger wird, diese zuverlässig zu prognostizieren. Das macht neben dem Netzausbau eine gleichzeitige Netzmodernisierung notwendig.[3] Die Herausforderungen für eine rentable Energieversorgung werden dabei in der Entwicklung von kosteneffizienten Maßnahmen und Konzepten für den Netzbetrieb liegen. Diese müssen in der Lage sein, die Anforderungen des Kunden und des regulatorischen Rahmens zu erfüllen.[4] Eine notwendige Maßnahme sind technische Aufrüstungen an der regenerativen Stromerzeugung, im Stromnetz selbst und in der Speichertechnologie. Darüber hinaus muss ein Ausbau der Informations- und Leittechnik sowie eine Netzregelung mit intelligenten Energie-Management-Systemen erfolgen. Für diesen Umbau des Stromnetzes hin zu einer intelligenten Stromversorgung steht der Begriff des *Smart Grid*.[5]

---

1   Vgl. Bundesverband der Energie- und Wasserwirtschaft e.V. & Zentralverband Elektrotechnik- und Elektronikindustrie e.V. [BDEW & ZVEI], 2012, S. 7.
2   Vgl. Kohler, 2011.
3   Vgl. BDEW & ZVEI, 2012, S. 7.
4   Vgl. BDEW & ZVEI, 2012, S. 14.
5   Vgl. Fenn & Metz, 2011, S. 1.

Dieses intelligente Stromnetz soll zukünftig die gesamte Vernetzung und Koordination von konventionellen und regenerativen Kleinkraftwerken über Stromspeichermöglichkeiten bis hin zu intelligenter Haustechnik und der Einbindung von Elektrofahrzeugen leisten.[6] Im ersten Teil der folgenden Untersuchung wird die Notwendigkeit von Smart Grids begründet und der aktuelle Entwicklungsstand aufgezeigt. Anschließend werden Smart Grids in Bezug auf mögliche Wertschöpfungspotentiale hin untersucht und die Strategien der vier großen deutschen Energiekonzerne näher betrachtet. Dabei werden gegenwärtige Initiativen recherchiert und anschließend bewertet. Im letzten Teil sollen bestehende Herausforderungen an das Smart Grid analysiert werden. Ein entscheidender Aspekt wird dabei die Sicherheit der Datenübertragung in den auf Informations- und Kommunikationstechnologie basierenden Netzen spielen.

2. Grundlagen

Die Europäische Kommission hat im Dezember 1996 mit der EU-Binnenmarktrichtlinie die Liberalisierung der Märkte von leitungsgebundener Energie eingeleitet. Umgesetzt wurde diese Richtlinie in Deutschland 1998 mit dem Energiewirtschaftsgesetz (EnWG). Ziel dieses Gesetzes ist es unter anderem, die Rahmenbedingungen für Wettbewerb und freien Handel bei leitungsgebundener Energie zu schaffen.[7] Im Jahr 2002 kam es zum Zusammenschluss der Leipzig Power Exchange (LPX) und der EEX Frankfurt zur European Energy Exchange AG (EEX). Insgesamt handeln an dieser Börse 198 Teilnehmer aus 20 europäischen Ländern mit Strom, Erdgas, Kohle und Emissionsrechten. Größtenteils können diese Teilnehmer dem Terminmarkt zugeordnet werden.

Der Terminmarkt dient der langfristigen Absicherung von Erzeugung und Bedarf. Durch Termingeschäfte werden physikalisch zu erfüllende Verträge zur zukünftigen Lieferung in Wochen, Monaten oder Jahren zu einem vorher festgelegten Preis abgeschlossen. Mit Hilfe des Spot-Markts können kurzfristige Erzeugungs- oder Absatz- / Verbrauchsportfolios optimiert werden. In der Energiewirtschaft bezieht sich der Spot-Markt in der Regel auf den nächsten Tag (Day Ahead).[8] Nach Schluss des Day-Ahead-Markts können im Intraday-Markt noch kurzfristige Geschäfte getätigt werden, um auf Ausfälle von Kraftwerksblöcken oder Abweichungen von der Prognose reagieren zu können. Weiterhin benötigen die Übertragungsnetzbetreiber (ÜNB) zum ständigen Ausgleich der Leistungsbilanz Primärregelreserve, Sekundärregelreserve und Minutenreserve.

---

6   Vgl. Fassen et al., 2010, S. 4.
7   Vgl. Konstantin, 2007, S. 48.
8   Vgl. Kessler & Münch, 2011, S. 14.

Diese müssen über eine Ausschreibung am Regelenergiemarkt beschafft werden.[9]

Am günstigsten – sowohl aus technischer als auch ökonomischer Sicht – ist es für die Energieversorgungsunternehmen (EVU), wenn die Betriebsführung ihrer Kraftwerke und Netze planbar ist und der vorher festgelegte Fahrplan nachgefahren werden kann. Dazu ist es nötig, dass die Kraftwerke ein prognostizierbares Einspeiseverhalten haben.[10] Mit 35,9% hatte die Windenergie im Jahr 2010 den größten Anteil an der Stromerzeugung aus erneuerbaren Energien.[11] Die Stromerzeugung mit Hilfe von Windkraftanlagen unterliegt jedoch sowohl jahreszeitlich als auch innerhalb des Tages großen Fluktuationen. Dies macht die Prognose der Einspeisung sowie die Erstellung verlässlicher Fahrpläne schwierig.[12] Traditionell müssen EVU auf diese Leistungsabweichungen mit der Regelung von Kraftwerken reagieren. Dabei wird auf die Erzeugungseinheiten mit den höchsten Leistungsänderungsgeschwindigkeiten zurückgegriffen. Dies sind vor allem Pumpspeicherkraftwerke, Gasturbinenkraftwerke und Kernkraftwerke.[13] Allerdings sind die Kosten für das Abschalten eines Kraftwerks und das anschließende Hochfahren sehr hoch, weswegen es in der Vergangenheit häufiger zu negativen Strompreisen kam.

Andererseits führt starker Wind zu einem Überangebot an Windenergie im Netz. Die Netzbetreiber sind nach dem EEG verpflichte, Ökostrom, für den sie die Fördersätze nach dem EEG an die Erzeuger zahlen, vollständig am Spot-Markt der Börse zu verkaufen. Da es ökonomisch günstiger sein kann, Kraftwerke trotz einem Überangebot an Strom weiter am Netz zu halten, sind die Kraftwerksbetreiber dazu bereit, Geld für die Einspeisung ihrer Kraftwerke zu bezahlen. Stromkäufer mit Speicherkapazitäten können mit den daraus resultierenden negativen Preisen einen doppelten Gewinn erzielen. Zuerst erhalten diese Geld für die Abnahme und Speicherung der Energie, normalisieren sich die Strompreise wieder, kann die gespeicherte Energie zur Stromerzeugung genutzt und der Strom veräußert werden.[14] Dieser Sachverhalt verdeutlicht die Problematik der volatilen Stromeinspeisung durch erneuerbare Energien. Neben der Schaffung von Stromspeichern wäre eine Maßnahme, um dies zu kompensieren, eine effiziente, intelligente, bedarfs- und verbrauchsorientierte Verknüpfung von Erzeugung und Nachfrage. Letzteres führt zu einer Transformation von der verbrauchsorientierten Stromerzeugung zu einem erzeugungsoptimierten Ver-

---

9   Vgl. Kessler & Münch, 2011, S. 9.
10   Vgl. Völler, 2010, S. 22.
11   Vgl. Bundesministerium für Umwelt, Naturschutz und Reaktorsicherheit [BMU], 2011.
12   Vgl. Völler, 2010, S. 22.
13   Vgl. Alt, 2010; Wulff, 2006, S. 26.
14   Vgl. Mihm, 2009.

brauch. Dabei spielt Informations- und Kommunikationstechnologie (IKT) eine zentrale Rolle.[15]

2.1. Definition Smart Grid

Stromerzeugung aus erneuerbaren Energien ist gerade im Vergleich zu herkömmlichen Energiequellen nur schwer planbar, insbesondere da sich das Speichern als problematisch gestaltet und derzeitige Speicher maximal als Minutenreserve dienen können. Erzeugte Energie muss somit im gleichen Moment verbraucht werden, in dem sie erzeugt wird. Ansonsten droht ein Energie-Ungleichgewicht in Folge dessen die Netzfrequenz asynchron laufen kann und die Netzstabilität als Ganzes gefährdet wäre. Um das Stromnetz dennoch im Gleichgewicht zu halten, existieren zwei Möglichkeiten: (1) Die Ausrichtung der Stromerzeugung am realen Verbrauch durch zeitnahe Verbrauchsmessung mit Smart Metern; (2) Die Steuerung des Verbrauchs durch das gezielte Ein- und Ausschalten von Lasten.[16]

Der Begriff des intelligenten Stromnetzes (engl. smart grid) umfasst dabei die Vernetzung der Akteure des Energiesystems von der Erzeugung über den Transport, die Speicherung und Verteilung bis hin zum Verbrauch mit Hilfe von IKT.[17] Dies macht ein Datennetz erforderlich, das dem Stromnetz überlagert wird.

Damit können Messdaten intelligenter Stromzähler, aktuelle Preise, Steuersignale etc. zwischen den beteiligten Akteuren ausgetauscht werden.[18] Ziel ist es, ein integriertes Daten- und Energienetz zu schaffen, das jedes Gerät im Sinne von Plug & Play in das bestehende System integriert.[19] Zentrale Themen sind dabei die persönliche Einbindung der Kunden, variable Tarife und Home Automation, ebenso wie Automatisierung auf der Netzebene, virtuelle Kraftwerke und der Handel von alternativ erzeugter Energie.[20]

Eine Smart-Grid-Leitstelle dient der Überwachung des Netzes. Dort werden lang-, mittel- und kurzfristige Prognosen der Last und der Erzeugung erstellt. Unterstützt durch ein Energie-Management-System – das Blockheizkraftwerke, Speicher und virtuelle Kraftwerke einsetzt – wird versucht, einen vereinbarten Übergabefahrplan einzuhalten. Werden Abweichungen vom gemeldeten Fahrplan erkannt, ist dies mit internen Maßnahmen auszugleichen.[21] Virtuelle Kraft-

15 Vgl. Bundesministerium für Wirtschaft und Technologie [BMWi], 2010, S. 1.
16 Vgl. Müller, 2011a, S. 2.
17 Vgl. BMWi, 2010, S. 1.
18 Vgl. Müller, 2011a, S. 2.
19 Vgl. BMWi, 2010, S. 1.
20 Vgl. Monschaw, 2011, S. 2.
21 Vgl. Fenn & Metz, 2011, S. 3.

werke aggregieren und koordinieren dabei eine Vielzahl kleiner Erzeuger unterschiedlicher Technologie, Speicher und Verbraucher, die am aktiven Last-Management teilnehmen. Ziel ist es, eine wirtschaftlich optimale Teilnahme an den Märkten für Energie, Regelleistung und Emissionszertifikate zu gewährleisten.[22] Händler können in jeder Regelzone ihre verschiedenen Kunden – sowohl Einspeiser als auch Abnehmer – unabhängig von ihrer räumlichen Lage in so genannten Bilanzkreisen zusammenfassen. Alle Einspeisungen und Entnahmen werden in Konten erfasst und aufsummiert bzw. saldiert. Ein Bilanzkreis ist der Bilanzkreis EEG, der alle EEG-Einspeisungen einer Regelzone zusammenfasst.[23]

Eine zum Smart Grid zusammengefasste Zelle stellt durch die gemeinsame Bilanzierung einen solchen Bilanzkreis dar – ohne notwendigerweise räumlich zusammengeschaltet zu sein. Dabei erstellt jedes Smart Grid eine mittel- und kurzfristige Prognose für seine Erzeuger und Lasten und stellt über ein Management der Komponenten und einiger Speicher einen Bezugsfahrplan auf, der mit dem ÜNB – also der nächst höheren Überwachungsebene – abgeglichen wird. Dies wird durch die umfangreiche Informations- und Kommunikationstechnik ermöglicht. Diese Selbstbilanzierung der Smart Grids entlastet die ÜNB.[24]

2.2. Komponenten des Smart Grid

Das deutsche Stromnetz hat eine Länge von ca. 1,78 Millionen Kilometern und wird von über 800 Netzbetreibern erhalten und betrieben. Die Niederspannungsebene macht dabei den größten Teil aus und ist durch regionale Verteilnetze mit der Höchstspannungsebene verbunden. Zahlreiche Betriebsmittel in den Verteilnetzen wurden bereits in den 60er und 70er Jahren in Betrieb genommen und sind daher nicht für die schwankende Einspeisung der erneuerbaren Energien ausgelegt.[25]

Im "klassischen" Energiesystem speisen zentrale Großkraftwerke in die Hoch- und Höchstspannungsebene ein. Der Strom wird dann von Verteilernetzen zu den Verbrauchern transportiert. Die Übertragungsnetze dienen dabei dem Ausgleich von Einspeise- und Verbrauchscharakteristiken der Kraftwerke sowie Verbraucher.[26]

---

22 Vgl. Fenn & Metz, 2011, S. 5.
23 Vgl. Zander & Neils, 2004, S. 6.
24 Vgl. Fenn & Metz, 2011, S. 5.
25 Vgl. BDEW & ZVEI, 2012, S. 9.
26 Vgl. Haber & Bliem, 2010, S. 4.

Der Wandel in Stromerzeugung und -verbrauch macht eine Veränderung der Mittel- und Niederspannungsverteilnetze zu einem multidirektional betriebenen, dynamischen Netzwerk notwendig. Die Einspeisung von der Verbraucherseite wurde bei der Auslegung der Verteilnetzte in der Vergangenheit nicht berücksichtigt.[27] Diese Fähigkeit wird jedoch mit zunehmender Anzahl dezentraler Kleinkraftwerke immer wichtiger. Daher kommt es heute immer häufiger zu einer Änderung bis hin zu einer Umkehr des Energieflusses an beispielsweise sonnen- oder windreichen Tagen.[28]

Zum Wandel der Energieflüsse sollen Smart Grids einen entscheidenden Beitrag leisten. Ziel ist es, durch Überwachung und Steuerung das Netz effizient in Zusammenarbeit mit den Verbrauchern im Gleichgewicht zu halten. Dabei muss eine umfassende Darstellung und Analyse der Netzsituation sowie eine Automatisierung der Verteilnetze vollzogen werden. Ein Schwerpunkt auf dem Weg zur Energiewende muss auf einer effizienten Nutzung von Steuer- und Regelmöglichkeiten liegen. Dadurch kann bei der zunehmenden Einspeisung von Strom aus Windkraft- und Photovoltaik-Anlagen schneller und häufiger auf Änderungen der Erzeugung und der Lastflussrichtung reagiert werden. Neben dieser dezentralen und fluktuierenden Einspeisung wird die Entwicklung im Bereich der Elektromobilität ein weiterer Treiber für die Auf- und Umrüstung der Netze sein.[29]

2.3. Gesetzliche Rahmenbedingungen

Die Schaffung von Smart Grids als Maßnahme zur Integration von erneuerbaren Energien in das Stromnetz macht weitreichende Infrastrukturinvestitionen – insbesondere Netzinvestitionen – seitens der Netzbetreiber notwendig. Dazu müssen diese regulatorisch in die Lage versetzt werden, mögliche Maßnahmen umzusetzen und neue Potenziale durch Forschung und Entwicklung zu schaffen.[30] Im Folgenden werden die hierfür relevanten gesetzlichen Rahmenbedingungen dargelegt und aktuelle Fördermaßnahmen aufzeigt.

Das EEG verpflichtet die Netzbetreiber dazu, Anlagen zur Stromerzeugung aus erneuerbaren Energien und aus Grubengas unverzüglich einzuspeisen. Die Anlagen müssen dabei vorranging an der Stelle an entsprechende Netz angeschlossen werden, die zum einen hinsichtlich der Spannungsebene dazu geeignet ist und zum anderen in der Luftlinie die kürzeste Entfernung zum Standort der

---

27 Vgl. BDEW & ZVEI, 2012, S. 8.
28 Vgl. Haber & Bliem, 2010, S. 4.
29 Vgl. BDEW & ZVEI, 2012, S. 9.
30 Vgl. BDEW & ZVEI, 2012, S. 31.

Anlage aufweist, wenn nicht ein anderes Netz einen technisch und wirtschaftlich günstigeren Verknüpfungspunkt bietet.[31]

Die Novellierung des Energiewirtschaftsgesetz (EnWG) und der Messzugangsverordnung (MessZV) schaffen im Oktober 2008 die Basis für den Einsatz der intelligenten Messsysteme im Smart Grid. Diese basieren auf einer Reihe von EU-Vorgaben und dem Integrierten Energie- und Klimaprogramm (IEKP) aus dem Jahr 2007. Die Netzbetreiber werden damit seit dem 1. Januar 2010 verpflichtet, in neue Gebäude Smart Meter einzubauen. Bestehenden Verbrauchern muss auf Anfrage gemäß § 21b Abs. 3 EnWG die Smart-Meter-Technik und nach § 40 Abs. 5 EnWG ein entsprechender Tarif angeboten werden, der einen Anreiz zu Energieeinsparung oder Steuerung des Energieverbrauchs setzt.[32] Weiterhin sieht das EnWG in der Fassung aus dem Jahr 2011 den Einsatz intelligenter Zähler bei privaten Haushalten vor, die deutlich über dem Durchschnittsjahresverbrauch liegen. Dabei liegt der Wert, ab dem Smart Meter eingesetzt werden müssen, bei 6.000 Kilowattstunden pro Jahr, bei einem Durchschnittsverbrauch von 3.500 Kilowattstunden pro Jahr. Bis zum Jahr 2022 soll gemäß der EU ein vollständiger Wechsel von herkömmlichen Zählern zum Smart Meter vollzogen sein.[33] Auch auf der Erzeugerseite sollen Smart Meter zum Einsatz kommen. Betroffen sind dabei große Anlagen zur Stromerzeugung aus erneuerbaren Energien und Anlagen, die Strom und Wärme gleichzeitig erzeugen. Darüber hinaus umfasst das EnWG die intelligente Einbindung von Strom-Großverbrauchern, unterbrechbaren Verbrauchseinrichtungen (z. B. Wärmepumpen oder Elektrofahrzeuge) und die Schaffung eines Energieinformationssystems zwischen Übertragungs- und Verteilnetzbetreibern.[34]

2.4. Fördermaßnahmen

Die Bundesregierung fördert Smart Grids mit der Initiative "E-Energy - IKT-basiertes Energiesystem der Zukunft" ausgehend von der Zusammenarbeit des Bundesministeriums für Wirtschaft und Technologie (BMWi) und dem Bundesministerium für Umwelt, Naturschutz und Reaktorsicherheit (BMU). Mit einem Gesamtvolumen von etwa 140 Mio. Euro sollen bis 2013 sechs Pilotprojekte – die den Nutzen des Einsatzes von Informationstechnologie im Energiebereich erforschen und erproben – gefördert werden. Darüber hinaus werden

---

31 § 5 Abs. 1 Satz 1 EEG; Vgl. Haber & Bliem, 2010, S. 2.
32 Vgl. Tilgner & Schormann, 2011.
33 Vgl. Tilgner & Schormann, 2011.
34 Vgl. BMWi, 2010, S. 2-3.

Querschnittsprogramme zu den rechtlichen Rahmenbedingungen (z. B. zum Thema Datenschutz) oder der Entwicklung gemeinsamer Standards gefördert.[35] Da Netzbetreiber Investitionssicherheit für die Schaffung von Smart Grids fordern, ist neben verlässlichen gesetzlichen Rahmenbedingungen eine angemessene, international vergleichbare Rendite erforderlich. Kritisch ist laut BDEW & ZVEI (2012) der systemimmanente Zeitverzug von bis zu sieben Jahren zwischen Investition und Berücksichtigung der Kosten in der Regulierung zu sehen. In Folge dessen komme es zu einer mangelnden Wirtschaftlichkeit von Investitionen in Verteilnetze, da die erreichbare Rendite unter die durch die von der Regulierungsbehörde nach § 7 Abs. 6 StromNEV festgelegten Eigenkapitalzinssätze sinke. Daher würden derzeit keine wirtschaftlichen Anreize für die Durchführung von konventionellen bzw. "smarten" Ersatz- oder Erweiterungsinvestitionen bestehen. Die Netzbetreiber fordern daher, dass wie bei Regulierungssystemen im Ausland der Zeitverzug bei Investitionen in das Verteilnetz behoben wird.

Darüber hinaus sollten Anreize für den Umbau zu Smart Grids geschaffen werden. Diese Auffassung der Verteilnetzbetreiber wird durch die Ergebnisse des vom BMWi geförderten Forschungsprojekts "Innovative Regulierung für Intelligente Netze" (IRIN) gestützt. Ziel des Projekts ist, die Anreizregulierung vor dem Hintergrund des wachsenden Anteils dezentraler Erzeugung und den dafür erforderlichen Netzausbau weiter zu entwickeln. Dabei wird besonders die zukünftige Regulierung der Stromnetze, die mittelfristig zu Smart Grids umgebaut werden sollen, untersucht. Ein zentrales Ergebnis von IRIN ist, dass derzeit keine ausreichenden Anreize für die Investition in eine intelligente Netzinfrastruktur gesetzt werden. Daher fordert der BDEW Anreize durch einen Instrumentenmix aus einem pauschalen Innovationszuschlag und aus Investitionsbudgets, um allgemeine bzw. grundlegende Forschungs- und Entwicklungsprojekte zu fördern. Weiterhin fordert dieser eine Öffnung und Vereinfachung der Regulierung für die Verteilnetzbetreiber.[36]

3. Wertschöpfungspotentiale

Bei dem Ziel der Bundesregierung, den CO_2-Ausstoßs bis zum Jahr 2020 um 20 Prozent zu senken, werden erneuerbare Energien eine entscheidende Rolle in dem angestrebten Energiekonzept spielen. Dies wird zu einem fundamentalen Umbau des Energiesystems führen.[37]

---

35   Vgl. BMWi, 2010, S. 1.
36   Vgl. BDEW & ZVEI, 2012, S. 29.
37   Vgl. BDEW & ZVEI, 2012, S. 29.

Der Investitionsbedarf der CO_2-Reduktion wird von einer gemeinsamen Studie von Accenture und Barclays auf 350 Milliarden Euro beziffert. Dabei veranschlagt die Deutsche Netz Agentur (dena) alleine im Übertragungsnetzbereich einen Ausbaubedarf von 3.600 km und beziffert diesen auf ca. 7 Milliarden Euro. Grundsätzlich kann zwischen dem Netzausbau – also der Bereitstellung von ausreichend Transportkapazität auf Ebene der Verteil- und Übertragungsnetzbetreiber – zum einen und dem Smart Grid für den Ausgleich von Lastnachfrage und Leistungsangebot zum anderen unterschieden werden.[38] Für die Energiewende ist die Umsetzung beider Maßnahmen notwendig. Besonders relevant für das Smart Grid ist jedoch das Segment der regionalen Verteilnetze in den Mittel- und Niederspannungsebenen. Da die dezentral erzeugte Energie aus Wind, Sonne oder Kraft-Wärme-Kopplung intelligent verteilt und nahe am Ort der Erzeugung verbraucht werden soll, sind über 90 Prozent der Erneuerbaren-Energien-Kraftwerke auf diesen Ebenen angeschlossen.[39] In der Regel sind die Netzgesellschaften der Verteilnetze kommunale Unternehmen und Stadtwerke.[40] Der Investitionsbedarf wird für diesen Bereich des Stromnetzes vom Verband Kommunaler Unternehmen (VKU) auf 25 bis 30 Milliarden Euro geschätzt.[41]

Diese Zahlen verdeutlichen, wie sehr sich das Stromnetz zukünftig verändern wird. Problematisch ist, dass der gesetzliche Regulierungsrahmen in dieser Entwicklungsphase für die Entwicklungsarbeit der Netzbetreiber keine Kostenanerkennung vorsieht.[42] Zu klären gilt, ob sich neben den enormen Investitionen auch neue Wertschöpfungspotenziale für die deutschen Energiekonzerne ergeben werden.

3.1. Veränderung des Verbrauchsprofil

Der amerikanische Netzbetreiber PJM Interconnection LLC (PJM) untersucht in 2007 die Auswirkungen einer dreiprozentigen Nachfragereduktion während den 100 Spitzen-Last-Stunden in fünf Regelzonen. Mehr als 550 amerikanische Unternehmen sind mit einer Erzeugungskapazität von 164 Gigawatt Mitglied bei PJM und damit Teil des weltweit größten Strommarktplatzes.[43] Im Vergleich verfügt die E.ON AG über eine zurechenbare Kraftwerksleistung von ca. 14,6 Gigawatt.[44] Die Ausgangssituation der Studie lässt sich dennoch auf Deutschland übertragen: Zu Spitzenlastzeiten ist der Strompreis, den die Einkäu-

---

38 Landeck, 2012, S. 25.
39 Vgl. BDEW & ZVEI, 2012, S. 11.
40 Vgl. Fenn & Metz, 2011, S. 2.
41 Vgl. Barczik, 2011, S. 1-2.
42 Landeck, 2012, S. 25.
43 PJM Interconnection LLC, 2008, S. 4.
44 E.ON Kraftwerke GmbH, 2008.

fer der Vertriebsgesellschaften an den Strombörsen zahlen müssen, am höchsten. Die Verbraucher haben jedoch in der Regel einen festen Strompreis, der nicht die aktuelle Marktsituation wiederspiegelt. Dies führt dazu, dass kein Anreiz besteht, Geräte zu Spitzenlastzeiten vom Netz zu nehmen. Im Folgenden werden die zentralen Ergebnisse dieser Studie erläutert und in Verbindung zu der Situation deutscher Energiekonzerne diskutiert.

3.1.1. Vorgehensweise

Die Studie verwendet einen simulationsbasierten Ansatz, der eine Nachfragereduktion in fünf ausgewählten Zonen während 20 Spitzenlastblöcken zu je fünf Stunden untersucht.[45] Die Blöcke wurden dabei nach dem höchsten Produkt aus Stromverbrauch und -preis des Jahres 2005 ausgesucht, da dort der potentielle Nutzen durch eine Verbrauchsreduktion am größten ist.[46] Während diesen 20 Blöcken wurde der Verbrauch in den fünf ausgewählten Zonen um 3% reduziert.[47] Durch die Unterteilung des Netzes in verschiedene Gebiete und die Regelung von einigen ausgewählten Zonen ist die dargestellte Situation mit der in Deutschland vergleichbar. Das intelligente Stromnetz der Zukunft wird auf unabsehbare Zeit ebenfalls aus einer Vielzahl von Smart Grids zum einen und herkömmlichen Netzen zum anderen bestehen. Zudem ist das gesetzte Ziel der Nachfragereduktion während der Spitzenlast ebenfalls ein zentrales Element bei der Entwicklung von Smart Grids. Somit lassen sich Erkenntnisse der Studie auf das Stromnetz der Zukunft in Deutschland übertragen.

Die Studie geht dabei von einer Fahrplanerstellung nach dem Day-Ahead-Prinzip aus und sieht keine Real-Time-Preise vor.[48] Darüber hinaus wurde angenommen, dass der Verbrauch nicht durch Termingeschäfte mit den Kraftwerksbetreibern abgesichert wurde.[49]

3.1.2. Ergebnisse

Untersucht wird im speziellen, welchen direkten Einfluss eine Reduktion der Spitzenlast auf den Strompreis hat. Im Ergebnis führt die Verbrauchsreduktion um 3% in den fünf Zonen zu einer Gesamtreduktion des Stromverbrauchs um 0,9% bezogen auf das Gesamtnetz. Der Strompreis konnte in Folge dessen um $8 bis $25 pro Megawattstunde bzw. 5-8% gesenkt werden. Die große Spanne der Einsparungen spiegelt die unterschiedlichen Marktbedingungen wieder.

---

45 Vgl. The Brattle Group, 2007, S. 2.
46 Vgl. The Brattle Group, 2007, S. 15.
47 Vgl. The Brattle Group, 2007, S. 2.
48 Vgl. The Brattle Group, 2007, S. 3.
49 Vgl. The Brattle Group, 2007, S. 19-20.

Hätten alle Verbraucher statt fester Strompreise den Spot Price (Kassapreis für den effektiven Warenhandel) bezahlt, wäre das Einsparpotential im gesamten PJM-Netz mit 65 bis 203 Millionen Dollar pro Jahr zu veranschlagen. Dies hätte weiter gesteigert werden können, indem mehr als fünf Zonen an der Verbrauchsreduktion teilgenommen hätten, oder eine Reduktion größer als 3% gewählt worden wäre.[50] Dieser Nutzen lässt sich durch die hohe Elastizität des Stromangebots erklären. Die beschriebe Studie geht jedoch von keinerlei Elastizität aus, da die Verbraucher einen festen Strompreis zahlen anstatt Real-Time-Preise. Die kurzfristige Stromnachfrage reagiert damit nicht auf den Spot Price[51] und es bleibt bei der dreiprozentigen Verbrauchsreduktion. Der Rückgang beim Strompreis fällt jedoch größer als die dreiprozentige Nachfragereduktion aus.

Durch den verringerten Verbrauch kommt es zu einem deutlichen Rückgang der Produzentenrente, in Folge dessen die Effizienz zwar gesteigert werden kann, jedoch verringert sich die Wohlfahrt um das Dreieck b-c-d (siehe Abbildung 1).[52] Damit sind die Stromproduzenten in zweifacher Hinsicht betroffen. Der Ertrag sinkt neben dem Dreieck b-c-d in Abbildung 1 durch den gesenkten Verbrauch zusätzlich um die Fläche a-b-d-e durch den Preisrückgang. Somit geht der Nutzen der Verbrauchsreduktion vollständig auf Kosten der Energieerzeuger und kann zwischen Verbraucher und EVU aufgeteilt oder vollständig an den Verbraucher weitergegeben werden.

---

50 Vgl. The Brattle Group, 2007, S. 2-3.
51 Vgl. The Brattle Group, 2007, S. 19.
52 Vgl. The Brattle Group, 2007, S. 20.

Abbildung 1: Nutzen einer Verbrauchsreduktion.[53]

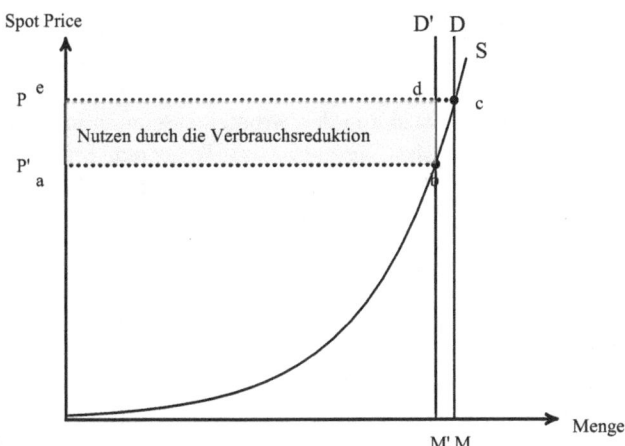

Der Nutzenzuwachs der Verbraucher hat dabei vor allem zwei Quellen: (1) Selbst wenn bei dem Verbraucher keine Real-Time-Preise zur Anwendung kommen, besteht ein Anreiz, bei der Verbrauchsreduktion Geräte vom Netz zu nehmen.[54] Wertet der Verbraucher den Einsatz eines Gerätes bei einer drohenden Verbrauchsreduktion weniger als den Spot Price, wird er es ausschalten. Dadurch kann er verhindern, dass Geräte betroffen sind, deren Einsatz er höher als den Spot Price bewertet. Der Nutzen dieser "freiwilligen" Verbrauchsreduktion wird von der Studie auf 9-26 Millionen Dollar pro Jahr geschätzt.[55] (2) Die Verbrauchskurve glättet sich durch die Verbrauchsreduktion zu Spitzenlastzeiten. In Folge dessen kann die erforderliche Erzeugungskapazität gesenkt werden, da weniger Reserveleistung für die Spitzenlast vorgehalten werden muss. Dies sollte zu einem geringeren Strompreis und einem Einsparpotential von etwa 73 Millionen Dollar pro Jahr führen.[56]

3.1.3. Konsequenzen

Die Studie konnte einen deutlichen Nutzen für den amerikanischen Netzbetreiber PJM bzw. seine Kunden durch eine Verbrauchsreduktion der Spitzenlast mit Hilfe einer simulationsbasierten Analyse nachweisen. Bei dem Versuch, die Ergebnisse auf deutsche Energiekonzerne übertragen zu können, soll geklärt wer-

---

53   Eigene Darstellung nach The Brattle Group, 2007, S. 20.
54   Vgl. The Brattle Group, 2007, S. 21.
55   Vgl. The Brattle Group, 2007, S. 21.
56   Vgl. The Brattle Group, 2007, S. 3.

den, in welchen Wertschöpfungsstufen die betrachteten Energiekonzerne tätig sind.

Beispielsweise hat die E.ON AG, der größte deutsche Energiekonzern, sein Hochspannungsnetz Ende 2009 für 1,1 Milliarden Euro an die niederländische Gesellschaft Tennet verkauft. Dieses hatte vor allem kartellrechtliche Gründe. Durch die Abspaltung der Netze von der Stromerzeugung erhoffte sich die EU-Kommission eine Stärkung des Wettbewerbs, indem den Stromerzeugern die Möglichkeit genommen werden sollte, Mitbewerber durch erhöhte Netzentgelte vom Markt fernzuhalten.[57] Somit verlieren die Stromnetze an ihrer bisherigen strategischen Bedeutung zur Absicherung des eigenen Vertriebs.[58] Das Kerngeschäft der E.ON AG bei der Stromversorgung beschränkt sich dadurch vor allem auf die Erzeugung. Dies zeigt sich auch dadurch, dass quasi alle Großkraftwerke in Deutschland im Besitz der vier großen Energiekonzerne sind. Daneben ist die E.ON AG noch im Handel und Vertrieb tätig. Gemäß den Ergebnissen der Studie würde sich der Rückgang des Stromverbrauchs und -preises negativ auf die Gewinne in der Stromerzeugung der E.ON AG auswirken. Bisher stellt die unelastische Nachfrage der Verbraucher zu Spitzenlastzeiten ein profitables Geschäft für die Erzeuger dar, da die Stromeinkäufer der Vertriebsgesellschaften gezwungen sind, hohe Preise zu zahlen, um die Kunden zu bedienen.[59] Dies gilt nur in Fällen, in denen der Erzeuger nicht gleichzeitig als Vertriebsgesellschaft beim Kunden auftritt. Eine ähnliche Situation ist bei Vattenfall AB aufzufinden. Die übrigen beiden Energiekonzerne RWE AG und EnBW AG sind noch im Besitz ihrer Übertragungsnetze. Somit würde der in der Studie genannte Nutzen innerhalb der Konzerne bleiben, falls er nicht an die Verbraucher weiter gegeben wird.

Offen bleibt, wie sehr der Rückgang beim Strompreis durch einen Anstieg bei den Kosten für die Reserveleistung kompensiert wird. Ebenso wenig ist berücksichtigt, dass die Glättung der Lastkurve zu einem geringeren Ausbau der Stromnetze und weniger Transformatoren für den regelmäßigen Betrieb führt.[60] Allerdings wird bei der aktuellen Geschwindigkeit des Ausbaus erneuerbarer Energien wohl nur ein äußerst geringer Anteil des erforderlichen Netzausbaus durch den Einsatz von Smart Grids kompensiert werden können.

Trotz der in der Studie genannten Vorteile für die Netzbetreiber ist derzeit der Betrieb eines eigenen Netzes durch die sinkenden Netzentgelte zunehmend unattraktiv für die Energiekonzerne. Somit lässt sich zusammenfassend festhalten, dass die Einführung von Smart Grids zu einer Glättung des Verbrauchspro-

---

57 Vgl. Volmer, 2010.
58 Vgl. Rendschmidt, Arms, Cord, Gottschalk & Maxelon, 2007, S. 75.
59 Vgl. The Brattle Group, 2007, S. 16.
60 Vgl. Rendschmidt et al., 2007, S. 74.

fils und einem Rückgang des Stromverbrauchs führt. Dies wird für die Betreiber von Kraftwerken finanzielle Einbußen bedeuten, wobei hiervon insbesondere die vier großen deutschen Energiekonzerne betroffen sind.

3.2. Virtueller Energiemarktplatz

Ein Aspekt, der durch die Einführung von Smart Grids zunehmend an Bedeutung gewinnt, ist die Entstehung des virtuellen Energiemarktplatzes für Energieerzeuger, -verbraucher und Netzbetreiber. Verbraucher werden in der Lage sein, Herkunft und Preis ihres Stroms zu erkennen und durch die Wahl ihres Verbrauchszeitpunkts und -umfang sowie der Einspeisung aus eigenen Erzeugungseinheiten direkt zu beeinflussen.[61] Durch Real-Time-Preise könnten Lastspitzen gesenkt und somit die Energiekosten flexibilisiert und ebenfalls gesenkt werden. Mit variablen Tarifen können Konsumenten durch das Demand-Side-Management für Energieeinsparungen zu Spitzen-Last-Zeiten belohnt werden.[62] Somit wird der Verbraucher zum Prosumer – das heißt neben seiner Funktion als Energieverbraucher (Consumer) wird er auch zum Energieerzeuger (Producer). Dadurch wandelt sich auch die Geschäftsbeziehung zwischen den Energieunternehmen und den Kunden, bei der die EVU einen zunehmenden Wandel vom Versorger zum Dienstleister vollziehen werden.[63] Beispielsweise erhalten diese neuen Möglichkeiten durch die Daten des Smart Grid in den Bereichen Handel und Vertrieb. Dadurch können eine Optimierung der Verbrauchsprofile und deren Prognose erreicht und neue, flexible Stromtarife entwickelt werden. Auch die Aufbereitung der Verbrauchsdaten für den Kunden und das Angebot von Energieeffizienz-Dienstleistungen verdeutlichen den Wandel zum Dienstleister.[64] Da alle vier deutschen Energiekonzerne neben der Stromerzeugung auch im Stromhandel und -vertrieb tätig sind, könnte die Ausweitung der unternehmerischen Aktivität im Bereich der virtuellen Strommarktplätze zukünftig einen größeren Stellenwert in der Wertschöpfungskette einnehmen.

3.3. Sensorik im Netz

Ein weiterer Aspekt, der für Wertschöpfungspotenziale interessant sein könnte, ist die Nutzung der Sensorik im Netz. Dabei sind gerade Smart Meter interessant, da bei diesen – durch das EnWG und die MessZV – eine gesetzliche Grundlage für die flächendeckende Verbreitung geschaffen wurde. Zudem können diese für das Asset-Management genutzt werden, da sie detaillierte Netzzu-

---

61   Vgl. Barczik, 2011, S. 1.
62   Vgl. Haber & Bliem, 2010, S. 3.
63   Vgl. Barczik, 2011, S. 2.
64   Vgl. BDEW & ZVEI, 2012, S. 13.

standsdaten liefern. Auf der Grundlage dieser Daten kann die Automatisierung des Verteilnetzes weiter voran getrieben werden. Wesentliche Gründe für Investitionen in diese Automatisierung sind vor allem die Integration dezentraler Energieerzeugung, die Aufrechterhaltung der Versorgungszuverlässigkeit und Spannungsqualität, sowie eine verbesserte Wartung und ein verbesserter Betrieb des Verteilnetzes.[65]

Aus der Netzperspektive ist Smart Metering erst einmal mit zusätzlichen Kosten verbunden. Die Geräte sind teurer als herkömmliche Zähler, haben kürzer Kalibrierungszyklen und das Energieeinsparpotential sorgt für verminderte EBIT-Einbußen aufgrund der verminderten Netznutzungserlöse. Jedoch können durch Smart Meter Effizienzsteigerungen und vertriebliche Potentiale realisiert werden, die möglicherweise die entstehenden Kosten kompensieren bzw. überkompensieren. Die Effizienzsteigerungen bestehen in der Automatisierung der Kundenabrechnungsprozesse, insbesondere im Bereich der Zählerablesung und dem Forderungsmanagement. Die vertrieblichen Potentiale bestehen in der Beeinflussung des Verbrauchverhaltens der Endkunden. Eine Studie der Unternehmensberatung A.T. Kearney kommt zu dem Schluss, dass die Einsparpotentiale durch prozessuale Effizienzsteigerungen und tarifliche Innovationen die Mehrkosten kompensieren können.[66] In Summe betrage das Wertschöpfungspotential 3,50 Euro pro Jahr und Zähler.[67]

3.4. Versorgungssicherheit

Darüber hinaus haben Smart Grids auch eine ökonomische Dimension. Die dezentrale Struktur der Smart Grids kann die Störungsanfälligkeit des Energieversorgungsnetzes vermindern und so zu einer insgesamt höheren Versorgungssicherheit führen. Der dadurch gewonnene volkswirtschaftliche Nutzen lässt sich nicht direkt messen, kann aber indirekt über die Kosten von Versorgungsunterbrechungen abgeschätzt werden. Bereits kurze Versorgungsunterbrechungen führen zu enormen volkswirtschaftlichen Schäden. Zwar sind diese für betroffene private Haushalte problematisch zu sehen, jedoch entstehen die Schäden vor allem im Unternehmensbereich. Dabei setzen sich die ökonomischen Kosten aus entgangenem Verdienst durch beispielsweise Produktionsausfälle, Material- und Lagerschäden, Kosten für Überstunden, um den entstandenen Schaden zu beseitigen, zusammen.[68]

---

65   Vgl. BDEW & ZVEI, 2012, S. 14.
66   Haag & Meister, 2009, S. 36.
67   Haag & Meister, 2009, S. 36.
68   Vgl. Haber & Bliem, 2010, S. 3

4. Marktanalyse aus Konzernsicht

Die Anforderungen an das Smart Grid sind vielfältig: Ein komplexer elektronischer Marktplatz für zentrale und dezentrale Erzeuger, neue Speichermöglichkeiten und aktive Endkunden soll entstehen.[69] Ziel ist der ständige Ausgleich von Lastnachfrage und Leistungsangebot durch intelligente Betriebskonzepte und Technologien. Dabei existiert keine Standard-Lösung für das erforderliche Smart Grid, da ländliche Netze beispielsweise eher durch eine hohe Quote an regenerativen Energien geprägt sind und bei städtischen Netzen mehr die Fähigkeit der Integration von Blockheizkraftwerken und Elektromobilität im Vordergrund steht.[70] Im Folgenden werden daher die unterschiedlichen Aktivitäten der deutschen Energiekonzerne betrachtet.

4.1. E-Energy-Initiativen

Bis Ende 2012 erforschte das Förderprogramm E-Energy, ob Smart Grids den Versorgern zukünftig Arbeit abnehmen und die Endkunden aktiv in Erzeugung und Verbrauch integrieren kann.[71] Im Folgenden werden die sechs Modellregionen des E-Energy-Förderprogramms betrachtet.

4.1.1. E-DeMa (RWE)

Das Projekt "Entwicklung und Demonstration dezentraler vernetzter Energiesysteme hin zum Marktplatz der Zukunft" steht kurz vor dem ersten Feldversuch mit über 1500 Haushalten. In den Modellregionen Mülheim und Krefeld werden die Endkunden über IKT-Gateways mit Metering- und Steuerfunktionen für Home-Automation angebunden. Ein weiterer Schwerpunkt liegt auf Produkten für den Netzbetreiber und der Integration verschiedener IT-Lösungen, wie z. B. Abrechnungs- und Netzbetriebsführungssystemen. Erprobt werden dabei unterschiedliche Transportmedien für die Datenübertragung, wie beispielsweise PLC, B-PLC, DSL, GPRS sowie Intra- und Internet.[72]

4.1.2. MoMa (Konsortium)

MoMa steht für Smart City Modellstadt Mannheim. Bei diesem Projekt sind derzeit 100 Endkunden mit dezentralen Energieerzeugungsanlagen, elektronischen Zählern und entsprechender IT-Infrastruktur ausgerüstet. Kunden können ihre Verbrauchs- und Einspeisedaten über ein Webportal abrufen. Einige ausge-

---

69   Vgl. Monschaw, 2011, S. 1.
70   Landeck, 2012, S. 25.
71   Vgl. Monschaw, 2011, S. 1.
72   Vgl. Monschaw, 2011, S. 2.

wählte Kunden erproben ein Energiemanagement-System, das basierend auf variablen Tarifen angebundene Haushaltsgeräte dann einschaltet, wenn der Strom wenig kostet. Auf der Seite der Netzbetreiber wird eine verteilte Automatisierungslösung mit eigenständigem Regelkreis, die eine optimale Netz- und Marktführung bei zunehmender dezentraler Einspeisung gewährleisten soll, entwickelt.[73]

4.1.3. MeRegio (EnBW)

Die "Minimum Emission Region" hat 1.000 Testkunden im Großraum Göppingen und Freiamt an das Smart Grid angeschlossen. Über mehrere webfähige Applikationen, wie das EnBW-Cockpit, ermöglicht dies den Echtzeit-Abruf von Stromverbrauch und -einspeisung. Dabei zeigt ein Ampelsystem an, wenn der Strom besonders kostengünstig ist. Durch diese Transparenz konnten 5-10% Energieersparnis erreicht werden. Darüber hinaus sind 250 Kunden mit einer Steuerbox und einem smarten Gefrierschrank von Liebherr ausgestattet worden, um die automatisierte Steuerung von Haushaltsgeräten in Kombination mit aktuellem Stromtarif und Netzsituation zu untersuchen. Um bessere Prognosen von Energieverbrauch und -erzeugung zu erreichen und damit Netzengpässe zu vermeiden, wird mit den zusätzlichen Daten ein marktkonformes Demand-Management-System aufgebaut. Dieses muss auch die große Anzahl der dezentralen volatilen Kleinkraftwerke mit der Stromerzeugung aus regenerativen Energien berücksichtigen, da diese oftmals – wie eingangs erwähnt – mehr Energie erzeugen, als gerade benötigt wird.[74]

4.1.4. Smart Watts (Konsortium)

Diese Initiative in der Modellregion Aachen legt ihren Schwerpunkt auf die Interoperabilität des Internet der Energie. Für diesen Zweck wurde der offene Standard EEBus entwickelt, der die IP-basierte intelligente Kilowattstunde des elektronischen Marktplatzes in die Gerätestandards der Gebäudeautomatisierung übersetzen soll. Im nächsten Schritt soll ein Energy Name Service entstehen, der Informationen über die Teilnehmer und Dienste im Smart Grid zur Verfügung stellen soll. Vergleichbar ist dies mit dem Domain Name System im Internet, das die Anfrage an eine für Menschen lesbare Internet-Adresse in die zugehörige Server-IP auflöst. In 2012 startet ein Pilotversuch mit 500 Testkunden.[75]

---

73 Vgl. Monschaw, 2011, S. 2.
74 Vgl. Monschaw, 2011, S. 2.
75 Vgl. Monschaw, 2011, S. 2.

4.1.5. Telligence (Konsortium)

Das Modellprojekt eTelligence in der Region Cuxhaven zeichnet sich durch einen hohen Anteil an erneuerbaren Energien und eine geringere Versorgungsdicht aus. Daher steht bei diesem Projekt die Steuerung dezentraler Stromerzeuger und die Bündelung – von beispielsweise Windkraftwerken, Solaranlagen und Biogasanlagen – zu einem virtuellen Kraftwerk im Vordergrund. Seit Anfang 2011 werden auf dem elektronischen Marktplatz nach dem Day-Ahead-Prinzip Stromprodukte des virtuellen Kraftwerks sowie der Einspeisung weiterer Anlagen gehandelt. Ein Teil des Stroms wird direkt und regional vermarktet. Beispielsweise wird der Wärmebedarf eines Schwimmbads vor Ort prognostiziert und von Blockheizkraftwerken produziert. Der dabei erzeugte zusätzliche Strom kann am Marktplatz verkauft werden. Weiterhin wird das Lastverschiebungspotenzial örtlicher Kühlhäuser genutzt, um die fluktuierende Einspeisung von Windenergie- und Solaranlagen zu verstetigen, indem die Kühlhäuser die überschüssige Energie speichern. Im nächsten Schritt sollen 600 Haushaltskunden in das Smart Grid integriert werden.[76]

4.1.6. RegModHarz (Konsortium E.ON-Avacon)

Auch in diesem Projekt wurden in der Modellregion im Harz Erzeuger erneuerbarer Energien sowie örtliche Speicherlösungen zu einem virtuellen Kraftwerk zusammengefasst. Bereits heute werden im Harz ca. zwei Drittel des verbrauchten Stroms regenerativ gewonnen. Dabei haben Windkraft-, Photovoltaik- und Wasserkraftanlagen den größten Anteil. Ebenfalls wird an einem zuverlässigen Prognosesystem auf Basis einer Online-Daten-Erfassung gearbeitet. Ziel ist es, auf Basis einer sicheren Wetterprognose die Energieflüsse der Teilnehmer eines virtuellen Kraftwerks auszugleichen und den Strom zum jeweils optimalen Preis über einen Aggregator auf dem elektronischen Marktplatz zu verkaufen.[77]

4.2. Konzerninitiativen

Neben den vom E-Energy-Programm geförderten Modellregionen verfolgen die Energiekonzerne weitere Aktivitäten im Bereich der Smart Grids.

4.2.1. E.ON

Seit dem Mai 2011 bietet E.ON in Kooperation mit der Deutschen Telekom in 50 Telekom-Shops in Niedersachsen und Bayern einen Ökostrom-Tarif gemeinsam mit dem E.ON Energie Navi an. Bei letzterem handelt es sich um ein Smart

---

76   Vgl. Monschaw, 2011, S. 2.
77   Vgl. Monschaw, 2011, S. 2-3.

Meter, mit dem die Kunden jederzeit ihren aktuellen Energieverbrauch auf dem Computer oder Smartphone ablesen können.[78] Der Ökostrom kommt zu 100% aus deutschen E.ON-Wasserkraftwerken.[79] Dabei übernimmt die Telekom neben dem Verkauf auch die Installation der Geräte sowie die Datenerfassung. Der Ökostromvertrag setzt sich aus einem Tagestarif und einem günstigeren Nachttarif zusammen. So sollen Anreize für eine Verbrauchsverlagerung und damit einer Glättung des Verbrauchsprofils geschaffen werden.[80]

4.2.2. RWE

RWE bietet mit Smart Home ein umfassendes System zur Hausautomatisierung. Dabei übernimmt eine zentrale Steuerungs- und Kommunikationseinheit die haushaltsinterne Kommunikation sowie die Datenübertragung zu den Servern von RWE. Damit ist eine Steuerung von Smart-Home-Geräten über eine Internetplattform möglich. Der Zugriff kann von zu Hause oder unterwegs erfolgen. RWE bietet derzeit eine Vielzahl von Geräten für die Nutzung mit Smart Home an. Dazu gehören Heizkörperthermostate, Rauchmelder, Zwischenstecker, Bewegungsmelder, Lichtschalter, Rollladensteuerung, Raumthermostate sowie eine Fußbodenheizungssteuerung. Alle Geräte kommunizieren über eine Wireless-Lan-Verbindung mit der Smart-Home-Zentrale. Die Datenübertragung – und damit die Grundlage für die Steuerung der smarten Geräte von unterwegs – ist für 24 Monate inklusive. Nach Ablauf dieses Zeitraums wird den Kunden voraussichtlich ein Tarifangebot unterbreitet, bei dem der Anteil für den mobilen Zugang mindestens fünf Euro pro Monat betragen wird. Entscheidend ist, dass die Nutzung von RWE Smart Home unabhängig vom Stromanbieter ist.[81]

4.2.3. EnBW

Der EnBW-Konzern hat Anfang 2011 ein Kompetenzzentrum "Smart Grid" gegründet, um die Aktivitäten aller Tochtergesellschaften und Unternehmensbeteiligungen für das zukünftige Stromnetz zu koordinieren. Laut EnBW müssen konkrete Produkte und Geschäftsmodelle sowie deren künftige Vermarktungskonzepte noch entwickelt werden.[82] Daher beschränkt sich das Engagement von EnBW auf das E-Energy-Förderprogramm im Rahmen der MeRegio-Initiative. Marktreife Angebote existieren derzeit noch nicht.

---

78 Vgl. Spiegel Online, 2011.
79 Vgl. Jendrischik, 2011.
80 Vgl. Spiegel Online, 2011.
81 Vgl. RWE Effizienz GmbH, ohne Datum.
82 Vgl. EnBW Energie Baden-Württemberg AG, 2011.

4.2.4. Vattenfall

Vattenfall hat momentan zwei Pilotprojekte, die nicht Teil der E-Energy-Initiative sind. Die erste Aktion findet in Hamburg statt. Dort stattet Vattenfall die Hafen City mit der technischen Infrastruktur aus. Konkret handelt es sich dabei um den Einsatz von Smart Metern. Im Vordergrund steht dabei die Visualisierung des Strom- und CO_2-Verbrauchs, um Einsparpotentiale für die Verbraucher sichtbar zu machen. Das zweite Projekt findet im Rahmen eins Modernisierungsprojektes im Märkischen Viertel in Berlin statt. Dort kommen 10.000 Smart Meter zum Einsatz. Im Bereich Smart Home – also der Heimvernetzung intelligenter Haushaltsgeräte – hat Vattenfall ebenfalls ein Innovationszentrum gegründet sowie ein Forschungsprojekt gestartet. Marktreife Produkte oder Dienstleistungen – außerhalb der Pilotprojekte – gibt es derzeit bei Vattenfall nicht.[83]

4.2.5. Bewertung

Die Aktivitäten der vier großen deutschen Energiekonzerne beschränken sich derzeit auf Pilotprojekte – die häufig staatlich gefördert sind – und Forschungsprogramme. Aus den offiziellen Stellungnahmen geht oft hervor, dass die Konzerne noch auf der Suche nach Geschäftsmodellen für die Smart Grids sind. Daneben haben E.ON und RWE mit dem Energie Navi und Smart Home bereits marktreife Produkte und Dienstleistungen im Angebot. Die Kooperation und Auslagerung des Datenübertragungsaspekts von E.ON an die Telekom AG verstärkt den Eindruck, dass derzeit noch keine Strategie gefunden wurde, Kernkompetenzen auf das Smart Grid anzuwenden. Die hohe Abhängigkeit von Informations- und Kommunikationstechnologie sowie der Einsatz von Steuergeräten macht Smart Grids in erster Linie für Unternehmen der Telekommunikations- bzw. Elektronikbranche interessant. Dieses spiegelt sich beispielsweise auch in der Zusammensetzung von Basket-Zertifikaten auf das amerikanische Smart Grid wieder. Diese börsennotierten Schuldverschreibungen bieten Anlegern die Möglichkeit, an der Wertentwicklung eines bestimmten Aktienkorbs (engl. basket) zu partizipieren, ohne die im Aktienkorb enthaltenen Aktien besitzen zu müssen.[84] So haben zum Beispiel im Basket des Smart Grid Top Select 2 Zertifikats der Deutschen Bank die Unternehmen IBM Corp, Cisco Systems Inc und General Electric Co den größten Anteil.

---

83 Vgl. Vattenfall Europe AG, ohne Datum.
84 Handelsblatt Online, ohne Datum.

5. Herausforderungen

Das Smart Grid führt zu drastischen Veränderungen in der Netzinfrastruktur. Die Sensorik im Netz wird dabei eine entscheidende Rolle übernehmen. Energieverbraucher erhalten die Möglichkeit, aktiv am Energiemarkt teilzunehmen.[85] wobei elektrische Verbraucher in Abhängigkeit der aktuell verfügbaren Leistung ein- und ausgeschaltet werden. Die Herausforderung besteht dabei in der Gewährleistung von Datenschutz und Datensicherheit aller Beteiligten.

Das novellierte EnWG enthält einen Abschnitt zum Datenschutz für den Einsatz von intelligenten Zählern. Dieser soll sicher stellen, dass zukünftig nur intelligente Zähler zum Einsatz kommen, die den Anforderungen des Bundesamt für Sicherheit in der Informationstechnik (BSI) genügen.[86] Nach dem BSI dient Sicherheit in der Informationstechnik der Gewährleistung von Verfügbarkeit, Vertraulichkeit, Integrität und Authentizität. Für das Gebiet der Elektrotechnik definiert der Verband der Elektrotechnik, Elektronik und Informationstechnik e.V. (VDE) Sicherheit als Vermeidung von Stromunfällen. Diese unterschiedlichen Definitionen zeigen, dass Sicherheit im Sinne von *safety* für den Elektrotechniker höchste Priorität hat, während der Aspekt der Informationssicherheit (*security*) bislang keine Beachtung findet.

5.1. Angriffsszenarien

Smart Grids sind vor allem drei spezifischen Bedrohungen ausgesetzt. Am offensichtlichsten ist dabei die Leistungserschleichung. Diese hat für Verteilnetzbetreiber und Energieversorger die höchste Priorität. Aus Sicht der Verbraucher besteht das größte Risiko in einer Unterbrechung der Stromzufuhr. Auch der Aspekt der Preisgabe von Lastprofilen ist vor allem für die Nutzer ein Risiko.[87] Der folgende Abschnitt geht auf mögliche Angriffsszenarien für das Smart Grid basierend auf der Sensorik im Netz ein.

5.1.1. Smart Meter

Das wohl offensichtlichste Angriffspotenzial hat eine Manipulation der Smart Meter. Bereits bei der herkömmlichen Zähler-Technik stellt die Manipulation des Zählerstandes oder der Zählergeschwindigkeit ein finanzielles Risiko für den Energieversorger dar. Gefährdet für eine Kompromittierung sind vor allem elektronische Geräte, die dem Manipulator einen finanziellen Vorteil versprechen und physikalisch zugänglich sind. Beide Kriterien sind bei Smart Metern

---

85   Vgl. BMWi, 2010, S. 2.
86   Vgl. BMWi, 2010, S. 2.
87   Vgl. Müller, 2011b, S. 8.

erfüllt. Mit Hilfe der Methode des Reverse Engineering wurde bisher nahezu jede populäre Technologie geknackt. Daher ist zu erwarten, dass ambitionierte Hacker auch vor Smart Metern nicht halt machen werden, sobald diese weiter verbreitet sind. Alleine die technische Herausforderung führt oft schon zu dem Versuch, Sicherheitslücken ausfindig zu machen. Durch die Vernetzung der intelligenten Stromzähler sind die potenziellen Schäden erheblich größer als bei der herkömmlichen Technik. Die rechtliche Grundlage für den Schutz vor solchen Angriffen ist durch § 248c StGB Entziehung elektrischer Energie und § 303 StGB Sachbeschädigung gegeben, da sich die Zähler im Besitz des Energieversorgers befinden.[88]

5.1.2. Kommunikation zwischen Smart Meter und MUC-Controller

Multi Utility Communication Controller (MUC-Controller) dienen der Kommunikation zwischen Smart Metern sowie weiteren smarten Haushaltsgeräten untereinander. Weiterhin stellen diese die Kommunikation mit dem Energieversorger her. Ein solches Kommunikationsmodul wird nur einmal im Haushalt benötigt.

Die zusätzliche Schnittstelle zwischen MUC-Controller und Smart Meter bzw. weiteren smarten Geräten stellt jedoch ein weiteres potentielles Angriffsziel dar. Die Kommunikation kann sowohl kabelgebunden als auch kabellos erfolgen. Die zusätzliche Schnittstelle sowie die Verbindung zwischen Smart Meter und MUC müssen entsprechend verschlüsselt werden, damit Nutzer die übermittelten Daten nicht kompromitieren können und Angreifer keine Zugriffsmöglichkeit erhalten.[89]

5.1.3. Service-Schnittstelle der Smart Meter

Smart Meter verfügen über eine Service-Schnittstelle, die es ermöglicht, ein Software Update durchzuführen. Diese Schnittstelle kann wahlweise lokal oder aus der Ferne ausgeführt werden. Dabei besteht wieder die Gefahr der Manipulation des Zählerstandes durch den Zugriff auf die Schnittstelle. Weiterhin ist denkbar, dass neben der Zählerstandmanipulation Angreifer durch das Aufspielen einer alternativen Software die Daten des Smart Meter auslesen und sich darüber hinaus Zugriff auf die Funktionen der intelligenten Stromzähler verschaffen könnten.[90] Die Kompromittierung einer vermeintlich sicheren Technologie

---

88 Vgl. Müller, 2011a, S. 10.
89 Vgl. Müller, 2011a, S. 11.
90 Vgl. Müller, 2011a, S. 12.

über die Service-Schnittstelle wurde bereits in der Vergangenheit anhand von Wahlcomputern demonstriert.[91]

5.1.4. Schnittstelle zur Netzinfrastruktur

Müller (2011a) schlägt vor, Smart Meter als potentiell kompromittiert und damit als nicht vertrauenswürdig einzustufen, da diese sich im physikalischen Zugriff des Nutzers befinden. Der Nutzer kann die Kommunikation basierend auf Standard-Kommunikationsprotokollen (DSL, ISDN, GSM) vollständig unterdrücken und dadurch die Abrechnung behindern oder die Übertragung der Messwerte vollständig verhindern. Für diesen Fall haben Smart Meter einen Messwertspeicher vorgesehen, der 90 Tage umfasst. Hält die Störung über diesen Zeitraum an, muss ein Techniker vor Ort geschickt werden, um die gespeicherten Werte auszulesen und die Ursache der Störung zu beheben.[92]

5.1.5. Unterbrechungsfunktion der Smart Meter

Smart Meter sind mit einem Unterbrecher ausgestattet. Dieser gestattet es, säumige Kunden zu sanktionieren. Im Gegensatz zum Telefonanschluss ist beim Stromanschluss der Netzcharakter stärker ausgeprägt und es besteht keine separate Leitungsführung zum EVU. Ein Unterbrecher gibt dem EVU die Möglichkeit, die Stromversorgung eines Kunden aus der Ferne zu trennen oder die aufgenommene Leistung zu begrenzen. Letzteres ließe sich nur durch die Unterbrechung der Versorgung bei einer Überschreitung eines festgelegten Schwellenwerts realisieren. Eine echte Begrenzung der Leistungsaufnahme ist somit nicht möglich, da die Netzspannung nicht gesenkt werden kann. Dieses könnte zu Fehlfunktionen oder Schäden an den angeschlossenen Geräten führen. Generell ist zu bezweifeln, ob EVU überhaupt von der Unterbrechungsfunktion Gebrauch machen werden. Daraus ergeben sich zahlreiche Schwierigkeiten. Zum Beispiel kann ein Telefondienstleister säumigen Kunden die Möglichkeit ausgehender Anrufe einschränken, muss jedoch kostenlose Notruf-Nummern freigeschaltet lassen. EVU haben keine Möglichkeit, zwischen den angeschlossenen elektrischen Verbrauchern zu unterscheiden und wichtige Geräte, wie beispielsweise das Telefon oder medizinische Geräte im Haushalt, von der Unterbrechung auszulassen.[93]

Neben den genannten Schadensmöglichkeiten ergibt sich nach Müller ein weiteres Risiko für den zuständigen Energieversorger: Sollte es Angreifern gelingen, eine flächendeckende Versorgungsunterbrechung mit Hilfe der Smart

---

91   Vgl. Sietmann, 2006.
92   Vgl. Müller, 2011a, S. 13.
93   Vgl. Müller, 2011a, S. 14-15.

Meter herbeizuführen, würde die Fehlersuche, das Schließen der Sicherheitslücke und das Update der Smart Meter wahrscheinlich einige Zeit in Anspruch nehmen.[94] Während dieses Zeitraumes können die Smart Meter nicht einfach überbrückt werden, um die Kunden wieder zu versorgen, da die Energieversorger damit die Möglichkeit verlieren würden, den individuellen Haushaltsverbrauch festzustellen. In diesem Zustand wäre natürlich kein Netzbetrieb möglich.

5.1.6. Kommunikation der Smart-Grid-Haushaltsgeräte

Zukünftig sollen smarte Haushaltsgeräte auch untereinander kommunizieren. Dadurch würde es leichter werden, Max-Strom-Tarife zu realisieren, bei denen der Kunde eine bestimmte Leistungsaufnahme nicht überschreiten darf. Geschieht dieses trotzdem, wird entweder der Strompreis angehoben oder die Versorgung unterbrochen. Durch die automatisierte Abstimmung smarter Haushaltsgeräte könnte die gesamte Leistungsaufnahme unter dem Schwellenwert gehalten werden. Nähert man sich diesem, könnte beispielsweise die Leistung der Wärmepumpe, des Kühlschranks oder der Gefriertruhe bis zur Normalisierung des Stromverbrauchs reduziert werden. Wird dieses Zusammenspiel der smarten Geräte durch eine Kompromittierung der Kommunikation gestört, könnte die Leistungsschwelle gezielt durch Angreifer überschritten werden, wodurch dem Nutzer höhere Kosten entstehen würden oder er sogar vom Netz getrennt werden könnte.[95]

Eine weitere Möglichkeit, wie der Zugriff auf die Smart Grid Geräte für kriminelle Aktivitäten genutzt werden könnte, ist die Analyse des Verbrauchs. Gelingt es Angreifern den kompromittierten Geräten einen Standort zuzuordnen, hätten potentielle Einbrecher neben einer Übersicht über die im Haushalt vorhandenen Geräte ein exaktes Verbrauchsprofil. Damit könnten gezielt Einbrüche während der Arbeitszeit oder des Urlaubs eines Nutzers geplant werden.

5.1.7. Zugriff des Energieversorgers auf Smart-Grid-Haushaltsgeräte

Eine Kernfunktion von Smart Grids ist der Zugriffs auf smarte Haushaltsgeräte durch den Energieversorger. Dieser soll dadurch in die Lage versetzt werden, während Lastspitzen Geräte abzuschalten und bei einem Energieüberschuss einzuschalten. Diese Verbrauchssteuerung soll wesentlich zur Glättung des Stromverbrauchs beitragen.[96]

---

94   Vgl. Müller, 2011a, S. 15.
95   Vgl. Müller, 2011a, S. 15.
96   Vgl. Müller, 2011a, S. 16.

Damit smarte Haushaltsgeräte wettbewerbsfähig werden, muss die zum Einsatz kommende Steuer- und Kommunikationstechnik preiswerter werden. Dennoch ist es unerlässlich, dass diese eine leistungsfähige und ausgereifte Verschlüsselungstechnik verwenden, um vor Angriffen geschützt zu sein. Die Angriffsszenarien aus der Sicht des Nutzers sind dabei zahlreich, wobei vorrangig die Aktivierung von Geräten und somit Erzeugung von zusätzlichen Kosten für den Nutzer oder einer Überlastung des Hausnetzes besteht.[97]

5.1.8. Zugriff von Energiedienstleistern auf Smart-Grid-Haushaltsgeräte

Die durch das Smart Grid gesammelten und bereit gestellten Daten stellen einen Wert an sich dar. Diese können für Marketing-Zwecke genutzt, aber auch missbraucht werden. Anhand der Messwerte lassen sich Nutzungs- und Verhaltensprofile erstellen. Beauftragt ein Nutzer beispielsweise eine Energieoptimierungsagentur, erhält diese Zugriff auf die Daten und Schnittstellen der Smart-Grid-Geräte.[98] Die Gefahr besteht, dass die beauftragte Agentur die gewonnenen Daten an Dritte verkauft. Dieses Vorgehen ist nicht legal, wird aber häufig praktiziert, da sich der Ursprung der Daten schwierig nachverfolgen lässt. Neben der Preisgabe von persönlichen Daten könnte dies zu unerwünschter Werbung für den betroffenen Nutzer führen.

5.2. Gegenmaßnahmen

Die möglichen Angriffe auf Smart Grids sind vergleichbar mit anderen IT-Systemen. Jedoch überschreiten die Auswirkungen bei einem Angriff auf das Smart Grid die Informationsebene, bedingt durch die umfassenden Steuerungsmöglichkeiten. Die Bedrohungen nehmen damit eine physische Dimension an, indem Haushaltsgeräte oder Teile der Netzinfrastruktur direkt geschädigt werden können. Müller schlägt an dieser Stelle eine Einteilung in drei Bereiche von Gegenmaßnahmen vor: Designprinzipien, IT-Sicherheits-Handwerk und Maßnahmen gegen konkrete Angriffe. Darüber hinaus wurden im Jahr 2011 juristische Maßnahmen getroffen, welche im Folgenden erläutert werden.

5.2.1. Designprinzipien

Jede Sicherheitseinrichtung soll mit der maximal möglichen Robustheit versehen werden. Kommt es dennoch zu einem Ausfall, müssen Folgeschäden nach dem Fail-Securely-Prinzip begrenzt werden. Das heißt, die Auswirkungen durch einen Betriebsmittelausfall sollen so gering wie möglich gehalten werden. Fällt

---

97   Vgl. Müller, 2011a, S. 16.
98   Vgl. Müller, 2011a, S. 17.

zum Beispiel der intelligente Stromzähler aus, könnte dieser über eine eigenständige Alarmfunktion diesen Vorfall an den Energieversorger melden.[99] Das Prinzip der Entkopplung von kritischer und nicht-kritischer Infrastruktur kann auch zur Vermeidung von Folgeschäden beitragen. Dazu wird es notwendig, kritische Systeme in der Netzinfrastruktur zu identifizieren.[100] Beispielsweise sollte die Kommunikation von Smart Metern untereinander unterbunden werden, damit ein möglicherweise kompromittierter Zähler keinen Einfluss auf benachbarte Geräte hat.[101] Das dargelegte Risiko durch die Unterbrechungsfunktion in Smart Metern ließe sich somit durch den Verzicht auf eine Fernsteuerung verringern. Durch solche Maßnahmen – also den Einsatz von Informations- und Kommunikationstechnik auf absolut notwendige Funktionen zu begrenzen – könnte eine Minimierung der Angriffsfläche erreicht werden.[102]

Weiterhin können Verbraucher sich nicht alleine auf die juristische Sicherung verlassen. Zwar schützen § 248c StGB (Entziehung elektrischer Energie) und § 303 StGB (Sachbeschädigung) Smart-Grid-Geräte rechtlich vor einer Manipulation. Jedoch kann hierdurch allein wohl nur eine begrenzte Wirkung erwartet werden. Daher sollten Manipulationsversuche wirkungsvoll registriert und an den Energieversorger übermittelt werden.[103]

5.2.2. IT-Sicherheits-Handwerk

Durch die große Anzahl an potentiellen Kommunikationspartnern im Smart Grid steigt auch die Anzahl an potentiell feindlichen Kommunikationspartnern. Daher sollte viel Wert auf eine robuste Authentifizierung gelegt werden. Stand der Technik ist derzeit die zertifikatsbasierte Authentifizierung.

Over-the-air Updates (OTA) ermöglichen es, die Software auf einem Gerät aus der Ferne zu aktualisieren. Dadurch ist es möglich, Sicherheitslücken auf Smart-Grid-Geräten zu schließen, ohne das Gerät tauschen zu müssen. Bei Smart Metern kann dieses sogar automatisch passieren, da die EVU für den ordnungsgemäßen Zustand der Zähler verantwortlich sind. Bei Smart-Grid-Geräten des Haushalts liegt die Verantwortung für Software Updates jedoch beim Nutzer. Somit ist das EVU neben der Kooperation des Geräte-Herstellers auch auf die des Nutzers angewiesen. Natürlich stellt die OTA-Möglichkeit auch wieder ein zusätzliches Angriffspotential dar.[104]

---

99   Vgl. Müller, 2011a, S. 18.
100 Vgl. Müller, 2011a, S. 18-19.
101 Vgl. Müller, 2011a, S. 22.
102 Vgl. Müller, 2011a, S. 19.
103 Vgl. Müller, 2011a, S. 19.
104 Vgl. Müller, 2011a, S. 20.

5.2.3. Maßnahmen gegen konkrete Angriffe

Zukünftig soll eine Steuerung der Last über Preisänderung durchgeführt werden. Kommt es zu Tarifsprüngen, ist davon auszugehen, dass es auch zu einer sprunghaften Veränderung der Netzauslastung kommt. Doch gerade dieses soll durch den Einsatz von Smart Grids verhindert werden. Daher müssen Mechanismen entwickelt werden, die ein zeitnahes Schalten einer Vielzahl von Verbrauchern entzerren und damit mögliche Tarifsprünge auf der Verbrauchsseite glätten.

Um das Problem des Auslesens von Verbrauchsprofilen abzumildern, könnten die Steuerungsmöglichkeiten der Smart-Grid-Geräte zu Nutzen gemacht werden. Vergleichbar mit herkömmlichen Zeitschaltuhren ließe sich leicht eine zufällige Steuerung von Lichtern und Rollläden im Haushalt während der Abwesenheit des Nutzers umsetzen.[105] Ergänzend könnte beispielsweise ein smarter Fernseher ebenfalls die Anwesenheit der Nutzer durch das zufällige Ein- und Ausschalten vortäuschen. Allerdings würde dies aus Sicht des Energiesparaspekts von Smart-Grid-Technologie keinen Sinn machen.

Zudem sollten Smart Meter nur schwer als vertrauenswürdig eingestuft werden. Das Problem der Kommunikations-Kompromittierung ließe sich durch die Verwendung einer Power Line Communication (PLC) zwischen Smart Meter und EVU statt der Standard-Kommunikations-Protokolle verringern. Da bei einer PLC der Datentransfer direkt über das Stromnetz läuft, sind Daten- und Energieübertragung gekoppelt und eine Störung der Kommunikation nur durch die Unterbrechung der Stromversorgung möglich.[106] Somit wird es für den Nutzer uninteressant, die Kommunikation mit dem EVU zu stören.

5.2.4. Juristische Maßnahmen

Das novellierte EnWG regelt in § 21 Abs. 4, dass die Smart Meter neben eichrechtlichen Anforderungen auch technischen Mindestanforderungen und Mindestanforderungen an Datenumfang und -qualität genügen müssen. Für die Ausgestaltung dieser Mindestanforderungen wird in § 2 Abs. 1 EnWG auf die Vorschriften des Gesetzes verwiesen. Konkret soll die Datensicherheit der Messsysteme durch den Einsatz von Schutzprofilen für die Kommunikationseinheiten der Smart Meter sichergestellt werden. Diese Profile werden vom Bundesamt für Sicherheit in der Informationstechnik (BSI) entwickelt. Als Konsequenz aus dem EnWG müssen alle Messsysteme nach diesen Vorgaben zertifiziert sein. Die finale Fassung des Schutzprofils befindet sich derzeit in der Bearbeitung. Geräte, die diesen Anforderungen nicht genügen, durften noch bis zum 31. De-

---

105 Vgl. Müller, 2011a, S. 21.
106 Vgl. Müller, 2011a, S. 13.

zember 2012 eingebaut werden und sie dürfen bis zum Ablauf ihrer Eichgültigkeit weiter genutzt werden.[107]

Ein wichtiger Punkt im aktuellen Entwurf des Schutzprofils ist die Verpflichtung zum Einsatz einer lokalen, kryptografisch gesicherten Schnittstelle. Eine weitere interessante Maßnahme ist die Wake-up-Funktion. Dadurch wird es möglich, dass die Smart Meter keine Verbindungen aus dem Weitverkehrnetz (WAN) akzeptieren. Einzige Ausnahme ist ein Wake-up Call eines legitimen Kommunikationspartners (z. B. Verteilnetzbetreiber oder Energieversorger). Erfolgt dieser, so sendet der intelligente Stromzähler seine Daten an eine vorher im Gerät festgelegte Adresse.[108]

5.3. Bewertung

Die Anforderungen an eine sichere Kommunikation bei Smart Grids und den Schutz vor Angriffen sind grundsätzlich vergleichbar mit anderen IT-Systemen. Diese Anforderungen zu erfüllen, gestaltet sich jedoch schwieriger, da sich Smart Meter und Smart-Grid-Haushaltsgeräte im physischen Zugriff der Nutzer befinden. Daher ist von einer Kompromittierung von Smart Metern auszugehen. Entscheidend ist, die Smart Grids so robust zu gestalten, dass die Auswirkungen solcher Vorfälle minimal sind und sich nicht auf weitere Bereiche der Netzinfrastruktur ausbreiten. Die Firmware – also die Software die in Smart Grid Geräte eingebettet ist – sollte sich vergleichbar mit einer Antiviren-Software, eines Rechners automatisch über das Smart Grid aktualisieren lassen, um Sicherheitslücken schnell und kostengünstig beheben zu können. Dafür ist jedoch in der Regel die Kenntnis und Zustimmung der Nutzer erforderlich. Die Unterbrechungsfunktion sollte nicht in Smart Meter integriert, sondern wie bisher in klassischen Sicherungsmodulen ausgeführt werden, um die Angriffsfläche zu verringern. Der Einsatz einer solchen Unterbrechungsfunktion ist ohnehin moralisch und rechtlich fragwürdig.

6. Fazit und Ausblick

Die Bundesregierung hat sich zum Ziel gesetzt, die CO_2-Emissionen bis zum Jahr 2020 um 20 Prozent zu senken. Smart Grids werden bei diesem ehrgeizigem Vorhaben einen entscheidenden Beitrag leisten. Durch eine effiziente, intelligente, bedarfs- und verbrauchsorientierte Verknüpfung von Verbrauch und Erzeugung kann die schwankende Stromerzeugung aus erneuerbaren Energien in das Stromnetz integriert werden. Dazu ist es erforderlich, dass die Netzbetreiber

---

107 Vgl. VOLTARIS GmbH, 2012, S. 2.
108 Vgl. Müller, 2011b, S. 8.

regulatorisch in die Lage versetzt werden, die weitreichenden Investitionen in eine intelligente Infrastruktur durchzuführen. Innovationszuschläge und Investitionsbudgets könnten helfen, grundlegende Forschungs- und Entwicklungsprojekte im Bereich der Smart Grids zu fördern. Auch eine Öffnung und Vereinfachung der Regulierung kann dazu einen Beitrag leisten.

Im Rahmen der Analyse konnten vier entscheidende Wertschöpfungspotentiale für die deutschen Energiekonzerne identifiziert werden. (1) Den größten Einfluss hat die Einführung von Smart Grids auf das Verbrauchsprofil der Nutzer. Eine Reduzierung der Spitzenlast in Teilen des Netzes führt zu einem Rückgang des Stromverbrauchs des gesamten Netzes. Durch die hohe Elastizität des Stromangebots kommt es dadurch zu einem deutlichen Strompreisrückgang. Gründe dafür sind zum einen, dass Verbraucher Geräte ausschalten, deren Nutzen sie geringer werten als den Spot Price, und zum anderen werden durch die Glättung des Verbrauchsprofils geringere Zahlungen für Reserveleistung notwendig. Für Stromkäufer bedeutet dieses eine Reduktion der defizitär beschafften Strommenge während den Spitzenlastzeiten. Da die vier großen deutschen Stromkonzerne in erster Linie in der Stromerzeugung tätig sind, wird das veränderte Lastprofil zu EBIT-Einbußen führen.

(2) Virtuelle Strommarktplätze könnten in der Wertschöpfungskette der Energiekonzerne zukünftig einen größeren Stellenwert einnehmen. Mit ihrer Hilfe können neue Dienstleistungen in den Bereichen Handel und Vertrieb realisiert werden, wodurch ein Wandel vom Versorger zum Dienstleister vollzogen wird. Dadurch ergeben sich neue Chancen für die Energiekonzerne. (3) Ein eher offensichtliches Wertschöpfungspotential bietet die Sensorik im Netz. Vor allem Smart Meter können dabei vielfältige Aufgaben übernehmen. Das Spektrum reicht beispielsweise von der Überwachung der Infrastruktur über eine Störungsanalyse und Fehlerortung bis hin zu einer aktiven Lastverteilung. Vor allem aber ergeben sich Einsparpotentiale durch die Automatisierung der Kundenabrechnungsprozesse, insbesondere bei der Zählerablesung.

(4) Das letzte Potential liegt in der dezentralen Struktur von Smart Grids begründet. Dies kann zu einer geringeren Störungsanfälligkeit des Energieversorgungsnetzes führen, wodurch eine höhere Versorgungssicherheit in Deutschland erreicht werden kann.

Die Marktanalyse hat ergeben, dass die Konzerne in zahlreichen geförderten Pilotprojekten aktiv sind. Lediglich die E.ON AG und RWE haben marktreife Produkte und Dienstleistungen im Angebot. Zu diesem Zweck ist E.ON eine Kooperation mit der Deutschen Telekom eingegangen. RWE hat derzeit das umfassendste Angebot von Smart-Home-Geräten. Diese können unabhängig vom Stromanbieter genutzt werden. Diese Tatsache macht es schwierig – abgesehen von dem Image-Effekt solcher Maßnahmen – ein schlüssiges Geschäftsmodell in den Aktivitäten zu erkennen. Dies wird auch von den Aussagen der Konzerne gestützt, dass man derzeit noch nach geeigneten Geschäftsmodellen suche. Dennoch ist die Einführung von Smart-Grid-Technologie beschlossen und so werden in den kommenden Jahren voraussichtlich Millionen Haushalte damit ausgestattet. Die Anforderungen an die Sicherheit der Datenübertragung im Smart Grid sind dabei grundsätzlich vergleichbar mit anderen IT-Systemen und als beherrschbar einzustufen. Allerdings sollte im Vorfeld darauf geachtet werden, dass sich die Technologie in direktem Zugriff potentieller Angreifer befindet und eine Kompromittierung daher wahrscheinlich ist.

Zukünftige Herausforderungen bestehen in der Schaffung ganzheitlicher Strategien sowie der Entwicklung kreativer Produktideen, um so die Kundenbindung und den Kundenwert nachhaltig durch die Einführung von Smart Grids zu steigern.

7. Literaturverzeichnis

Alt, H. (2010, Juni). Zulässige Lastgradienten von Großkraftwerken. Vorlesung Energieversorgung, Sommersemester 2010, Fachhochschule Aachen.

Barczik, F. (2011, Juli). Smart Cities aus energiewirtschaftlicher Sicht. Zugriff am 9. April 2012, von Experton Group: http://www.experton-group.de/re search/ict-news-dach/news/article/smart-cities-aus-energiewirtschaftlicher-sicht.html.

Bundesministerium für Umwelt, Naturschutz und Reaktorsicherheit. (2011, März). Daten des BMU zur Entwicklung der erneuerbaren Energien in Deutschland im Jahr 2010 auf der Grundlage der Angaben der Arbeitsgruppe Erneuerbare Energien-Statistik. In Erneuerbare Energien 2010. Berlin.

Bundesministerium für Wirtschaft und Technologie. (2011). Intelligente Netze und intelligente Zähler - Smart Grids/Smart Meter. Zugriff am 10. April 2012, von BMWi – Stromnetze: http://www.bmwi.de/BMWi/Navigation/E nergie/stromnetze,did=354346.html.

Bundesverband der Energie- und Wasserwirtschaft e.V. & Zentralverband Elektrotechnik- und Elektronikindustrie e.V. (2012, März). Smart Grits in Deutschland - Handlungsfelder für Verteilnetzbetreiber auf dem Weg zu intelligenten Netzen. Berlin, Frankfurt am Main.

E.ON Kraftwerke GmbH. (2008). Kraftwerksleistung. Zugriff am 13. Juni 2012, von E.ON Kraftwerke GmbH.

EnBW Energie Baden-Württemberg AG. (2011, Februar). EnBW startet Kompetenzzentrum ‚Smart Grid'. Pressemitteilung. Zugriff am 23. Juni 2012, von EnBW AG.

Fassen, M., Flauger, J., Schürmann, H., Stratmann, K. (2010, April). Die Zukunft der Energie. In Handelsblatt Topic [Sonderheft]. (Nr. 77). Düsseldorf.

Fenn, B., Metz, D. (2011, November). Smart Grids 2020 – eine Vision der Chancen und Risiken für Verteilnetze. In Jahrbuch Anlagentechnik 2012, Herausgeber: EW Medien und Kongresse, Rolf Rüdiger Cichowski, 1-20.

Haag, W., Meister, F. (2009). SMART METERING – Mit Smart Metering Effizienz steigern und neue Potenziale im Vertrieb erschließen. In energie | wasser-praxis 10/2009. Bonn.

Haber, A., Bliem, M. G. (2010). Smart Grids – Auswirkungen auf die Netzentgelte. In Energiewirtschaftliche Tagesfragen 60, Jg. 2010, Heft 1/2. Essen.

Handelsblatt Online. (o. D.). Basket-Zertifikat. Zugriff am 26. Juni 2012, von Wirtschaftslexikon – Handelsblatt Online: http://www.handelsblatt.com/wir schaftslexikon/?sw=&sw-startswith=B&i=30&p3693446=1.

Jendrischik, M. (2011, Mai). Smart Metering News: E.ON und Telekom testen Vertrieb. Zugriff am 23. Juni 2012, von Clean Thinking: http://www.clean

thinking.de/eon-und-telekom-vertreiben-energienavi/14689/.

Kessler, A., Münch, W. (2011, April). Liberalisierung: Handel, Vertrieb, Marketing (5). Vorlesung Angewandte Elektrizitätswirtschaft, Sommersemester 2011, Technische Universität Darmstadt.

Kohler, S. (2011). Ergebnisse der dena-Netzstudie. Deutsche Energie-Agentur GmbH. Berlin.

Konstantin, P. (2007). Praxisbuch Energiewirtschaft. Berlin, Heidelberg: Springer-Verlag.

Landeck, E. (2012, März). Interview in Bundesverband der Energie- und Wasserwirtschaft e.v., Zentralverband Elektrotechnik- und Elektronikindustrie e.V. (2012, März). Smart Grits in Deutschland – Handlungsfelder für Verteilnetzbetreiber auf dem Weg zu intelligenten Netzen. Berlin, Frankfurt am Main.

Mihm, A. (2009, Dezember). "Negative Strompreise" - Verbraucher zahlen für Überangebot an Öko-Strom. Zugriff am 15. April 2012, von Frankfurter Allgemeine Online: http://www.faz.net/-gqg-14pp8.

Monschaw, H. von (2011, April). Regionale Smart Grids im Test – Status Quo der E-Energy-Projekte. Zugriff am 10. April 2012, von Energy20.net: http://www.energy20.net/pi/index.php?StoryID=317&articleID=185580

Müller, K. J. (2011a). Sicherheit im Smart Grid. Beitrag im Rahmen des 18. DFN Workshops „Sicherheit in vernetzten Systemen". Hamburg.

Müller, K. J. (2011b). Verordnete Sicherheit – das Schutzprofil für das Smart Metering Gateway – Eine Bewertung des neuen Schutzprofils. In Datenschutz und Datensicherheit 8 | 2011, 547-551. Wiesbaden: Gabler Verlag, Springer Fachmedien Wiesbaden GmbH.

PJM Interconnection LLC. (2008). PJM 2008 Financial Report. Norristown, PA.

Rendschmidt, D., Arms, H., Cord, M. Gottschalk, M., Maxelon, M. (2007). Die Zukunft der deutschen Stromnetze – veränderte Eigentümerstrukturen und intelligente Technologien. In Energiewirtschaftliche Tagesfragen 57, Jg. 2007, Heft 11. Essen.

RWE Effizienz GmbH. (o. D.). Smarthome. Zugriff am 23. Juni 2012, von RWE Smarthome: http://www.rwe-smarthome.de

Sietmann, R. (2006). Schach dem E-Voting, Hackerteam demonstriert die Manipulierbarkeit von Wahlcomputern. In c't 22/06, S. 52. Hannover: Heise Zeitschriften Verlag GmbH & Co. KG.

Spiegel Online. (2011, Mai). Kooperation mit E.on – Telekom steigt ins Stromgeschäft ein. Zugriff am 23. Juni 2012, von SPIEGEL ONLINE: http://www.spiegel.de/wirtschaft/unternehmen/kooperation-mit-e-on-telekom-steigt-ins-stromgeschaeft-ein-a-765700.html.

The Brattle Group. (2007, Januar). Quantifying Demand Response Benefits In PJM. Studie im Auftrag von PJM Interconnection LLC und Mid-Atlantic Distributed Resources Initiative. Cambridge, MA.

Tilgner, P., Schormann, P. (2011). IEKP: Basis für das EnWG. Zugriff am 10. April 2010, von Energiesparhaus: http://www.energie-sparhaus.de/stromsparen/smart-meter/gesetze.

Vattenfall Europe AG. (o. D.), *Smart Systems.* Zugriff am 23. Juni 2012, von Smart Systems – Vattenfall: http://www.vattenfall.de/de/smart-systems. htm.

Volmer, H. (2010, März). *Chaos im deutschen Stromnetz – Der Flickenteppich bleibt.* Zugriff am 19. Juni 2012, Dossier von n-tv: http://www.n-tv.de/pol itik/dossier/Der-Flickenteppich-bleibt-article773439.html.

VOLTARIS GmbH. (2012). Im Fokus: EnWG und BSI Schutzprofil. In *Expertise – VOLTARIS Kunden-Info Ausgabe 1/2012.* Maxdorf.

Völler, S. (2010, Februar). *Optimierte Betriebsführung von Windenergieanlagen durch Energiespeicher.* Dissertation. Fachbereich Elektrotechnik, Informationstechnik, Medientechnik. Bergische Universität Wuppertal.

Wulff, T. (2006, August). *Integration der Regelenergie in die Betriebsoptimierung von Erzeugungssystemen.* Dissertation. Fachbereich Elektrotechnik, Informationstechnik, Medientechnik. Bergische Universität Wuppertal.

Zander, W., Neils, D. (2004, März). *Wälzungsmechanismus des EEG – Vorschläge für die Verbesserung der Transparenz und Effizienz.* Studie im Auftrag des Bundesministeriums für Umwelt, Naturschutz und Reaktorsicherheit. Aachen.

Cost Effectiveness Analysis of a Hybrid Photovoltaic Diesel Generator

Christian Babl und Kai-Christian Deecke

1. Introduction

Currently 1.4 billion people around the world do not have access to electricity (Energy Information Administration [EIA], 2011) and about 2.6 billion people are still cooking and heating with traditional cooking stoves (REN21, 2012). The vast majority of them live in rural areas of developing or emerging countries. However, access to cheap and stable electricity is the key factor for education, medical care, economic development and rising living standards.

Since distances to the nearest grid are far, grid extension is very costly and the energy demand is small and, so called off-grid energy systems are the only way in the medium term to electrify remote villages. At present, mainly diesel generator systems, favored for their easy employment and relatively low capital expenditures, fulfil this task. In 2010, approximately 4.6% of the worldwide generated electricity was produced by diesel generators (International Energy Agency [IEA], 2012) and in the year 2011, nearly 14 GW of diesel generator capacity were sold for continuous operation purpose (Diesel & Gas Turbine Worldwide, 2012).

Due to an increasing crude oil price, the dependency on a regular supply and water and air pollution through the diesel generator, alternative renewable energy systems for off-grid power supply step into the focus. Since prices for the components of photovoltaic systems have decreased sharply over the last years and the solar irradiation in most of the targeted countries is excellent, a hybrid photovoltaic diesel generator system is challenged with being more cost-effective than conventional off-grid energy systems in supplying remote villages with electricity.

2. Objective

While the cost structure of the pure diesel generator system is characterized by relatively low capital expenditures and high operation and maintenance costs, especially due to the expensive fossil fuel consumption, the hybrid photovoltaic diesel generator system has higher capital expenditures due to the photovoltaic system and lower operational costs.

Because of the novelty of the hybrid system and the rapid changes of fuel and photovoltaic system prices, there is currently no reliable profitability analysis that compares the economic performance of both competing energy systems. Previous studies worked with outdated, imprecise data, which did not take uncertainties and risks concerning planning data into account. While most parameters have to be investigated or assumed, some variables such as the photovoltaic system capacity can be determined.

The objective of this paper is to compare the cost effectiveness of both energy systems and identify all influencing parameters and their particular impact on the analysis. Therefore, the data has to be up-to-date and the calculation methodology more precise. A further objective is to define the crucial parameters for the cost effectiveness study by means of a sensitivity analysis. Subsequently, a risk assessment in the form of a scenario analysis for these crucial parameters will be conducted. With the findings of the previous tasks, the final aim is to develop an optimal projects-specific, techno-economic system design.

3. Hybrid System Design

The AC-coupled hybrid photovoltaic diesel generator system consists essentially of solar modules, solar inverters, the diesel generator and a programmable logic controller (PLC) in order to generate a mini-grid for rural electrification (cp. Figure 1). Due to high capital expenditures, a battery storage is not included.

Figure 1: System design of hybrid photovoltaic diesel generator system (Source: juwi Holding AG, (2012)).

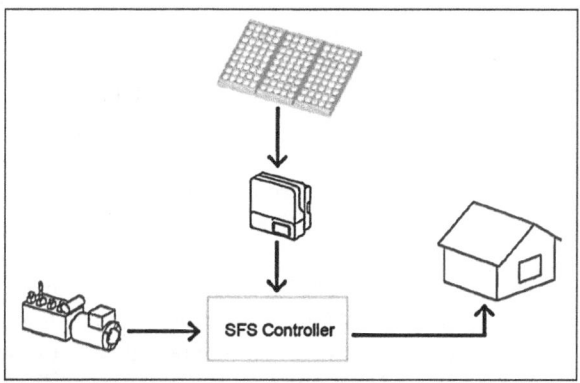

The diesel generator capacity is sized in order to meet at least the peak load of the consumers' load profile and may not run below a minimal partial load of 25% of its nominal power output due to premature wear (Yamegueu, Azoumah, Py, & Zongo, 2010). For the same reason the diesel generator should not run permanently on its maximum load. Therefore, the diesel generator has to be 10 – 20% oversized. In addition, the diesel generator has to run continuously to provide stable voltage and frequency conditions to the mini-grid.

The photovoltaic sub-system complements the diesel generator system and supplies energy during hours of sunlight. Therefore, the solar inverters convert the DC current of the solar modules to AC current and track the maximum power point by adjusting the voltage on the current-voltage characteristic curve. The solar power reduces the fuel consumption of the diesel generator and thus, the operational costs of the whole energy system.

The PLC is the centrepiece of the system. It measures and compares the current values of consumer load, diesel generator power and generated photovoltaic power. During night time, cloudy days or enhanced consumption, when the photovoltaic sub-system is not able to provide sufficient power, the diesel generator power will increase to meet the consumer demand. In case of high solar power output and low consumer load, the PLC reduces the solar power output by controlling the solar inverters in order to prevent the diesel generator from falling below its minimal partial load.

Since there is no existing battery storage, solar power can only be fed into the diesel generator grid during hours of sunlight. Therefore the amount of saved operational costs on fuel depends on the continuity and the allocation of the load profile.

4. Methodology

For the cost effectiveness study, exclusively dynamic investment calculation techniques are used in consideration of the time value of money and the long lifespan of the hybrid system of 20 years.

Typically competing investments are compared by their estimated series of net cash flows, which is the discounted difference of the estimation for revenues and costs along the lifespan. Since both energy systems will produce the same amount of energy, which results under equal conditions in equal revenues, this cost effectiveness study will purely focus on their different cost structures.

For a direct comparison between the cost structures of both systems their estimated series of cash flows, consisting entirely of negative values, are subtracted. Therefore, the series with smaller capital expenditures and higher operational costs – the pure diesel generator system – is subtracted from the series with the higher capital expenditures and the lower operational costs – the hybrid photovoltaic diesel generator system. The outcome of this is an estimated series of comparative net cash flows with negative "additional" capital expenditures followed by positive operating "cost savings". This object-oriented series becomes useful for the employment of the dynamic investment calculation techniques and the interpretation of the final results.

4.1. Dynamic Investment Calculation

This study uses the net present value (NPV), the internal rate of return (IRR), the dynamic payback period (DPP) and the levelized cost of energy (LCOE) as parameters for the cost effectiveness analysis of the two energy systems.

The NPV method calculates the present values of the comparative series of cash flows (cp. Equation 1). A positive NPV indicates that the discounted cost savings exceed the additional capital expenditures and therefore an economic advantage of the hybrid system. A negative NPV shows the economic advantage of the pure diesel generator system.

Equation 1: Calculation of the net present value.

$$NPV_0 = -I_0 + \sum_{t=1}^{T} \frac{Z_t}{(1+d)^t} + R * (1+d)^{-T}$$

Where,
NPV_0 = Net present value in time t_0
I_0 = Capital expenditures
t/T = Period / lifespan
Z_t = Net cash flows in t
d = Discount rate
R = Residual value

The IRR method determines the internal return rate that is necessary to discount the cost savings for a NPV of zero (cp. Equation 2). The IRR of the comparative series of cash flows does not just have to be positive but higher than an external discount rate in order for the hybrid energy system to be economically advantageous. As mentioned earlier the series of the comparative net cash flows with a single negative, and subsequent positive values, becomes useful due to the fact of a single existing zero, which is the IRR.

Equation 2: Calculation of the internal rate of return.

$$0 = -I_0 + \sum_{t=1}^{T} \frac{Z_t}{(1+d)^t} + R * (1+d)^{-T}$$

Where,
I_0 = Capital expenditures
t/T = Period / lifespan
Z_t = Net cash flows in t
d = Discount rate

R = Residual value

The DPP describes the time duration that the calculated discounted cost savings need to amortize the additional capital expenditures (cp. Equation 3). If it is shorter than the lifespan of 20 years or a specific time, the hybrid energy system is advantageous compared to the pure diesel generator system.

Equation 3: Calculation of the dynamic payback period.

$$DPP = t^* + \frac{PV_{t^*}}{PV_{t^*} - PV_{t^*+1}}$$

Where,
DPP = Dynamic payback period
PV_t = Present value in t^*
t^* = Period, with a negative accumulate present value for the last time

The LCOE is the last parameter in this study to evaluate the profitability of both energy systems. Similar to the NPV it calculates the discounted cost of the series of cash flows and then divides it by the discounted amount of produced energy of each period (cp. Equation 4). Since the focus of this method is on the cost structure, the estimated series of cash flows of each system will be analysed separately. The energy system with the lower LCOE is advantageous.

Equation 4: Calculation of the levelized cost of energy.

$$LCOE = \frac{I_0 + \sum_{t=1}^{T} \frac{A_t}{(1+d)^t}}{\sum_{t=1}^{T} \frac{E_t}{(1+d)^t}}$$

Where,
LCOE = Levelized cost of energy
I_0 = Capital expenditures
A_t = Annual operational cost
E_t = Produced energy
d = Discount rate
t/T = Period / lifespan

All calculations are conducted with inflation-adjusted real values for the estimated operational costs. The discount rate is defined by the weighted average cost of capital (WACC) (cp. Equation 5) and has to be transformed into the real discount rate, taking likewise the inflation into account (cp. Equation 6).

Equation 5: Calculation of the weighted average cost of capital.

$$WACC = \left(\frac{EC}{EC + DC}\right) * r_{EC} + \left(\frac{DC}{EC + DC}\right) * r_{DC} * (1 - t_c)$$

Where,
EC = Equity capital
DC = Debt capital
r_{EC} = Cost of equity
r_{DC} = Cost of debt
t_c = Corporate tax rate

Equation 6: Calculation of the real discount rate.

$$d_{real} = \frac{(1 + d_{nom})}{(1 + i)} - 1$$

Where,
d_{nom} = Nominal discount rate
d_{real} = Real discount rate
i = Inflation rate

4.2. Risk Assessment

The cost structure contains the capital expenditures and the operational costs, which are influenced by certain economical and technical factors such as the discount rate, the current diesel fuel price, the size of the photovoltaic system and the solar irradiation. While the operational costs are assumptions and therefore uncertain, some other parameters can be decided upon or markets, where suitable parameters, such as low fuel prices, occur, can be chosen. By means of a sensitivity analysis the influence of each parameter on the results of the dynamic investment calculations can be monitored ceteris paribus. According to the impact on the results, the crucial parameters of the estimated operational costs can be observed.

Since the sensitivity analysis does not indicate the occurrence probability and therefore not the actual risk for each value, a scenario analysis for the most influential parameter is conducted. The scenario analysis creates three scenarios, the best case, the trend case and the worst case scenario for the crucial parameter. The scenarios are based on former studies and time series analysis. The result of the dynamic investment calculation under each scenario gives a risk assessment for the cost effectiveness analysis.

5. General Data

Following the prices for the capital expenditures, the prices for operation and maintenance and the diesel fuel price are analysed. While the capital expenditures and the operation and maintenance costs are primarily connected to the system capacity – the prices are given in Euros per installed capacity –, the diesel fuel costs also depend on the solar irradiation, the load profile and the future diesel fuel price development.

5.1. Capital Expenditures

The capital expenditures of the hybrid photovoltaic diesel generator system include those of the pure diesel generator system. According to Muselli et al. (1998) the price for the diesel generator system, in US$ per kilowatt installed capacity, mainly depends on the nominal capacity itself (cp. Equation 7Equation 7).

Equation 7: Calculation for the diesel generator capital expenditures per kilowatt installed capacity. (Source: Muselli et al., (1998)).

$$C_G = C_0 * (P_G)^{-\alpha}$$

Where,
C_G = Cost per kilowatt of installed diesel generator capacity
C_0 = Cost coefficient
P_G = Capacity of diesel generator
α = Scaling factor

Table 1: Diesel generator specific cost coefficient. (Source: Muselli et al., (1998)).

Type		C_0	A
Gasoline		718.1	- 0.585
Diesel rpm	3000	704.1	- 0.2626
Diesel rpm	1500	3362.2	- 0.7184

For the purpose of the system a diesel generator with an engine speed of 1,500 rpm is adequate. The calculated value has to be inflation-adjusted, multiplied by the installed capacity and converted into euros (€). The diesel generator system also contains a diesel storage tank, which costs around € 1.4 per litre of volume and is sized in order to have a reasonable autonomous time. The diesel generator system, including the storage tank, costs between € 90 and € 180 per kilowatt of installed diesel generator capacity and the price decreases with rising nominal power capacity. Because of an easy employment and a global distribution channel transportation and installation costs for the diesel generator system are very low.

In addition to the capital expenditures of the diesel generator system, the capital expenditures for the hybrid system consist of the costs for the solar modules and the costs for the balance of system (BOS). The BOS includes cabling, distribution boxes, data logger, the PLC, power inverter, supporting structure and the location preparation. The installation and transportation cost for the photovoltaic sub-system vary widely for each project. Despite rapidly decreasing photovoltaic system prices (cp. Figure 2), the prices for installed photovoltaic sub-system still range between 1,500 and 2,500 € per kilowatt peak installed photovoltaic capacity.

Figure 2: Average retail price for installed roof-top photovoltaic Systems. (Source: Bundesverband Solarwirtschaft e.V., (2012)).

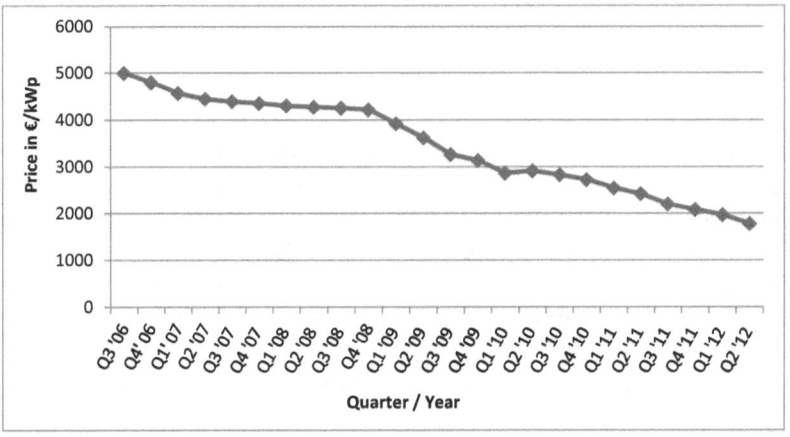

5.2. Operation and Maintenance Costs

According to Muselli et al. (1998) the operation and maintenance costs for the diesel generator system, such as cleaning and replacing oil, fuel and air filter and changing the glow plugs, are dependent on the diesel generator capacity and its annual runtime. For a diesel generator with an engine speed of 1,500 rpm the following Equation 8 is reasonable. It results in the annual operation and maintenance costs in US$ and has to be inflation-adjusted and converted into euros.

Equation 8: Calculation of operation & maintenance costs for the diesel generator. (Source: Muselli et al., (1998)).

$$C_{O\&M} = \frac{[(0{,}242 + 0{,}3505 * P_G) * 15{,}2 + 120{,}8]}{600} * h$$

Where,
$C_{O\&M}$ = Operation and maintenance costs
P_G = Capacity of the diesel generator in kilowatt
h = Annual runtime in hours

With a continuous runtime the annual operation and maintenance costs account for around 60% of the capital expenditures or between € 60 and € 110 per installed kilowatt capacity.

The operation and maintenance costs for the photovoltaic sub-system depend widely on the location and its climate. According to studies of Szabó et al. (2011) and the Energy Sector Management Assistance Program (ESMAP) (2007), around 2% of the capital expenditures or € 30 to € 50 per kilowatt peak installed has to be calculated annually for the operation and maintenance costs of the photovoltaic sub-system.

The mean time between failures (MTBF) of a diesel generator system describes the runtime in hours until a major repair has to be conducted. The cost for this is calculated as 50% of the capital expenditures and occurs, depending on the diesel generator, every 5,000 to 30,000 hours of runtime (System Reliability Center, 2001). Since the photovoltaic sub-system is very insusceptible, there are no such costs during the lifespan of 20 years.

The photovoltaic sub-system needs an area between 6 – 8 sq. m per kilowatt peak installed capacity for its mounting depending on its tilt angle (Fraunhofer-Institut für Solare Energiesysteme ISE, 2012). In industrial nations annual leasing costs for this area have to be expected. Based on the specific situation of rural electrification with often an oversupply of space or very low land lease cost, these are not taken into account for the operational costs.

After the lifespan of 20 years costs for the deconstruction, especially of the photovoltaic sub-system, occur however, there is still a residual book value for the system. The revenues for high-purity silicon of the solar module, copper of the cabling and the aluminium of the mounting structure compensate for the labour costs of deconstruction.

5.3. Diesel Fuel Costs

The diesel fuel costs are the multiplication of the fuel consumption with the diesel fuel price. Because of their large effect on the results of this cost effectiveness study, they are extracted from the operational costs.

5.3.1. Diesel Fuel Consumption

Due to the given load profile, the hourly power demand for the lifespan is known and has to be covered by the energy system. The required partial load of the diesel generator, together with its nominal power capacity determines the hourly and the specific fuel consumption. Hence the fuel consumption for the power output for every hour during the lifespan can be calculated.

The fuel consumption for the hybrid photovoltaic diesel generator system is calculated similarly to the previous calculation, but first the power output by the photovoltaic sub-system has to be determined. By means of the computer program "HOMER", the solar irradiation in kilowatt per square meter and the specific solar power output in kilowatt per kilowatt peak installed photovoltaic capacity can be displayed globally for every hour of the year. The specific solar power output takes conversion, cable and temperature losses of the system into account and must be multiplied by the installed photovoltaic capacity in order to identify the hourly power output of the photovoltaic sub-system. This is ceteris paribus in Sub-Saharan Africa two to three times higher than in Central Europe. Through a comparison between the hourly demanded power according to the load profile and the hourly supplied solar power, the power to be produced by the diesel generator can be calculated. The undercut of the diesel generators minimal partial load of 25% must be avoided. Based on the power output produced by the diesel generator, the diesel fuel consumption for the partial loads can be measured as already described above.

5.3.2. Diesel Fuel Price

Since the crude oil price and therefore, the diesel fuel price, are very dependent on external influences such as economic and political crises and fossil fuel being a non-renewable good, the determination of the price over the next 20 years involves uncertainties. Because of its crucial impact on the cost effectiveness study as a distinctive factor between both energy systems and its uncertainty, a scenario analysis is conducted. The scenario analysis of the performance of the crude oil price for the next 20 years is based on preliminary scenario analysis by the British Department of Energy & Climate Change (DECC) (2011) and the

US-American Energy Information Administration (EIA) (2012). Furthermore, an own study based on the time series of the Europe Brent Spot Oil Prices is carried out.

Starting with a crude oil price of US$ 110 per barrel in 2011, the supply and demand study by the DECC predicts a steady growth to US$ 170 in 2030 for the high price scenario, which is approximately an annual growth rate of 2.4%. The trend scenario forecasts a crude oil price of US$ 130 in 2030, which is equivalent to an annual growth rate of 1%. The low price scenario predicts a steadily decreasing crude oil price of US$ 75 in 2030, which is approximately an annual growth rate of −2% (cp. Figure 3).

Figure 3: Scenarios for the crude oil price. (Source: Department of Energy & Climate Change, (2011)).

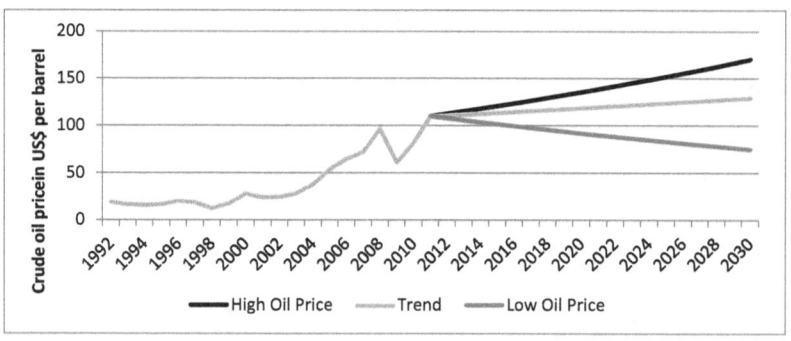

Moreover, starting with a crude oil price of US$ 110 per barrel in 2011, the supply and demand study by the EIA predicts non-steady crude oil price developments for the three scenarios. All scenarios display an initial jump until 2014 with a following convergence to a certain price level. For the high price scenario this convergence nears US$ 200 per barrel in 2030 and for the trend price scenario it is about US$ 140 per barrel in 2030. The low price scenario drops to a crude oil price of US$ 61 in 2030 (cp. Figure 4).

Figure 4: Scenarios for the crude oil price. (Source: EIA, 2012).

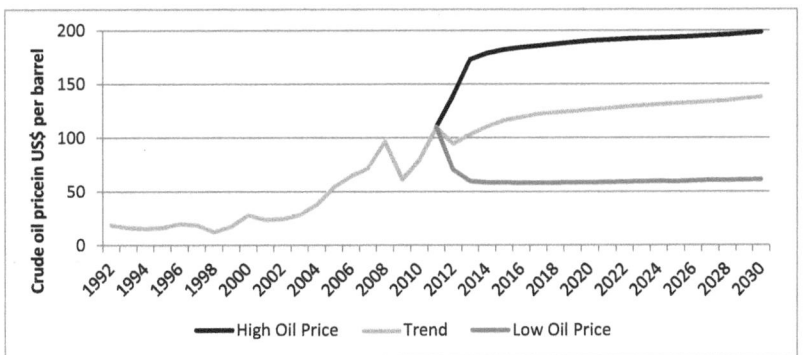

The scope of the EIA study is greater than the one of the DECC. The wide ranges of the inflation-adjusted real values show the uncertainty and risk that is attached to the forecast of the crude oil price development.

The study in Figure 5 is based on a time series and analyses an annual average of 253 values of the Europe Brent Spot Oil Price from January 2002 to October 2012. The linear trend line shows an annual growth of US$ 8.5 per barrel, which would lead to a crude oil price of US$ 268 per barrel in 2030, starting at US$ 115 in 2012.

Figure 5: Time series of Europe Brent Spot Oil Price (2002-2012). (Source: www.eia.gov).

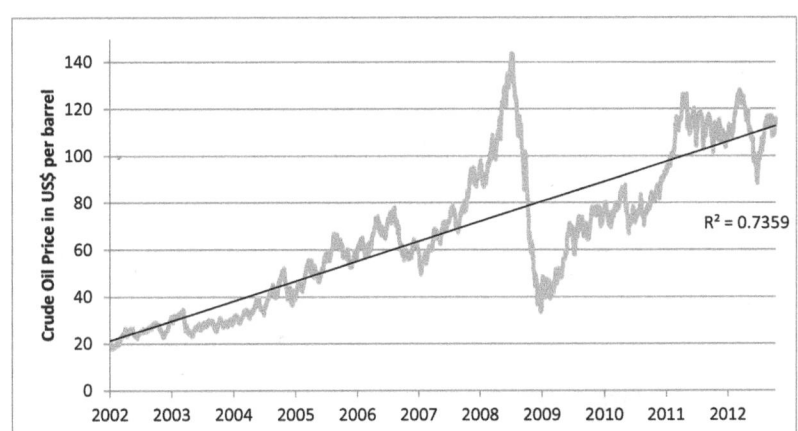

A further analysis measures the logarithmic returns between each measurement over the decade (cp. Equation 9). The mean logarithmic return over this period is 0.065% multiplied by the 253 annual measures which amounts to a growth rate of 16.4% a year, including the inflation. The standard deviation is

2.2%. This result is not particularly as remarkable since the crude oil price has risen more than 600% from US$ 18.5 to US$ 116.3 per barrel over this period.

Equation 9: Calculation of logarithmic return.

$$\log return = Ln\left(\frac{P_{t+1}}{P_t}\right)$$

Where,
log return: Logarithmic return
P_{t+1} = Price of following measure
P_t = Price of current measure

Based on the study of the time series, the forecasts for the diesel fuel price development within this paper are slightly above the predictions of DECC and EIA. For the high price scenario an annual growth of 3.5% and for the trend price scenario an annual growth of 1.5% is used. The low price scenario calculates an annual growth of the diesel fuel price of -1%. Starting with US$ 115 in 2012, this would lead to a crude oil price of US$ 214 for the high price, US$ 150 for the trend price and US$ 96 for the low price scenario in 2030 (cp. Figure 6). These are inflation-adjusted real values.

Figure 6: Scenarios for the crude oil price. (Source: Own creation).

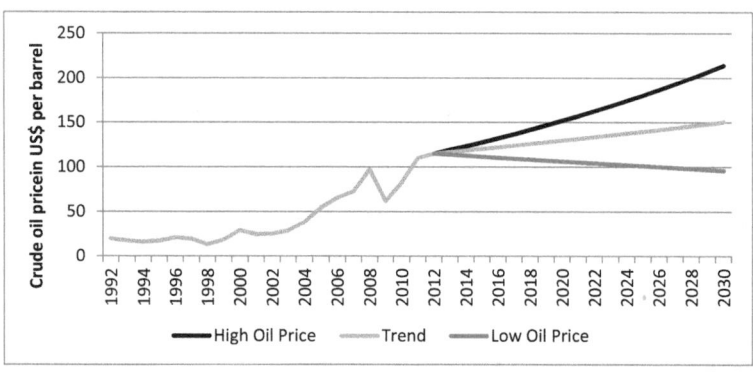

6. Case Study

Since many project specific variables play a vital role in this profitability analysis, no general statement regarding the cost effectiveness of one energy system over the competing one can be made. To illustrate the calculation methods and the influence of many parameters on the results, a characteristic case study is carried out.

6.1. Technical and Economic Framework

The case study works on the example of a rural village in Mali in West Africa. The typical load profile includes a morning peak of 70 kW, an evening peak of 90 kW and loads of 65 kW during the daytime (cp. Figure 7). The loads mainly consist of electrical devices, such as radios, TVs and stoves. Due to a rising level of technology, an annual increase of electricity demand of 1% is expected.

Figure 7: Load profile of case study. (Source: Own creation).

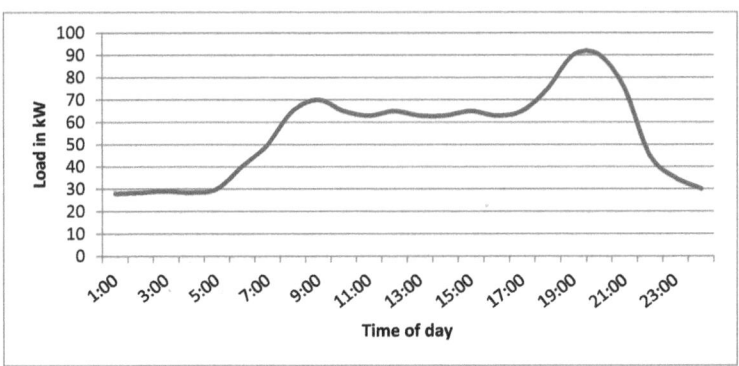

In order to cover the peak loads over the lifespan and to run on an efficient partial load, a diesel generator with a nominal capacity of 110 kW with a minimal partial load of 27.5 kW (25%) is installed. Its mean time between failures is 15,000 h and its storage tank has a capacity of 5,000 litres. The retail diesel fuel price in Mali is € 1.25 per litre (Wagner, Becker, Dicke, Ebert, & Ragab, 2012) and because of its transportation costs to the site the diesel fuel price for the operator of the diesel generator is conservatively estimated at € 1.4 per litre (Breyer, Gerlach, Hlusiak, Peters, & Adelmann, 2009). In addition, the three scenarios for the fuel price development are applied to this price.

Initially the photovoltaic system is dimensioned with a capacity of 90 kWp and its price is calculated at € 1,800 per kWp. For the site location of 17°22' N and 4° W the computer program "HOMER" calculates the solar power output for every hour during one year. These values are used over the lifespan, since no affecting degradation of the solar modules can be measured (Fuhs, 2012).

Because of high political and economic uncertainties the annual real discount rate is conservatively set at 10%.

6.2. Statement of Costs

The capital expenditures for the diesel generator system with 110 kW nominal capacity account for around € 18,100 and its annual operation and maintenance costs for around € 12,700. The replacement cost of € 9,050 is incurred every 1.7 years.

The capital expenditures for the photovoltaic sub-system are calculated at € 162,000 for the capacity of 90 kWp and its operation and maintenance costs add up to € 3,240 per year.

The diesel fuel costs differ between the pure diesel generator system and the hybrid photovoltaic diesel generator system as well as between all scenarios of the fuel price development.

For the high price scenario of an annual price increase rate of 3.5% the fuel costs for the pure diesel generator system rise about 4% per year from € 213,000 to € 474,000 and for the hybrid photovoltaic diesel generator system about 4,5% from € 170,000 to € 376,000 during the 20 years. For the trend price scenario with a price increase rate of 1.5% p.a. the fuel costs for the pure diesel generator system rise about 2% p.a. to € 327,000 and for the hybrid system about 2.5% p.a. to € 260,000. The low price scenario, with an annual decrease rate of 1%, shows dropping fuel cost of −0.25% p.a. For the pure diesel generator system the price decreases to € 204,000 and for the hybrid system to € 162,000 during the lifespan. Due to the increasing demand of electricity, the fuel costs do not rise or drop identically to the fuel price.

6.3. Results

Figure 8 displays the load behaviour of the hybrid system during a day with maximum solar irradiation (yellow solid line) and during a day with minimum solar irradiation (yellow dashed line) and the reacting behaviour of the diesel generator (blue line) in order to cover the load profile (purple). It also shows the minimal partial load of 27.5 kW of the diesel generator during high solar irradiation.

Figure 8: Load behaviour of the hybrid system. (Source: Own creation).

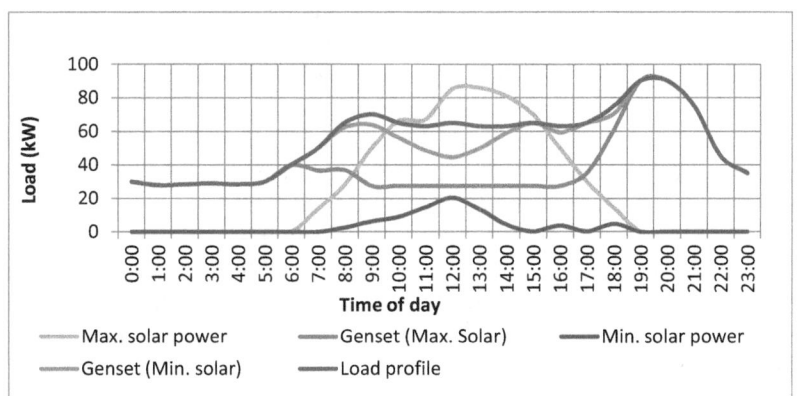

During the first year approx. 531,000 kWh are produced by the hybrid energy system. With a solar fraction of 26%, the fuel consumption is reduces by around 20%.

Figure 9 shows the discounted cash flows of the pure diesel generator system (blue), the hybrid system (purple) and the comparative cash flows between both systems (yellow) for the trend scenario. The summation of the additional cost and the discounted cost savings is displayed as a black line.

Figure 9: Present values of competing energy systems. (Source: Own calculation).

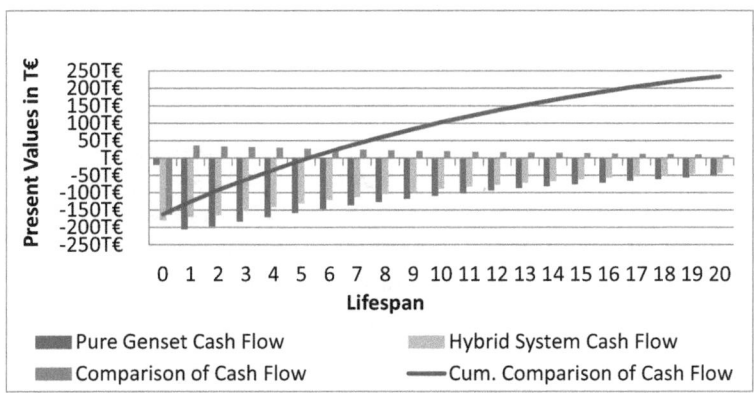

The NPV for the comparative investment (yellow bars) for all scenarios is positive. For the high price scenario it is € 302,000, for the trend price scenario it is € 234,000 and for the low price scenario it is € 167,000. Thereby it can be described as the additional present value that is gained through the installation of the photovoltaic sub-system.

The DPP is shown as the intersection in Figure 9 of the black line and the x-axis. The additional investment is paid back by the cumulated discounted cost savings after five years in the high price scenario, after 5.3 years in the trend price scenario and after 5.7 years in the low price scenario.

The IRR of the comparative investment is 28% for the high price scenario, 26% for the trend price scenario and 24% for the low price scenario and thereby above the discount rate of 10%. The hybrid system is economically advantageous compared to the pure diesel generator system.

The LCOE for all scenarios during the first year are also lower for the hybrid energy system. For the high price scenario it is € 0.47 per kWh compared to € 0.55 per kWh, for the trend price scenario it is € 0.44 per kWh compared to € 0.51 per kWh, and for the low price scenario it is € 0.41 per kWh compared to € 0.47 per kWh.

The total discounted cost break down of both competing energy systems displays the crucial impact of the fuel costs. 91% of the total discounted costs of € 2.3 Mil. for the pure diesel generator system and still 82% of the total cost of € 2.1 Mil. for the hybrid system account for the fuel costs (cp. Figure 10). The capital expenditures for the diesel generator system are just about 1%, its operation and maintenance costs are around 5%, the replacement costs are ca. 3% and the capital expenditures for the photovoltaic sub-system account for 8% of the total discounted costs.

Figure10: Total discounted cost break down. (Source: Own calculation).

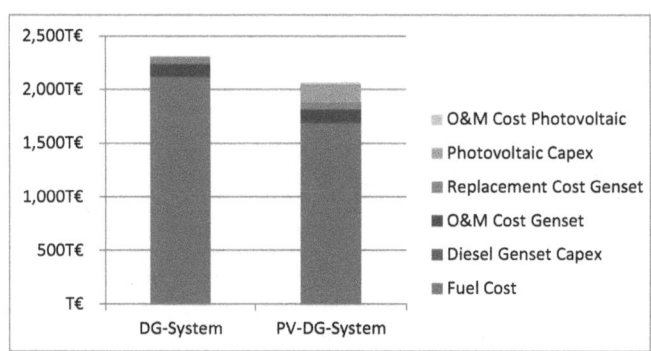

The economic advantage of the hybrid photovoltaic diesel generator system decreases with an increasing discount rate since the impact of future cost savings is reduced.

6.4. Analysis

The sensitivity analysis regarding the determinable parameter of the photovoltaic capacity starts with 90 kWp. This value is changed successively and its impact on the dynamic investment calculation for the trend scenario is displayed in the following figures.

Figure 11 shows that the NPV of the comparative investment reaches its maximum at 76 kWp, rather than at 90 kWp.

Figure 11: Sensitivity analysis of net present value. (Source: Own calculation).

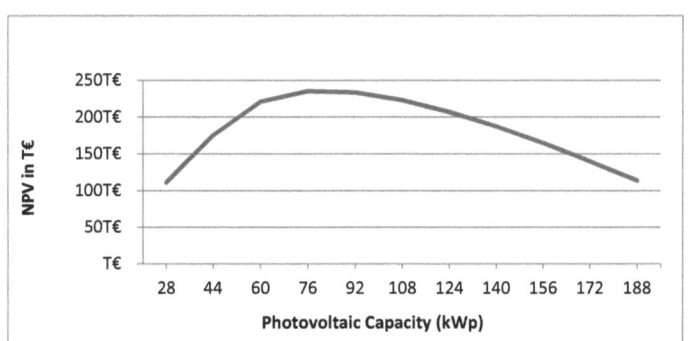

The dynamic payback period in Figure 12 increases with a growing photovoltaic capacity. The choice for a capacity of 76 kWp instead of 90 kWp reduces the DPP by about one year.

Figure 12: Sensitivity analysis of dynamic payback period. (Source: Own calculation).

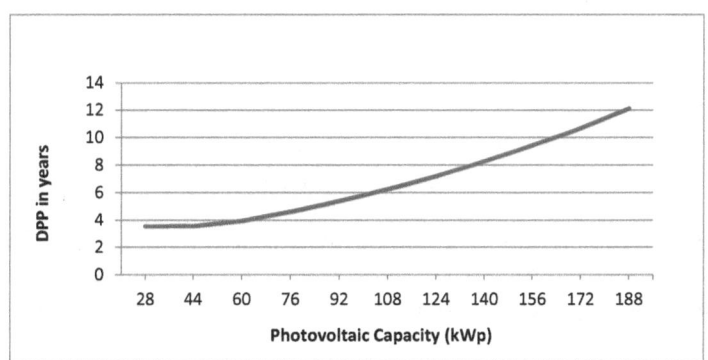

Due to the fact that smaller capital expenditures return higher savings in percentage, Figure 13 displays a decreasing IRR with a rising installed photovoltaic capacity. The choice of a capacity of 76 kWp is also in terms of the IRR advantageous. The IRR does not fall below the discount rate of 10% in this analysis.

Figure 13: Sensitivity analysis of internal rate of return. (Source: Own calculation).

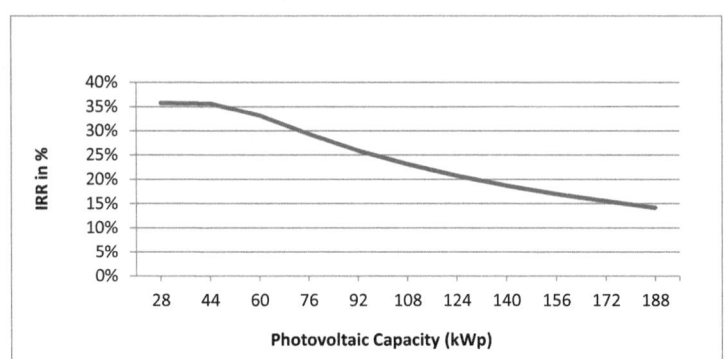

The last sensitivity analysis depending on the photovoltaic capacity shows in Figure 14that the minimum of the LCOE with around € 0.426 per kWh is between 76 kWp and 108 kWp of installed photovoltaic capacity.

Figure 14: Sensitivity analysis of levelized cost of energy. (Source: Own calculation).

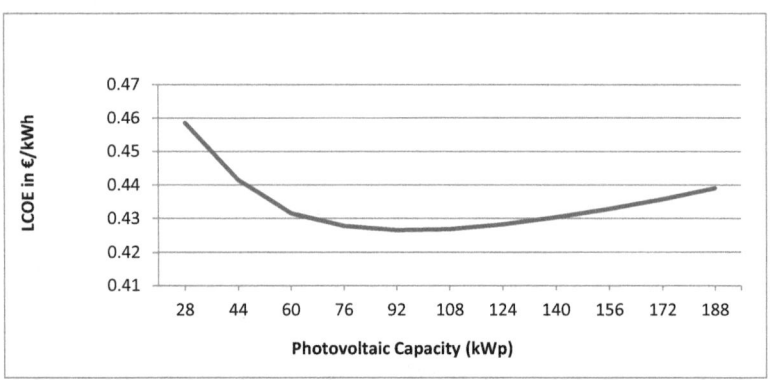

Because of the results of these sensitivity analyses a project-specific, techno-economic system design with a photovoltaic capacity of around 76 kWp is most cost-effective and more economically advantageous than a pure diesel generator system.

Moreover, another sensitivity analysis for the initial diesel fuel price of € 1.4 per litre ceteris paribus shows, that the NPV of the comparative investment becomes negative at an initial diesel fuel price of € 0.64 per litre (cp. Figure 15).

Furthermore at € 0.64 per litre the DPP exceeds 20 years, the IRR drops below 10% and the LCOE of the hybrid system is higher than the LCOE of the pure diesel generator system. At an initial diesel fuel price of € 0.64 per litre in the case study the pure diesel generator system is more economically advantageous than the hybrid system.

Figure 15: Sensitivity Analysis of the net present value. (Source: Own calculation).

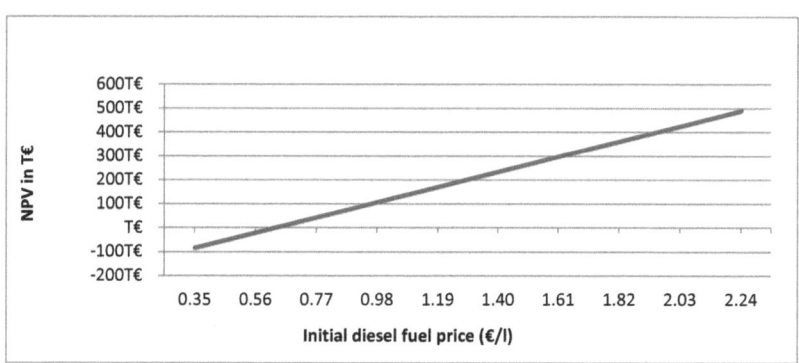

7. Conclusion

This study shows, that even with conservative cost assumptions and under various fuel price scenarios, the hybrid photovoltaic diesel generator system can be economically advantageous compared to a pure diesel generator system. Especially with the high solar irradiation of Sub-Saharan countries, the current photovoltaic system prices and the diesel fuel prices of oil importing countries, the levelized cost of energy of the hybrid system undercuts fuel parity of the pure diesel system by 10 – 20%.

Furthermore, the study displays the influence of each parameter in order to focus on the crucial ones in further technical and economic developments. The fuel costs account for around 90% of the total discounted costs for the energy system over the lifetime.

Since the results for the optimum design of the photovoltaic capacity are highly project specific for each load profile, a general statement for the optimum capacity cannot be made. However, due to empirical values a photovoltaic capacity of 60 - 80% of the diesel generators nominal power can be assumed.

The results of this study can help to change the present rural electrification with pure diesel generator systems by implementing a renewable energy system in order to benefit the local population on an economic, social and ecological scale, because of the lower cost of electricity, less dependence on fossil fuels and reduced air and water pollution.

8. References

Breyer, C., Gerlach, A., Hlusiak, M., Peters, C., & Adelmann, P. (2009). Electifying the Poor: Highly Economic Off-Grid PV Systems in Ethiopia – A Basis for Sustainable Rural Development. *24th European Photovoltaic Solar Energy Conference.* p. 3855. Hamburg.

Bundesverband Solarwirtschaft e.V. (2012). *Statistische Zahlen der deutschen Solarstrombranche (Photovoltaik).* p. 4. Berlin.

Department of Energy & Climate Change. (2011). *DECC oil price projections.* p. 2. London.

Diesel & Gas Turbine Worldwide. (2012). *36th power generation order survey.* p. 2. Waukesha.

EIA. (2011). *Energy Information Administration – International Energy Outlook 2011.* p. 9 - 81. Washington.

EIA. (2012). *Annual Energy Outlook 2012 with Projections to 2035.* p. 23, 24. Washington.

ESMAP. (2007). *Energy Sector Management Assistance Program – Technical and Economic Assessment of Off-grid, Mini-grid and Grid Electrification Technologies.* p. 14 - 44. Washington.

Fraunhofer-Institut für Solare Energiesysteme ISE. (2012). *Aktuelle Fakten zur Photovoltaik in Deutschland.* p. 22. Freiburg.

Fuhs, M. (7. 11 2012). *PV Magazine.* Von http://www.pv-magazine.com/archive /articles/beitrag/aging-overvalued-_100002542/#axzz2BYFz64r8 abgerufen.

IEA. (2012). *Energy Balaces of Non-OECD Countries.* p. 357. Paris.

Muselli, M., Notton, G., & Louche, A. (1998). *Design of hybrid-photovoltaic power generator, with optimization of energy management.* p. 146 - 148. Ajaccio.

REN21. (2012). *Renewables 2012 Global Status Report.* p. 13 - 83. Paris.

System Reliability Center. (2001). *Typical Equipment MTBF Values.* p. 1. Rome.

Szabó, S., Bódis, K., Huld, T., & Moner-Girona, M. (2011). *Energy solutions in rural Africa: Mapping electrification costs of distributed solar and diesel generation versus grid extension.* p. 2 - 4. Paris.

Wagner, A., Becker, D., Dicke, B., Ebert, S., & Ragab, A. (2012). *GIZ – International Fuel Prices 22010/2011.* p. 10. Eschborn.

Yamegueu, D., Azoumah, Y., Py, X., & Zongo, N. (2010). *Experimental study of electricity generation by Solar PV/diesel hybrid systems without battery storage for off-grid areas.* p. 1782 - 1787. Ouagadougou.

Printed by
CPI books GmbH, Leck

Zeitfracht Medien GmbH
Ferdinand-Jühlke-Straße 7
99095 Erfurt, Deutschland
produktsicherheit@kolibri360.de